戰爭論

上 原理之書

Vom Kriege

CARL von CLAUSEWITZ

卡爾·馮·克勞塞維茨◉著

楊南芳等◉譯校

Contents
目　錄

第三篇　**戰略概論**

附錄

戰爭與國家安全研究的重要性

淡江大學國際事務與戰略研究所教授、台灣戰略研究學會理事長　翁明賢

今年年初，左岸文化致信邀我為《戰爭論》新版的導讀進行增刪，讓我再次重新沉思這幾年研究國家安全與戰略研究的點滴心得。由於上一版導讀完成於二○一二年，至今也歷經七年歲月，全球整體的戰略與戰爭狀況發生巨變，必須更新版本，才能呈現當代戰爭與國家安全演進中的輪廓。

一九九六年三月台海飛彈危機期間，我正任職於國家安全會議張建邦諮詢委員辦公室的專任研究員，有機會第一手參與安全實務討論會議，之後回到學界從事國際事務與戰略的教學工作，從一九九六年九月至二○○二年七月首次擔任所長，處理行政事務，參與相關的多元化戰略與國家安全研討會。二○○六年九月至二○○八年五月，因緣際會至國安會擔任諮詢委員，從事國際外交與戰略議題研究，並親身前往許多國家實際瞭解政策與現況，對於全球戰略、國家安全與戰爭的關係，產生更為深刻的體認。二○○九年九月至二○一五年七月又再度擔任所長，更加領悟到「理論」與「實務」之間的鴻溝所在。

在諸多國內戰略學界討論會中，時常會激盪一些類似、不斷重複的問題：什麼是戰略的定義？台灣有無國家安全的戰略？或是更明確的說，台灣追求的國家安全的「利益」和「目標」為何？一九九六年美國智庫蘭德機構的研究員史文發表一篇標題為〈台灣的國家安全、防衛政策與武器採購過程〉的專題報告，在文中他指出：「台灣並無正式、制度性與規律化的國家安全戰略形塑與實施過程的機制。」雖然此段對話讓台灣的戰略學術界，尤其是軍方單位相當不以為然，但是，從某種現實的角度上，史文的確道出一些台灣此方面的缺失。只是，台灣真的沒有自身的國家安全戰略，還是台灣有關戰爭、戰略或是國家安全的研究太稀少，以至於無法提供政府來建構此

一安全機制嗎？事實上，二〇〇六年我國國安會正式出版第一本「國家安全報告書」，內容包羅萬象，二〇〇八年再度發行修訂版，雖無法滿足戰略學界的所有想像，但也提供外界瞭解我國當時整體國安機制運作的基本思維。

　　另外，國內有關戰爭與戰略研究的書籍，幾乎百分之八十以上都集中在軍事戰略方面，而且大部分都是由台灣戰略學界最資深的鈕先鍾老師所完成，鈕老師被譽為兩岸戰略學界的第一人，一生譯述不斷，在其譯作中有關戰爭研究的書籍首推一九八〇年由軍事譯粹社出版的《戰爭論》，分上、中、下三冊。一九九六年由麥田出版社發行《戰爭論精華》，提供讀者能在極短時間了解克勞塞維茨《戰爭論》的精髓。除了鈕譯的版本外，一九九一年國防部史政編譯局也根據德文一八三二年初版及一九八〇年十九版兩種版本的《戰爭論》，由王洽南由德文直譯的，則提供給國內讀者另一種選擇。在中國大陸方面，中國人民解放軍事科學院於一九六四年翻譯《戰爭論》一書，到一九九四年又重新編輯為上、下卷出版，屬於軍科院「外國著名軍事著作」書系的重要翻譯。另外，楊南芳等譯校的《戰爭論》，則又是另一重要參考且極具價值的著作，在台灣由左岸文化出版。其實，有關「戰爭」與「戰略」的研究，台海兩岸均各有所擅，尤其是中國大陸方面，自一九七九年改革開放之後，除了「經濟發展」為中心任務外，對於國家安全戰略與軍事、國防政策的討論也一樣蓬勃發展，各政府機構相繼成立智庫、研究學會或基金會來協助戰略領域的研究工作。舉例而言，中國軍事科學院主導成立全中國的「孫子兵法研究學會」，自一九九〇年代起每隔兩年舉辦一次孫子兵法國際學術研討會，每次開會期間都會聚集海內外知名「戰爭」與「戰略」研究的學者，其中也包括中國人民解放軍現職軍官的參與，便提供學者與解放軍直接溝通的管道。著名的學者也有代表性的著作，如中共前軍科院院長李際均，所著的《軍事戰略思維》深受中國戰略學界的重視，他從軍事哲學思維的角度切入，探討國家戰略與軍事思維的關係，所提出的「不確定因素」是軍事研究者不可忽略的要點。另外，一九九九年由兩位中共解放軍空軍大校喬良、王湘穗執筆出版的《超限戰》，提出在全球化時代下戰爭與戰法的「超限組合」，打破以往軍事戰略研究的窠臼，結合中、西戰略與戰

爭的特點，提出屬於東方傳統兵法精神的思維。「超限戰」的概念與這幾年來美國國防部因應傳統與非傳統安全威脅所推展的「不對稱戰略」有異曲同工之處，重點都在於如何「以小博大」、「以弱制強」。

　　不過，從前述的一些著作當中，儘管不難發現很多新的軍事觀點、戰略研究成果，究其實，卻脫離不了中、西兩大軍事名著的範圍，其一是《孫子兵法》，其二是克勞塞維次的《戰爭論》。首先，《孫子兵法》於一九九一年的波灣戰爭期間，成為美國各級參謀幕僚必讀的一本書，此書中強調的「避實擊虛」、「出其不意，攻其不備」成為美軍用兵的最高指導原則。同時，在「新軍事事務革命」的風潮下，資訊對國家安全的影響日益深遠，「資訊戰」成為未來主流的戰爭形態，掌握機先，才能決勝於千里之外。在《孫子兵法》中亦可找到許多指導「資訊戰」的原則，例如：〈用間篇〉第十三：「故名君賢將，所以動而勝人，成功出於眾者，先知也。先知者，不可取於鬼神，不可象於事，不可驗於度，必取於人，知敵之情者也。」

　　克勞塞維次的《戰爭論》，無疑是中、外學習軍事戰略另外一本必讀的經典，克氏不僅能夠「紙上談兵」，更有親自參與軍事實務的經驗（一七九二年他被送進普魯士步兵團任軍官生、一八〇一年進入普魯士軍官學校（戰爭學院前身）修業、一八一〇年任該校教官，滑鐵盧戰役之後任普魯士戰爭學院校長）。豐富的實務經驗，配合堅實的理論基礎，使得《戰爭論》成為西方第一本有系統的戰爭研究鉅著。值得注意的是，雖然書名為《戰爭論》，但是，書中卻是處處可見作者對於「戰略」研究的痕跡，本書不只是純粹「戰術」的思考，更是著重於國家安全整體「戰略」的思維，成為全球戰略學界必讀經典著作之一。

　　克氏首先指出「戰爭無非是政治以另一種手段的延續」的命題，強調戰爭是一種有意識的行動，是一種理性計算與政策的延續，也是一種存在於複雜的政治層面考量下的結果。因此，進行戰爭理論的研究，不僅要考量戰略、戰術與軍隊，還需要深入分析影響一國「軍事行政」的人口、資源、地緣位置、政治制度與社會文化等等，亦即《孫子兵法》所言「道、天、地、將、法」，因為「凡此五者，將莫不聞，知之者勝，不知者不勝」。亦

即，戰爭是一國力量有生與無形的總合體現，還要靠國家決策者的「運籌帷幄」，才得以「全勝」。

在《戰爭論》一書中，克氏除了點名「戰爭」與「政治」的辯證關係外，還有以下的重點值得吾人深思。例如克氏非常強調「精神力量」的重要性，正如中國人所談的「士可奪師，不可奪其氣」的道理一樣，在一九九一年的波灣戰爭，美國進行「沙漠風暴計畫」，以及二〇〇三年第二次伊拉克戰爭期間，也花了相當大的心力去從事對伊拉克士官的心理作戰，以瓦解其作戰情緒，以達不戰而屈人之兵的目的，正如同《孫子兵法》所強調的：「上兵伐謀，其次伐交，其下攻城」。

其次，克氏強調「積極防禦」的精神，因為戰爭就是一種極端暴力的使用。這點頗受解放軍的重視，因而在其軍事現代化的歷程中，軍事戰略的思維始終不放棄此種「人不犯我，我不犯人，人若犯我，我必先攻之」的心態，此種軍事上推行的「積極防禦」，除了在守勢上帶有主動攻擊的準備外，更有爭取戰略主動權的思考。一個指揮官必須要掌控戰事進行的結構，其先決條件就是讓敵人走進己方已設定的各種狀況，才能達到百戰不殆的境界。

此外，克氏提出「打擊重心」的概念，確定作戰的有限目標思維，更是結合了現代戰爭與科技結合的具體成果。為了打擊敵方的重心，也必須要使敵方失去「平衡」，俾以取得勝利。所以，建構一項戰爭計畫，主要在於瞭解敵方重心所在，讓敵方失去「平衡」，就能獲得戰爭勝利的關鍵。舉例而言，若能運用資訊作戰，巡弋導彈與精準武器的使用率將會大大提高，而資訊作戰中的點穴性武器，可以破壞對方的C4ISR系統，掌握制電磁權、制頻譜權，讓敵方處於不確定的狀態，如此更是我方致勝的關鍵。

同時，克氏也相當強調「民眾戰爭」與「群眾武裝思想」的重要性，在《戰爭論》第三篇「戰略概論」的第十七章〈現代會戰的特點〉中，克氏透過一八一二年俄國的戰爭及一八一三年普魯士的戰爭，說明了「民心」和「民意」在國家力量、軍事力量和作戰力量中是一個相當重要的因素。如果從現代的術語來看，此點證明了克氏早已指出的「全民國防」的重要性，只

要能凝聚國內人民的共識，參與國防事務的推動，建構國家動員的機制與能量，即使是小國如台灣，一樣可以形塑可觀的嚇阻力量，讓對岸中共的武力犯台思維必須重新調整其方向。

　　基本上，戰略與戰爭的研究在第三波的資訊社會中，更產生其新的時代意義，因為在全球化背景下，影響國家安全的因素呈現多元化，每個國家所面臨的「機會」與「威脅」也个盡相同，必須要有不同的戰略與戰術思維，當然更要了解軍事與國家安全的關係。一言之，自從資訊、通信與電子和戰爭工具結合之後，軍事和政治的「紐帶關係」就呈現更加「彈性化」的趨勢，只要設定好政治目標，就能夠運用有限的軍事行動來達其政治目的。以一九九六年的台海飛彈危機為例，中國只利用有限的M族短程彈道飛彈試射演習，就使得台灣內部民心士氣大亂，我政府也相應開始積極籌建反彈道飛彈的能力；又如同一九九九年三月的科索沃戰爭，美軍透過「空中作戰」模式，經歷五十二天的作戰，以低微的傷亡率，卻逼使塞爾維亞不得不屈服，創下高科技戰爭的示範效果，當然也因此再度印證戰爭是政治以另外一種方式的延續；再以二〇〇三年的第二次伊拉克戰爭為例，戰爭爆發前，美國在軍事、政治、外交方面已做好相關協調，將其後勤補給做好萬全準備，所謂「大軍未至、糧秣先行」，並以雷霆萬鈞之勢實施「斬首戰略」：運用長程戰斧巡弋飛彈、精準炸彈、碉堡炸彈，全方位壓制伊拉克重要政、經設施，癱瘓其軍事指揮中心，再加上「空陸一體戰」戰術的運用，美軍的攻擊如「摧枯拉朽」之勢，在毫無重大人員傷亡情況下，便攻佔伊拉克，創下第三波時代的戰爭典範。

　　不過，高科技雖然使得戰爭進行的頻率加快、加大，達到及時、全方位，沒有前、後方之分的戰爭，其主要推動者還是要靠高素質的人才，人才始終是戰場勝利的最終關鍵，而如何運用「戰略」去創機造勢，更是國家達到長治久安的充分且必要的條件。亦即，第二次伊拉克戰爭美國迅速完成使命，但是，沒有考慮到中東地區的戰略態勢與權力平衡問題，重建伊拉克期間不僅讓美軍傷亡慘重，軍事開銷更是空前驚人。同時，因為伊拉克勢力的消解，反而讓另一個區域強權伊朗勢力趁機坐大，進而發展核武、推動反美

政策，成為近期美國中東地區的首要傷腦筋目標。

所以，二〇一二年一月五日，美國推出新「防衛戰略評估」，就是總結二十一世紀以來所從事的戰爭經驗，在減少人員與經費考量下，強化與盟邦之間的軍事合作關係，不再派駐重兵於海外基地，盡量使用盟國軍事基地與設備，並減少陸軍常備部隊與海軍陸戰隊人數，增加海、空軍員額，並改變以往的「空陸一體戰」、「海空一體戰」，到「全球公共空間介入與機動聯合」，進行對敵方外科手術式的「要害打擊」與「同步打擊」，以達「損小、益大」，迅速達到戰爭的政治目的。

此外，戰略與戰爭的研究實際上是與吾人日常生活息息相關，足以提供吾人日常規劃行事、解決衝突與危機處理的參考。一般商業企管界討論談判、交涉時都要涉及「策略」的運用，事實上，這就是「戰略」的另外一種形勢的體現，亦即如何設定目標、確定途徑、使用工具，才能達到預期設定的戰略目標。例如，在「商業談判」與「風險評估」中，就經常利用SWOT加以分析，事實上，SWOT不僅要考量外環境因素，內環境變項，還要評估自我的能量與限制。如同克氏所強調「使敵人無力抵抗是戰爭行為的目標」，同時「要打垮敵人，就必須根據敵人的抵抗力來決定應該使用多大的力量」，而「敵人的抵抗力等於他們現有的手段乘以其與意志力」。瞭解敵人的能量，才能適當運用優勢力量打敗敵人。一言之，「知己知彼」，才能「百戰不殆」。

因此，《戰爭論》不僅可以協助從事戰爭實務者確定思考的基本路線，更是對於從事國際戰略研究的學者和政府官員的重要參考。以二〇〇一年四月一日中美軍機擦撞事件為例，很明顯可以看出中國方面因為善用戰略與戰術的謀略，在初期就讓美國人吃盡苦頭。掌握了人、機的北京當局，在戰略方面，首先確立處理的首要原則：美國政府必須先道歉，再談人機歸還的問題。其後，中國國家主席江澤民不受此事件的影響，按計畫出訪中南美洲，正顯示出其政策的穩定性。在戰術上，北京刻意壓低此事件的範圍，避免引發國內民族主義的聲浪，建構國家與人民一致對外的態度，讓美國人不得其門而入；美國方面卻是一開始就作出戰略錯置，最高領袖布希總統在事件第

二天身先士卒公開發表措詞嚴厲的要求：中國必須立刻放人送機，使得美國的王牌出盡，令政府相關幕僚的處理底線無法再做彈性的調整，只能跟隨布希採取強硬的策略，導致美國在事件的發展中，不僅凸顯其「霸權」的行徑外，也沒有得到亞太盟國的具體支持，因為各國都不願意去蹚這趟渾水，而是尋求潔身之道。到了事件爆發的第五、六天，美國逐漸調整其戰略，在檯面下加強與中國的溝通，確立人機分離的原則，並了解中國要「面子」的心態。在一封遞交中國的外交書函中，表明了美國「very sorry」的態度後，才讓此事有了初步的解決。基本上，此事件透露了國家對外處理任何事務，必須先要確立自己能掌握的優勢，了解敵人的弱勢，再運用不對稱的戰略，尋求我方在空間、時間上，力量的可能最大配置，以實現我方尋求的政治目標，而非「戰略」與「戰術」的錯置，使得己方陷入「被動」與無法掌握事件主導權的態勢之中。

　　此外，二〇一一年起至今整體國際戰略格局受到以下三位決策者思維與作為的衝擊。二〇一一年北韓第三代領導人金正恩上台，持續對內部進行意識形態控制，對外方面則是強化飛彈試射與核武研發，捲起東北亞核武擴散危機。而二〇一二年中國第五代領導人習近平上台之後，經過兩次政治工作報告，確立「中國夢」與「中華民族復興夢」的兩個百年目標，以及二〇三五年社會主義現代化、二〇四九年世界強國的戰略規劃，又有二〇一三年啟動的「一帶一路」倡議，在亞、歐、非洲與拉丁美洲的沿線沿路佈局，遂引發「中國崛起」之後的「圍堵中國」的全球戰略態勢。再者，二〇一六年美國選出一位非建制派、非傳統的紅頂商人川普擔任美國總統，由於選前的「通俄門」事件餘波未了，又加之他當選後提出施政「百日宣言」，退出各項國際建制與規約，並採取「反全球化」的單邊貿易保護主義。他的另類決策風格「不按牌理出牌」激發起全球列國的反彈聲浪。同時，川普也在印太地區架構一個多邊安全建制「印太戰略」，取代先前「再平衡亞太」戰略，建構一個全方位圍堵中國的「預防性戰略」部署。

　　事實上，二〇一七年慕尼黑國際安全研討會提出當代全球戰略趨勢的三大特徵：「後真相、後秩序、後西方」正可以體現出當代世界戰略的格局。

在前述資訊社會的特徵下，世界即將進入5G時代，傳播工具的私有化、及時化、擴散化，影響國際事件的真實判斷。此外，中國勢力崛起，加大自身在國際社會的話語設定權。而川普秉持「美國優先」，「國土安全」與盟國「國際安全」的「責任分攤」原則，更是徹底瓦解後冷戰以來的超級大國主導的國際秩序，形成中等強國各自為政，相互結盟，產生一種「敵友難分」、「相互依存」也「相互威脅」的複合式安全合作與對抗關係。

透過上述三位主要決策者的「縱橫折衝」，掀起戰略與國家安全課題研究，例如川普與金正恩相互間採取「戰爭無非是政治以另一種手段的延續」戰略思維，美國不斷透過軍事演習與戰爭準備，威嚇北韓放棄飛彈發射與核武試爆，平壤則是以「戰爭邊緣」策略展現不惜將東北亞捲入火海，並威脅以中長程彈道飛彈打擊美軍關島基地。雖然雙方「劍拔弩張」的態勢「一觸即發」，但也在國際社會企盼中舉行三次非預期的「川金會」，顯示出「戰爭」工具與「政治」目標相互為用的基本戰略邏輯。此外，川普發動對中國的關稅大戰，也是從「打擊重心」著手，以中國「二○二五製造業」為標的，透過平衡美中貿易的理由，並以國家安全的戰略考量，約束華為電信產業的全球擴張，從而抑制中國高科技發展進程，排除中國個別主導亞太格局的戰略思考。此外，面對中國在南海地區的「填沙造陸」、「島嶼軍事化工程」，美國以「公海自由航權」為由，不斷單方面以船艦在臨近七個中國人工島礁十二海里的領海區域巡弋，更從「合縱」角度，糾集域外大國法國、英國、日本與澳洲進行針對性海洋巡弋行動，凸顯「全球公共秩序」與國家島嶼領土主權之爭的關係。

當然，中國方面對華盛頓的經濟、科技，與未來軍事的圍堵，除了冷靜因應，也強調「精神力量」的發揮，習近平不斷提到「中國夢」與「中華民族復興夢」來進一步號召全球友華力量，持續採取「積極防禦」態勢，擴大「一帶一路」國際合作倡議與戰略的共同發展效益，從而有利於中國建構以中國共產黨為首的「群眾武裝思想」，以因應川普掀起對中國「和平演變」的「民眾戰爭」。未來全球情勢處於「三後時代」：「後真相、後秩序、後西方」。任何一個國家如何理解其先天地緣政治環境，確認其國家利益所

在，在訂定清楚「國家目標」之後，善用「戰略」為本與「國家安全」為體，建構出一套完整安全戰略，應當是當務之急。

最後，本書是由三位中國大陸教授綦甲福、阮慧山和周盟，參考一九五七年德意志民主共和國國防部出版的《戰爭論》德文版，並兼及其他法、俄、英文以及中文版的翻譯成果。此書的翻譯結果不僅達到了信、達、雅的三項要求，更有其他現有翻譯本的優點，計有八篇（包括「論戰爭的性質」、「論戰爭理論」、「戰略概論」、「戰鬥」、「軍隊」、「防禦」、「進攻」、「戰爭計畫」）。在第八篇之後，本書還將克勞塞維茨在一八一〇、一八一一和一八一二年為普魯士王太子殿下（即腓特烈‧威廉四世）講授軍事課程的講義作為附錄，提供吾人深入理解克氏對戰略與戰爭研究的另一種精華呈現。

吾人以為由國內左岸文化所推薦的克勞塞維茨的《戰爭論》絕對是閱讀大眾不可錯過的一本好書，尤其全書呈現流暢的翻譯文體，易讀易懂，必能夠帶動國內戰略學術研究的風潮。戰爭本身並不可怕，可怕的是不了解戰爭所帶來災禍的悲劇性，了解戰爭規律才能制止戰爭的發生，研究戰爭與戰略，才能去掌握戰爭發生的軌跡，才能提供國家安全建構的堅實基礎，是以為文導讀推介。

二〇一九年七月十五日

在戰略之外：克勞塞維茨的社會思想

佛光大學社會學系副教授　鄭祖邦

　　在許多克勞塞維茨相關的研究中，都明確指出克勞塞維茨是一位偉大的軍事與戰略學家，不過，筆者還想進一步指出他還是一位引領我們理解「現代社會」的思想家。從筆者的角度來看，克勞塞維茨所寫的《戰爭論》一書，可以說是第一位把「戰爭」本身提高到在研究上具有認識論與本體論地位的人。不過，這樣的研究工作，從十八、十九世紀的社會思潮發展來看卻顯得相當突兀。在當時英國的政治經濟學和法國的啟蒙思想傳統正占據著上風，孔德（Auguste Comte）和史賓塞（Herbert Spencer）這些啟蒙的實證主義者深信和平必將到來，科學時代的「工業社會」必將取代古老傳統的「軍事社會」，「理性／進步／和平」與「暴力／反動／戰爭」形成了人類歷史發展上的對立。此外，從亞當・斯密（Adam Smith）提出「看不見的手」開始，「市場」、「資本主義」逐漸成為理解「現代社會」的同義詞。馬克思（Karl Marx）的《資本論》可以說正視此一思潮發展的高峰，透過「資本－勞動」作為理論上的出發點，他試圖推衍出一個宏大的資本主義運作體系。在這樣的背景下，戰爭被視作是現代社會歷史發展的變異或偏離。然而，對筆者而言也正是在這樣英法主流社會思潮發展下，我們才可以感受到克勞塞維茨寫作《戰爭論》一書的特殊性，以及與德國浪漫主義思潮下反啟蒙傳統的廣泛聯繫。

　　《戰爭論》一書的寫作可以說是克勞塞維茨對於拿破崙戰爭的知識回應，他也親身參與過一八〇六年、一八一二年、一八一三年、一八一五年在普魯士與俄國的多次戰役，經歷了拿破崙軍隊占領日耳曼的屈辱以及席捲歐洲的震撼，他試圖透過實際的戰爭經驗來建構出一種具普遍性的戰爭理論。在該書中，克勞塞維茨提出「戰爭無非是政治通過另一種手段的延續」這個

令人耳熟能詳的命題，其關鍵之處在於強調不同的政治狀況就會決定了不同的戰爭型態，所有的戰爭都會在「絕對戰爭」和「有限戰爭」兩種型態之間進行擺盪。值得注意的是，對克勞塞維茨而言，他並不是只是要去作一位理論家，他更關心的是當下普魯士的生存與強大，他費盡心力去澄清拿破崙戰爭的重要意義，就是希望他的君主與國家能去認清時代的變化與現實性。對克勞塞維茨而言，法國大革命與拿破崙軍隊所取得的勝利，其原因不是在軍事範圍內尋找，而是由於其它國家之人們在舊制度（ancien régime）之下錯誤的政治認識。當一七九三年時，反對大革命的封建聯軍集體入侵法國，年輕的法蘭西共和國實行了「徵兵制」，這樣的制度使得戰爭成為全體人民之事。國王的戰爭結束了，人民的戰爭開始了，克勞塞維茨認為，這樣的變化使得戰爭更接近其絕對形式。正是從戰爭與政治的命題中，讓我們理解到了整個軍事技藝轉型的歷史意義與成因，拿破崙的軍隊不僅是一支全新的軍事力量，更是一種新的國家、經濟與社會形式的呈現。歐洲第一次見證到了民族主義作為一項軍事工具所達到的意識形態效果，並且，拿破崙軍隊的入侵，也反向地激起了歐洲各國民族主義的情緒，以及十九世紀一系列現代民族國家的改革。

　　除了戰爭與政治的關係之外，克勞塞維茨對「戰爭概念」的建構也值得我們注意。他提出一個至為關鍵的要素：戰爭就是「雙方的鬥爭」。鬥爭是雙方精神力量和物質力量進行的一種較量，我們不能忽視精神力量，因為正是「精神狀態對軍事力量具有決定性的作用」。克勞塞維茨也進一步說：「消滅敵人軍隊時，並不是僅僅指消滅敵人的物質力量，更重要的是指摧毀敵人的精神力量。」所以，對於克勞塞維茨而言，所謂戰爭的「勝利」是建立在敵人精神力量的瓦解之上。從上面的論點，我們可以說「意志」和「精神」形成了克勞塞維茨戰爭概念建構上的重要特點，而這樣的思考是與德國觀念論的哲學發展和國家創建上的難題密切相關的。不是外在的制度，而是內在的意義，或者說，內在的精神、意志才標示出十九世紀德國「民族」概念的特色，而這樣的思想特點正是從德法之間長期的敵對性中醞釀出來的。儘管領土會被占領，但是，內心永遠是一個不會屈服的、自由的精神領域，

德國正是以一種退回內在生活的方式來面對長期被征服與政治落後的國家命運。所以，筆者認為《戰爭論》代表的不僅是一種歐洲諸國之間不同思想傳統的發展，更是德國國家創建過程中的歷史產物。

　　對生活在台灣這塊土地的人而言，「台灣會不會發生戰爭？」是一個不時會從日常生活的互動中迸發出來的問題。在二次世界大戰末期，美軍不斷地從菲律賓派遣轟炸機空襲台灣，當時日本統治下的台灣子民不時問著「盟軍是否會登陸台灣？」（最終麥克阿瑟將軍決定跳過台灣直接進攻日本本土）。到了戰後的一九五〇年代，從古寧頭到金門砲戰台灣人一直擔心著「共匪是否會來血洗台灣？」即使到了民主蓬勃發展的一九九〇年代，一九九六年的台海飛彈危機，逼著李登輝前總統脫口說出：「中共再大也沒有比我老爸大！」這或許是為了鼓舞台灣人的民心士氣，也或許是為了拉抬第一次總統直選的行情。如果再從台灣近四百年的長時段歷史發展經驗來看，戰爭一直與台灣主體命運密不可分。儘管直接發生在台灣內部的決戰很少，但是，在境外大國之間的戰爭卻往往決定了台灣的命運，例如：中法戰爭、中日甲午戰爭、第二次世界大戰、韓戰等。此外，以統治者的角度來看，從荷鄭時期、清領時期、日治時期一直到國民黨來台，這四個不同階段都具有一個共通的特色，亦即，每一個階段的第一位統治者（或占領者、接收者）都是軍人：擊退荷蘭殖民的鄭成功、為康熙皇帝打下台灣的那位前身為海盜的施琅將軍、日本殖民時期超過一半以上的武官總督（日本任命的第一位台灣總督，就是當時任海軍大將的樺山資紀）、國民黨撤遷來台後的蔣介石。生活在台灣這片土地的人們應該如何去面對這樣的集體生存處境？或許這也提供了我們閱讀《戰爭論》此一經典著作的意義，在戰略理論之外，克勞塞維茨如何去面對當時德國落後的政治命運？如何在艱難的局勢中去思索國家創建的難題？

初版序

　　一個女子竟敢為這樣內容的著作撰寫序言，有人一定會感到驚異。對於我的朋友們來說，這是不必做任何解釋的，但是，對於那些不認識我的人，我還是希望簡單地說明一下原因，以免他們認為我自不量力。

　　這部我現在為之作序的著作，幾乎耗盡了我萬分摯愛的丈夫（可惜他過早地離開了我和祖國）一生中最後十二年的全部精力。完成這部著作是他最殷切的願望，但他卻無意在有生之年公諸於世。當我極力勸他改變這種打算時，他一半是開玩笑，但一半也許是預感到自己的早亡，常常這樣回答說：「應該由你來出版。」正是這句話（在那些幸福的日子裡常常使我落淚，儘管我從未認真考慮過其涵義）使我的朋友們認為，我有義務為我親愛丈夫的遺著寫幾句話。縱然人們對此可能有不同的看法，但他們也許能夠體諒我的感情，正是這種感情使我克服了女性的羞怯來寫這篇序言，而這種羞怯常常使一個女子十分為難，即使是在做一些並不重要的事情。

　　當然，我也絕不可能抱有奢望，把自己看作是這部著作的真正出版者，這遠遠超過我的能力。我只想當一名助手，參與這部書的出版工作。我有權利要求做這樣的工作，因為我在這部著作的產生過程中也擔任過類似的角色。凡是認識我們這一對幸福伴侶的人，都了解我們在一切事情上都相互關心。不僅同甘共苦，而且對每一件工作，對日常生活的瑣碎小事都抱有相同的興趣。我親愛的丈夫從事這樣一件工作，我不會不清楚的。他對這件工作是多麼的熱愛，他寫書時抱著多麼大的熱情和希望，以及這部書產生的方式和時間，恐怕再沒有人比我了解得更多。他的卓越才智，使他從少年時代起就渴望光明和真理。雖然他在許多方面都很有修養，但是他的思想主要集中在對國家富強極其重要的軍事科學上，他的職業也要求他獻身於這門科學。

首先是沙恩霍斯特把他引上了正確的道路，後來，在一八一〇年他受聘擔任普魯士戰爭學院的教官，與此同時，他榮幸地為王太子殿下講授基礎軍事，這一切都促使他在這一領域繼續研究和努力，並把得出的結論記錄下來。一八一二年他結束王太子殿下的課業，當時所寫的一篇文章已經包含了他以後著作的胚胎。但是，直到一八一六年，在科布倫茨他才又開始了研究工作，並且把四年戰爭時期豐富經驗結成的果實採集下來。他首先把自己的見解寫成一些簡短的、相互間沒有緊密聯繫的文章。從他手稿裡發現這篇沒有標明日期的文章，也是在這個時期寫成的：

　　我認為，這裡寫下的一些原則，已經涉及到了戰略的主要問題。我只把它們看作是一些資料，但實際上差不多已經將它們融合成一個整體了。這些資料是在沒有預定計畫的情況下寫成的。起初，我只想簡短而嚴密地寫下自己確定的最重要戰略問題，而不去考慮它們的系統性和內在聯繫性。當時，我隱隱約約想到了孟德斯鳩研究問題的方法。我認為，這種（開始時我只稱之為「顆粒」）簡短的格言式篇章，一方面可以使人從中得到許多啟發，一方面它們本身已經確立了許多論點，因而將會吸引那些才智高超的讀者。這時，出現在我腦海中的讀者就是一些有頭腦且對戰爭有所了解的人。但是後來，我的個性冒了出來，要求充分發揮論述，要求系統化。在很長一段時期裡，我克制了自己，從一些論文中（為了使自己對一些具體問題更加明確而寫的一些文章）只抽出最重要的結論，把思想集中到較小的範圍裡。但是，後來我的個性完全支配了我，於是我盡力加以發揮，當然這時也就考慮到了對這方面問題還不十分熟悉的讀者。

　　我越是繼續研究，越是全力貫注於研究工作中，就越使自己的著作系統化起來，因而就陸續地插進了一些章節。

　　我最終的打算是，把全部文章再審閱一遍，把早期的文章加以充實，把後來寫的文章分析部分歸納成結論，使這些文章成為一個比較像樣的整體，然後編成一本八開本大小的書。但是，在這本書中，我還是要絕

對避免寫那些人人都知道、談論過千百遍、並已為大家接受的泛泛內容，因為我的抱負是要寫一部不是兩、三年後就會被人遺忘的書，而是寫一部讓感興趣的人再三翻閱的書。

在科布倫茨，他公務繁忙，只能利用零星的時間從事自己的寫作。直到一八一八年他被任命為普魯士戰爭學院的院長以後，才又有充裕的時間進一步擴充他的著作，並且用現代戰史來充實它的內容。

根據這個學院當時的制度，學院的研究工作不屬院長管轄，而是由一個專門的研究委員會領導，因此他並不十分滿意這個職務，但是由於可以有充裕的空閒時間，他還是接受了這個新的工作。他雖然沒有庸俗的虛榮心，不計較個人榮譽，但是他要求自己成為真正有用的人，不願意讓上帝賜予的才能無所作為。然而，在他繁忙的一生中，他沒有得到過能滿足這種要求的崗位，對於獲得這樣一個崗位，他也不抱多大的希望。他把自己的全部精力都投入了研究領域，他生活的目的就是希望他的著作將來能夠有益於世。儘管如此，他仍然越來越堅持要在他死後再出版這部著作，這就充分地證明，他在希望自己的著作產生巨大深遠影響的崇高努力中，並沒有摻雜得到讚賞的虛榮意圖，也沒有絲毫自私的打算。

於是他就這樣勤勤懇懇地寫下去，直到一八三〇年春天他被調到砲兵部隊。到了砲兵部隊以後，他的工作和從前完全不同了，他非常忙，不得不放棄全部的寫作工作。於是，他把自己的手稿整理了一下，分別包封起來，並貼上標籤，然後極不情願地和他非常喜愛的工作告別了。同年八月，他被調往布雷斯勞，擔任第二砲兵監察部總監，十二月又調回柏林，擔任格奈森瑙元帥的參謀長（格奈森瑙時任總司令）。一八三一年三月，他陪同自己尊敬的統帥前往波茲南。當他遭到了沉重的打擊（編注：格奈森瑙在波茲南死於霍亂），於十一月又返回布雷斯勞的時候，他希望能繼續從事寫作，並在當年冬天完成這一工作。但是上帝做了另外的安排，他於十一月七日回到了布雷斯勞，十六日就與世長辭了。他親手包封的文稿，是在他去世以後才打開的。

　　現在，這部遺著將完全按照原來的樣子分卷出版，不增刪一個字。儘管如此，在出版的時候還是有許多工作要做，要進行整理和研究。我謹向在這方面給予幫助的親愛朋友們表示衷心的感謝。特別要感謝少校奧埃策爾先生，他很樂意地承擔了付印時的校對工作，並且製作了這部著作的歷史附圖。在這裡，請允許我提一提我親愛的弟弟，他在我不幸的時刻支持了我，並且為這部遺著的出版在許多方面做出了貢獻。特別要提到的是，他在細心閱讀和整理這部遺著時，發現了本書開始的部分修改文稿（我親愛的丈夫在一八二七年所寫的一篇題為〈說明〉的文章中提到了這一意圖），並把它們插入了第一篇的有關章節（因為修改工作只到此為止）。

　　我還要向其他許多朋友表示感謝，他們向我提出過寶貴的建議，向我表示了關懷和友誼。雖然我不能把他們的名字一一列出來，但我相信，他們一定會接受我發自內心的感激之情。我越是認識到他們給我的一切幫助不僅僅是為了我，而且也是為了他們早亡的朋友，我就越要感謝他們。

　　從前，我在這樣一位丈夫身邊度過了非常幸福的二十一年，現在雖然我遭到了這個不可彌補的打擊，但是我對往事的回憶和對未來的希望，我親愛的丈夫留給我的關懷和愛情，人們對他卓越才能的肯定和仰慕，所有這一切使我仍然感到非常幸福。

　　國王和王后陛下出於對我的信任，召我到宮中任職，這對我又是一種安慰，我要為此感謝上帝，我高興地擔任了貢獻自己力量的光榮職務。願上帝降福，讓我做好這個職務，並且盼望目前由我侍奉的尊貴小王子將來能讀一讀這部書，並在其鼓舞下像他光榮的祖先一樣建立功勳。

威廉王后陛下女侍從長
瑪麗‧馮‧克勞塞維茨
一八三二年六月三十日於波茨坦大理石宮

作者自序

所謂科學不僅僅是指體系和完整的理論，這在今天已經是不需要爭論的問題了。在本書的敘述中，從表面上看是找不到體系的，這裡沒有完整的理論大廈，只有建築大廈的材料。

本書的科學性就在於探討戰爭的實質，指出構成它們的元素之間的聯繫。我們絕不迴避哲學的結論，但是當它們不足以說明問題時，作者寧願放棄它們，而採用經驗中相應的現象來說明問題。正像某些植物一樣，只有當它們的枝幹長得不太高時才能結出果實。因此在實際生活的園地裡，也不能讓理論的枝葉和花朵長得太高，而要使它們接近經驗，即接近它們固有的土壤。

企圖根據麥粒的化學成分去研究麥穗的形狀，這無疑是錯誤的，因為要想知道麥穗的形狀，只要到麥田裡去看一看就行了。研究和觀察、哲學和經驗既不應該彼此輕視，更不應該相互排斥，它們是相得益彰和互為印證的。因此，本書具有內在必然性的一些原則，就像拱形屋頂離不開柱子的支撐。本書建築在經驗的基礎之上，也建築在戰爭概念的基礎之上。

寫一部有思想有內容的戰爭理論也許並不是不可能的，但是，我們現有的理論與此還有很大的差距。且不說這些理論缺乏科學精神，由於它們極力追求體系的連貫和完整，充滿了各種陳詞濫調和裝腔作勢的空話。如果有人想看一看它們的真實面目，就請讀一讀從李希滕貝格一篇防火規程中摘出的一段話吧：

如果一幢房子著了火，那麼人們必然首先會想到去防護位於左邊房子的右牆和位於右邊房子的左牆。人們想要防護位於左邊房子的左牆，而

左邊房子的右牆位於左牆的右邊，因而火也在這面牆和右牆的右邊（因為我們已經假定，房子位於火的左邊）。所以，左邊房子的右牆比左牆離火更近，而且如果不對右牆加以防護，那麼在火燒到受到防護的左牆以前，這幢房子的右牆就可能燒燬。因此可以得出結論說，未加防護的東西可能被燒燬，而且可能在其他未加防護的東西被燒燬以前先燒燬。所以，人們必須放棄後者而防護前者。為了對此留下深刻的印象，我們必須指出：如果房子位於火的右邊，那麼就防護左牆；如果房子位於火的左邊，那麼就防護右牆。

作者會避免用這樣囉唆的語言嚇跑有頭腦的讀者，也避免在少數好東西裡摻水，沖淡它的美味。雖然作者思考戰爭問題多年，與許多了解戰爭的天才人物交往，還從自己的許多經驗中獲得東西，作者寧可把它們鑄成純金屬的小顆粒獻給讀者。在本書中，外部聯繫不夠緊密的各章節就是在這種情況下寫成的，不過，但願它們並不缺乏內在聯繫。也許不久會出現一位偉大的人物，他給我們的不再是這些分散的顆粒，而是一整塊沒有雜質的純金屬鑄塊。（許多軍事著作家，特別是那些想要科學研究戰爭的就不是這樣，這有許多例子可以證明，在他們的評論中贊成的意見和反對的意見完全抵銷了，甚至還不如兩頭獅子相互吞食那樣，還可以剩下兩條尾巴。）

（約作於一八一六至一八一八年間）

作者說明
修改《戰爭論》的計畫

其一

我認為，已經謄寫清楚的前六篇，只是一些還很不像樣子的素材，還必須重新改寫。改寫時，要在全書到處都能清楚地看到兩種不同的戰爭，只有這樣，一切思想才會獲得更精確的涵義、更明確的方向和更具體的運用。這兩種不同的戰爭是：以打垮敵人為目的的戰爭（這可以是在政治上消滅敵人，或者只是使敵人無力抵抗，以迫使敵人簽訂任何一個和約）和僅僅以占領敵國邊境的一些地區為目的的戰爭（這可以是為了占有這些地區，也可以是把這些地區作為在簽訂和約時有用的交換手段）。當然，在這兩種戰爭之間必然有一些過渡性的戰爭，但是這兩種戰爭完全不同的特點必然貫穿在一切方面，其中互不相容的部分也必然會區分出來。

除了指出上述那種在戰爭中實際存在的差別以外，還必須明確地肯定這種實際上同樣是必不可少的觀點：戰爭無非是國家政治透過另一種手段的延續。處處都堅持這個觀點，我們的研究就會一致，一切問題也就比較容易解決。雖然這個觀點主要在第八篇中才得以充分展現，但在第一篇中已經透徹地加以闡明，而且在改寫前六篇時也要發揮作用。對前六篇做這樣的修改，將會剔除書中的一些糟粕，彌補一些漏洞，而且可以把一些一般性的東西歸納成比較明確的思想和形式。

第七篇「進攻」（各章的草稿已經寫好）應該看做是第六篇「防禦」的映射，並且應該根據上述更明確的觀點立即進行修改。這樣，這一篇在以後就可以不必再修改了，甚至可以作為改寫前六篇的標準。

第八篇「戰爭計畫」（即對組織整個戰爭的總論述）的許多章節已經草

擬出來了。但這些章節甚至還不能算做是真正的素材，而僅僅是對大量材料進行了粗略的加工。這樣做的目的是為了能夠在工作中明確重點之所在。這個目的已經達到了。我想在完成第七篇以後，立即著手修改第八篇，修改中主要是貫徹上述兩個觀點，並且對所有材料進行簡化，但同時也要使它們具有深刻的思想內容。我希望這一篇能夠澄清某些戰略家和政治家頭腦中的模糊觀念，至少要向他們指出問題的關鍵在哪裡，以及在一次戰爭中到底應該考慮什麼問題。

　　如果在修改第八篇的過程中能使我的思想更加明確，能恰當地確定戰爭的重大特徵，那麼以後就可以比較容易地把這種精神帶到前六篇中去，讓戰爭的這些特徵在那裡也到處閃閃發光。只有到這個時候，我才會著手改寫前六篇。

　　假如我過早去世，因而中斷了這項工作，那麼現有的一切東西當然只能是一堆不像樣子的思想材料了。它們將會不斷地遭到誤解和任意的批評。在這些問題上，每一個人都認為自己想到的東西都是很完美的，已經可以寫下來發表了，並且認為它們就像二乘二等於四一樣是毫無疑問的。如果他們也像我一樣花費這麼多精力，長年累月地思考這些問題，並且經常把它們與戰史進行對比，那麼他們在進行批評時，當然就會比較慎重了。

　　儘管這部著作還沒有完全成形，我仍然相信，一個沒有偏見、渴望真理和追求信念的讀者，在讀前六篇不會看不見那些經過多年的思考和對戰爭的熱心研究所獲得的果實，而且或許還會在書中發現一些可能在戰爭理論中引起一場革命的重要思想。

　　　　　　　　　　　　　　　　　　　　一八二七年七月十日於柏林

其二

在我死後人們將會發現的這些論述大規模戰爭的手稿，像目前這個樣子，只能看做是對那些用以建立大規模戰爭理論的材料的蒐集。其中大部分我是不滿意的。而且第六篇還只能看做是一種嘗試，我本來準備對這一篇進行徹底改寫並另找論述的方法。

但是在這些材料中一再強調的主要問題，我認為對考察戰爭來說是正確的。這些問題是我經常面對實際生活、回憶自己從經驗中和與一些優秀軍人的交往中得到的教益而進行多方面思考的結果。

第七篇是談進攻，這些問題只是倉促地寫下來的。第八篇談戰爭計畫，我原打算在這裡特別闡述一下戰爭中的政治和人的有關問題。

我認為第一篇第一章是全書唯一已經完成的一章。這一章至少可以指出我在全書到處都要遵循的方向。

研究大規模戰爭的理論（或稱戰略）是有特殊的困難的。可以說，只有很少數的人對其中的各種問題有清楚的概念，即了解其中各種事物之間的必然聯繫。在行動中大多數人僅僅以迅速的判斷為根據，而判斷有的很正確，有的就不那麼正確，這是由人們才能的高低決定的。

所有偉大的統帥就是這樣行動的，他們的偉大和天才部分地表現為他們的判斷總是正確的。因此，在行動中人們將永遠依靠判斷，而且單靠判斷也就足夠了。但是，如果不是親自行動，而是在討論中說服別人，那就必須有明確的概念並指出事物的內在聯繫。由於人們還很缺乏這方面的素養，所以大部分的討論只是一些沒有根據的爭執，結果不是每個人各持己見，就是為了顧全對方而和解，走上毫無價值的折衷道路。

在這些問題上有明確的觀念並不是毫無用處的，而且一般說來，人們都傾向於要求明確性和要求找到事物間的必然聯繫。

為軍事藝術建立哲學理論是非常困難的，人們在這方面所做的許多失敗的嘗試，使大多數人得出結論說，建立這樣的理論是不可能的，因為這裡研究的是固定的法則所不能涵蓋的東西。如果不是有很多毫無困難就可以弄清

楚的原則的話，我們或許會同意這種看法，並放棄建立理論的任何嘗試。這些原則是：防禦帶有消極目的，但卻是強而有力的作戰形式，進攻帶有積極目的，但卻是比較弱的作戰形式；大的勝利同時決定著小的勝利，因此戰略的效果可以歸結到某些重心上；佯動是比真正的進攻弱的一種兵力運用，因此只有在特定條件下才能採用；勝利不僅是指占領地區，而且也指破壞軍隊的物質力量和精神力量，後者在大多數情況下只有在會戰勝利後的追擊中才能實現；經過戰鬥而取得勝利的效果總是最大的，因此從一個戰線和方向突然轉移到另一個戰線和方向，只能看做是一種迫不得已的下策；只有在具有全面優勢或者在交通線和撤退線方面比敵人佔優勢時才能考慮迂迴；同樣，只有在上述情況下才能占領側面陣地；進攻力量在前進過程中將逐漸削弱。

（本文未完成，約作於一八三〇年）

第一篇
論戰爭的性質

第一章
什麼是戰爭

一、引言

我們首先研究戰爭的各個要素，其次研究它的各個部分，最後就其內在聯繫研究整體，即先簡單後複雜。但是在研究這個問題時，有必要先對整體有一個概括的了解，因為研究部分時必須要考慮到整體。

二、定義

我們不打算一開始就給戰爭下一個冗長的定義，而是想從戰爭的要素——搏鬥來進行討論。戰爭無非是擴大了的搏鬥。如果把構成戰爭的無數個搏鬥作為一個整體來考慮，最好想像一下兩個人搏鬥的情景。每一方都企圖透過暴力迫使對方服從自己的意志。他們的目的都是打垮對方，使對方不能再做任何抵抗。因此，戰爭是迫使敵人服從我們意志的暴力行為。

暴力用技術和科學的成果來裝備自己。暴力受到國際法慣例的限制，但這種限制微不足道，在實質上並不削弱暴力的力量。暴力（即物質暴力，因為精神暴力僅表現在國家和法律之中）是手段，把自己的意志強加於敵人是目的。為了確有把握地達到這個目的，必須使敵人無力抵抗，因此從概念上說，使敵人無力抵抗是戰爭行為真正的目標。這個目標代替了上述目的，並使之排除在戰爭本身之外。

三、最大限度使用暴力

仁慈的人容易認為，一定有一種巧妙的方法，不必造成太大的傷亡就能解除敵人的武裝或者打垮敵人，並且認為這是軍事藝術真正的發展方向。這

種看法不管多麼美妙，卻是必須消除的錯誤思想，因為在像戰爭這樣危險的事情中，由仁慈而產生的錯誤思想正是最為有害的。充分使用物質暴力絕不妨礙同時發揮智慧。不顧一切、不惜流血使用暴力的一方，在對方不同樣如此做時，必然會取得優勢。這樣一來，對方也不得不如此，於是雙方就會趨向於極端，這種趨向除了受內在的力量牽制以外，不受其他任何限制。

由於厭惡暴力而忽視其性質，這種觀念毫無益處，甚至是錯誤的。文明民族的戰爭其殘酷和破壞比野蠻民族的戰爭小得多，這是取決於交戰國本身的社會狀態和這些國家之間的關係。雖然戰爭產生於社會狀態和國與國之間的關係，並由它們決定、限制和緩和，但是它們並不屬於戰爭本身，而是在戰爭發生以前就已存在，因此，如果硬說緩和因素屬於戰爭哲學本身，那是不合情理的。

人與人之間的鬥爭本來就包含敵對感情和敵對意圖。我們所以選擇敵對意圖作為我們定義的要件，是由於它帶有普遍性，甚至最野蠻、近乎本能的仇恨感，沒有敵對意圖也是不可想像的，而許多敵對意圖，卻絲毫不帶敵對感情，至少不帶強烈的敵對感情。在野蠻民族中，敵對意圖主要來自感情，在文明民族中，主要則是出於理智。這種差別並不是取決於野蠻和文明本身，而是因為當時的社會狀態和制度。所以並不是任何時代都必然有這種差別，只是大多數有這種差別。總之，即使是最文明的民族，相互間也可能燃起強烈的仇恨感。

由此可見，如果把文明民族的戰爭說成純粹是政府之間理智的行為，認為戰爭越來越擺脫激情的影響，以致最後不再需要使用軍隊這種物質力量，只需要計算雙方的兵力對比，對行動進行代數演算就可以了，那是莫大的錯誤。

戰爭理論已經向這個方向發展，但最近幾次戰爭糾正了它。戰爭既然是一種暴力行為，就必然屬於感情的範疇。即使戰爭不是感情引起的，總還與感情有著或多或少的關係，其程度不取決於文明的高低，而取決於敵對利害關係之大小和時間之長短。

文明民族不殺俘虜、不破壞城市和鄉村，那是因為他們在戰爭中運用更多智力，學會比粗暴發洩本能更有效使用暴力的方法。

火藥的發明、武器的不斷改進已經充分證明，文明程度的提高絲毫沒有影響或改變固有的戰爭概念，也就是消滅敵人。

結論：戰爭是一種暴力行為，而暴力的使用是沒有限度的。因此，交戰的每一方都使對方不得不像自己那樣使用暴力，這就產生一種相互作用，從概念上說，這種相互作用必然會趨向極端。這是我們遇到的第一種相互作用和第一種極端。（第一種相互作用）

四、目標是使敵人無力抵抗

我們已經說過，使敵人無力抵抗是戰爭行為的目標。現在我們還要指出，至少在理論上必須如此。

要使敵人服從我們的意志，就必須使敵人的處境要比接受我方的要求所做的犧牲還更不利；而這種處境之不利又必須不是暫時的，否則敵人就不會放棄，而寧願苦撐待變。從理論上說，進行中的軍事活動所引起的變化，就是要使敵人更加不利。作戰一方最不利的處境是完全無力抵抗。因此，如果要以戰爭行為迫使敵人服從我們的意志，就必須使敵人無力抵抗，或者陷入無力抵抗的地步。由此可以得出結論：解除敵人武裝或者打垮敵人，始終是戰爭行為的目標。

戰爭並不是活的力量對死的物質，而是兩股活的力量之間的衝突，如果一方選擇忍受就不會發生戰爭。上面所談的戰爭行為的最高目標，雙方必然都要考慮。這又是一種相互作用。我們要打垮敵人，敵人同樣也要打垮我們。這是第二種相互作用，它會趨向第二種極端。（第二種相互作用）

五、最大限度地使用力量

要想打垮敵人，我們就必須根據敵人的抵抗力來決定應該使用多大的力量。敵人的抵抗力等於他們現有的手段乘以其意志力。

現有手段是可以確定的，因為它有數量可作根據，意志力的強弱卻很難確定，只能根據戰爭動機的強弱做概略的估計。假如我們能用這種方法大體上估計出敵人的抵抗力，那麼我們也就可以據此決定自己應該使用多大力

量，或者增強力量以造成優勢，或者在力所不及的情況下，盡可能增強我們的力量。但是敵人也會這樣做。這又是一個相互間的競爭，從概念上講，它又必然會趨向極端。這就是我們遇到的第三種相互作用和第三種極端。（第三種相互作用）

六、在現實中的修正

在抽象的概念領域裡，思考活動在達到極端以前是絕不會停止的，因為思考的對象是極端的事物，是自行其是的衝突，除了服從自身規律以外不受任何其他規律約束。因此，如果我們要在戰爭概念中找到絕對的目標和手段，那麼在不間斷的相互作用下，我們就會趨向極端，陷入玩弄邏輯所引起的不可捉摸的概念遊戲之中。堅持這種追求絕對的態度，不考慮一切困難，要按嚴格的邏輯公式來進行，認為無論何時都必須準備應付極端，每一次都必須最大限度地使用力量，這種做法無異於紙上談兵，毫不適用於現實世界。

即使使用力量的最大限度是一個不難求出的絕對值，我們仍然不得不承認，人的感情很難接受這種邏輯幻想支配。如果接受了這種支配，在某些情況下就會造成力量的無謂浪費，這必然與治國之道牴觸。這種支配還要求意志力發揮到與既定的政治目的不相稱，這種要求是不能實現的，因為人的意志從來都不是靠玩弄邏輯獲得力量。

如果我們由抽象轉到現實，一切就大不相同了。[1]在抽象領域中，一切都

1　克勞塞維茨在一八二七年十二月二十二日給羅德爾少校的信中寫道：「我們不應該把戰爭看成是單純的暴力和消滅敵人，不應該根據這種簡單的概念按邏輯推出一系列與現實現象不相符合的結論。我們必須認識到戰爭是一種政治行為，它的規律不完全是自己決定的。它是真正的政治工具，工具本身不能活動，要靠手來操縱，而操縱這一工具的手就是政治……這樣說明以後，就不需要再去證明，為什麼存在著追求很小目標的戰爭，這種戰爭只是一種威脅行為，是武力談判，而在聯盟的情況下，還存在著純粹是裝裝樣子的戰爭。但是，如果認為這種戰爭和軍事藝術無關，也是不合理的。只要軍事藝術能說明戰爭所追求的目標不一定是極端，不一定是打垮和消滅敵人，解釋這樣的戰爭是合乎情理的，那麼就能根據各種不同政治利益區分各種不同的戰爭。」（克勞塞維茨將軍論防禦的兩封信，載德文《軍事科學評論》一九三七年特刊，第八頁）

受樂觀主義的支配，我們必然會想像作戰的這一方與那一方一樣，不僅在追求完善，而且正在逐步達到完善。但在現實中只有在下列情況下才會如此：

第一，戰爭是突然發生的，與以前的國家政治沒有任何聯繫，而且完全是孤立的行為。

第二，戰爭是唯一的決戰，或者是由若干個同時進行的決戰組成。

第三，戰爭只需要服從自身的規律，對戰後政治形勢的估計不會對決策造成任何影響。

七、戰爭絕不是孤立的行為

關於上述第一點，我們認為，敵對雙方的任何一方對另一方來說都不是抽象的，就連意志也不例外，即使在抵抗中它不依賴於外界事物而存在。意志並不是完全不可知，它的今天預示著它的明天。戰爭不是突然發生的，它的擴大也不是瞬間的事情。因此，交戰雙方根據對方的情況和舉動，來判斷戰爭的情勢。人由於其不完善的機能而不能達到至善至美，這種雙方都存在的缺陷就成為一種有效的緩和因素。

八、戰爭不是短促的一擊

關於上述第二點，我們的看法如下。如果在戰爭中只有一次決戰或者若干個同時進行的決戰，那麼為決戰進行的一切準備就自然會趨向極端，因為準備時的任何一點不足，都將無法補救。在現實世界中，作為衡量這種準備依據的，至多只是我們所能掌握敵人的準備情況，其他一切都是抽象的。但是，如果戰爭是由一系列連續的行動構成，前一行動以及隨之出現的一切現象很自然就可以作為衡量下一個行動的尺度。這樣，現實就取代了抽象，從而緩和了向極端發展的趨向。

然而，如果能夠同時使用全部戰鬥手段，每次戰爭就必然是一次決戰或者若干個同時進行的決戰。一次失利的決戰勢必使這些手段減少，因而如果

在第一次決戰中已經全部使用了這些手段，實際上就再也不能設想有第二次決戰了。以後可能繼續進行的一切軍事行動，實質上都屬於第一次行動，只不過是它的延續而已。

我們已經看到，在戰爭的準備過程中，現實世界已經代替了概念，現實的尺度已經代替了極端的假設。因而敵對雙方在相互作用下，不至於把力量使用到最大限度，也不會一開始就投入全部力量。這些力量就性質和使用的特點來看，也不能全部同時起作用。這些力量是：真正的戰鬥力量（即軍隊）、國家（包括土地和居民）和盟國。

國家（包括土地和居民）不僅是一切戰鬥力量的真正源泉，還是戰爭中不可或缺的重要因素，這當然是指屬於戰區或對戰區有顯著影響的那一部分。

雖然同時使用全部軍隊是可能的，但是整個國家所有的要塞、河流、山脈和居民等等，要同時發揮作用是不可能的，除非這個國家小到戰爭一開始就能席捲全國。其次，同盟國的合作也不以交戰國的意志為主，它們往往較晚才參戰，或者為了恢復失去的均勢才來增援，這是由國際關係的性質決定的。

不能立即使用的這部分力量，有時在全部抵抗力中所占的比重，比人們開始想像的要大得多。因此，即使在第一次決戰中使用了巨大的力量，嚴重破壞了均勢，但均勢還是可以重新恢復的。這裡我們著重強調，同時使用一切力量違背戰爭性質，當然這一點不能成為在第一次決戰中不去加強力量的理由，因為一次失利的決戰是一種誰都不願意承受的損失，而且如果第一次決戰不是唯一的，那麼它的規模越大，對後面決戰的影響也越大。由於以後還有可能發生決戰，使得人們不敢使用過多力量。在第一次決戰時就不會像只有一次決戰那樣集中和使用力量。敵對雙方的任何一方由於自身弱點而沒有使用全部力量，對對方來說，就成為緩和的客觀理由。透過這種相互作用，向極端發展的趨向又緩和到按一定比例使用力量。

九、戰爭及其結局不是絕對的

戰爭的結局並非是絕對的，戰敗國往往把失敗只看成是暫時的不幸，而這種不幸在將來的政治關係中還可以得到補救。這種情況也必然會大大緩和緊張和力量使用的程度。

十、現實中的概然性代替了概念中的極端和絕對

這樣一來，整個戰爭行為擺脫了嚴格的法則，力量的使用不再向極端發展。一旦不再擔心對方追求極端，自己也不再追求極端，那麼就可以透過判斷來確定使用力量的限度，當然只能根據現實世界的現象所提供的材料和概然性規律來確定。既然敵對雙方不再是抽象的概念，而是具體的國家和政府實體，既然戰爭不再是一種理想化的東西，而是一個有著自身規律的行動過程，人們就可以根據實際現象所提供的材料，來推斷將要發生之事。

敵對雙方都可以根據對方的特點、組織、設施以及各種關係，按照概然性規律推斷出對方的行動，從而確定自己的行動。

十一、政治目的又顯露出來了

現在重新展開第二節沒有闡述的問題，也就是戰爭的政治目的。趨向極端的法則與打垮敵人使其無力抵抗的意圖，在一定程度上掩蓋了政治目的。趨向極端法則一旦減弱，打垮敵人的意圖一旦退居其次，戰爭的政治目的就必然又顯露出來。既然我們整個考慮是基於具體的人和具體條件之上的概然性計算，那麼作為戰爭最初動機的政治目的也就必然成為計算中至關重要的因素。我們向敵人的要求愈小，遭到敵人拒絕和反抗的可能性就越小。敵人的反抗越小，我們需要使用的力量就越小；我們的政治目的越小，對它的重視程度就越小，就越容易放棄它，因而我們需要使用的力量也就越小。

政治目的是戰爭最初的動機，它是一種尺度，衡量戰爭行為應達到何種目標，以及應使用多少力量。但是政治目的自身不能成為這種尺度，必須考量雙方國家的情況，因為我們研究的是實際事物，而不是純粹的概念。同一

政治目的在不同的民族中，甚至在同一民族的不同歷史時期，可能產生完全不同的作用。所以，只有當我們考慮到政治目的能對動員的群眾發生什麼作用時，我們才可以把它當作一種尺度，這就是為什麼要考慮群眾特點。即便是同一政治目的，也可能因群眾對戰爭採取支持或者反對的態度而產生完全不同的結果，這一點是不難理解的。兩個民族和國家之間可能存在著諸多緊張的關係，當敵對情緒累積到一定程度時，即使戰爭的政治動機很小，也能產生遠遠超過它本身作用的效果，而引起戰爭爆發。

這一點不僅是針對政治目的在雙方國家中能夠動員多少力量，而且也是針對政治目的應該為戰爭行為確立何種目標。有時政治目的本身就可以作為戰爭行為的目標，例如占領某一地區。有時政治目的本身不適於作為戰爭行為的目標，那麼就需要另外選定目標作為政治目的的對等物，並在媾和時能夠代替政治目的。即使在這種情況，也要先考慮相關國家的特點。有時，當政治目的需要透過其對等物來達到時，這個對等物就得比政治目的重要得多。當群眾的態度越冷淡，兩國國內的氣氛和兩國的關係越不緊張，政治目的之作用就越顯著，甚至起到決定性作用，有時政治目的自身就可決定一切。

如果戰爭行為的目標與政治目的在規模上相稱，那麼當政治目的限縮時，戰爭行為也會隨之限縮；當政治目的擴張時，戰爭行為也會隨之擴張。這就說明，為什麼在從殲滅戰到單純的武裝監視之間，存在著重要性和強烈程度不同的各種戰爭，這裡面並沒有什麼矛盾。但是，這裡又出現了另外一個問題，需要我們來加以說明和解答。

十二、尚未解決的問題是，為什麼軍事行動中會有間歇

不管敵對雙方的政治要求多麼低，使用的手段多麼少，也不管政治要求為戰爭行為規定的目標多麼小，軍事行動會有片刻的停頓嗎？這是一個深入事物本質的問題。

每一個行動都需要一定時間完成，叫作行動的持續時間。這段時間的長短取決於當事者行動的快慢。

在此我們不想討論行動快慢問題。每個人都是按自己的方式辦事的，動作緩慢的人之所以慢，並不是他有意要多用些時間，而是由於其性格，如果快了，他就會把事情辦得差些。因此多用的這一段時間是由內部原因決定的，本來就是行動持續時間的一部分。

如果我們認為戰爭中每一行動都有它的持續時間，那麼，我們就不得不承認，持續時間以外所用的任何時間，即軍事行動中的間歇，似乎都是不可想像的，至少初看起來是如此。值得注意的是，我們談的不是敵對雙方這一方或那一方的進展，而是整個軍事行動的進展。

十三、只有一個原因能使軍事行動停頓，而且看來它永遠只能存在於一方

既然雙方已經準備好作戰，就必然有一個敵對因素促使他們這樣行動。只要雙方沒有放下武器，也就是說只要還沒有媾和，這個敵對因素就必然存在，只有當敵對雙方都企圖等待較有利的行動時機時，這個敵對因素的作用才會中止。初看起來，似乎只能一方擁有有利的行動時機。如果採取行動對一方有利，對另一方有利的必然是等待。

如果雙方力量完全對等，也不會產生間歇，因為在這種情況下，抱有積極目的的一方（進攻者）必然會保持前進的步伐。

假若存在均勢，一方有積極的目的，即較強的動機，但力量較小，這樣雙方動機與力量的乘積是相等的，如果雙方預料這種均勢不會發生變化，就必然會媾和；如果預料這種均勢會有變化，而且只能對一方有利，這就必然會促使另一方行動。由此可見，均勢這個概念並不能說明產生間歇的原因，雙方仍然是等待較有利時機的出現。假定兩個國家中有一個國家抱有積極目的，比如想奪取對方的某一地區作為和談時的資本，那麼，它占領這個地區後就達到了其政治目的，對它來說就沒有繼續行動的必要而可以停止下來。對方如果願意接受這種結果，就一定會同意媾和，反之，就必然會繼續行動。值得考慮的是，如果它認為在四個星期以後才能準備得更好，那麼它就有充分的理由延遲行動。從邏輯上講，這時戰勝者似乎應該立即採取行動，

而不給失敗者準備行動的時間。當然,前提是雙方知己知彼。

十四、軍事行動因此又會出現連續性,使一切又趨向於極端

如果戰爭行為確實存在連續性,那麼這就會使一切又趨向於極端,因為不間斷的行動能使情緒更為激動,使一切更加激烈和狂暴,撇開這些不予考慮,行動的連續性還會產生更加緊密的銜接,使它們之間的因果關係更加密切,於是,這些行動中的每一步就更為重要和更為危險。

實際上,戰爭行為很少或者從未有過這種連續性,在許多戰爭中,行動的時間只占全部時間的一小部分,其餘的時間都是間歇。這不可能都是反常現象。軍事行動中有間歇,這裡面並沒有矛盾。現在我們就來談談間歇以及產生間歇的原因。

十五、這裡需要用到兩極性原理

當一方統帥的利益和另一方統帥的利益正好對立的時候,就出現了兩極性。在這裡有必要做如下說明。

兩極性原理只有在同一事物的正面和與反面恰好抵銷的時候才會起作用。在一次會戰中,交戰雙方的每一方都想取得勝利,這就是兩極性,因為一方的勝利意謂著另一方的失敗。當我們談的是有外在共同關係的兩種不同事物,那麼兩極性就不存在於這兩種事物本身,而存在於它們的關係之中。

十六、進攻和防禦從形式上還是從力量上來看都是不相等的,因此不適用於兩極性原理

如果只存在一種作戰形式,也就是說只有進攻而沒有防禦,換句話說,假如進攻與防禦的區別只在於進攻的一方抱有積極的動機,而防禦的一方則沒有,但作戰形式卻始終是相同的,在這樣的作戰中,對一方有利就恰好是對另一方不利,這裡就存在著兩極性。

但軍事活動分為進攻和防禦,我們以後還會詳細論述,它們是不同的,它們的強弱也是不相等的。因此,兩極性不存在於進攻和防禦,只存在於它

們共同的目標中，即決戰。比如一方的統帥希望延遲決戰，另一方的統帥就希望提早決戰，這當然只是指同一種作戰形式。如果甲方四個星期以後進攻乙方有利，則乙方是現在被甲方攻擊有利，這就是直接的衝突。但不能由此得出結論說，乙方現在立即進攻甲方有利，這顯然是完全不同的兩回事。

十七、兩極性的作用往往因防禦優於進攻而消失，這說明為什麼軍事行動中會有間歇

假使誠如我們所證明的，防禦是優於攻擊的戰鬥形式。那麼就會有一個問題產生：甲方延緩決戰的利益，是否能夠等同於乙方採取防禦形式的利益？假使不能，甲方延緩決戰就無法抵銷乙方防禦的優勢，戰爭因而無法向前進展。由此可見，利益的兩極性對軍事行動的推動力，會因防禦和進攻的優劣而消失。

即使目前形勢對乙方有利，但若他力量微薄不能放棄防禦，就只好等待，就算在不利的將來進行防禦，仍然比目前進攻或者媾和有利些。根據我們的論斷，防禦的優越性比人們最初想像的大得多，戰爭中大多數間歇產生的原因也就不言自明了。行動的動機越弱，就越被防禦和進攻的差別所掩蓋和抵銷，因而軍事行動的間歇也就越多。經驗也證明了這一點。

十八、第二個原因是對情況不完全了解

另一個能使軍事行動停頓的原因，是對情況不完全了解。統帥能夠確切掌握自己一方的情況，只能根據不確切的情報來了解敵人的情況。因此，他可能在判斷上出錯，從而把自己應該採取的行動誤認為是敵人應該採取的行動。這會導致行動的時機不對，也會導致停頓的時機不對，所以有時會加速軍事行動，有時也會延緩軍事行動。但是，它的確是能夠使軍事行動停頓的原因之一，這並不矛盾。如果我們考慮到人們往往於高估敵人的力量（而這也是人之常情），那麼就會同意：一般來說，對情況不完全了解，必然會阻止軍事行動的進展，使它趨向於緩和。

間歇的可能性使軍事行動趨向於緩和，這是因為時間的延長減弱了軍

事行動的激烈性,延遲了危險的到來,實現了均衡。局勢越緊張,戰爭越激烈,間歇就越短。反之,戰爭的動機越不激烈,間歇就越長。由於較強的動機能夠增強意志力,而我們知道,意志力在任何時候既是構成力量的元素,同時又是各種力量的產物。

十九、軍事行動中常常發生的間歇使戰爭脫離絕對性,
而成為概然性的計算

軍事行動越緩慢,間歇的次數越多、時間越長,錯誤就越容易糾正,當事人就越敢大膽評估,而不趨向於理論上的極端,將計畫建築在概然性和推測之上。每個具體情況本身就要求人們根據已知的情況進行概然性計算,軍事行動的進程比較緩慢,為進行這種計算提供了一定的時間。

二十、只要再加上偶然性,戰爭就變成賭博了,
而戰爭中是不會缺少偶然性的

由此可見,戰爭的客觀性質使戰爭成為概然性的計算。現在只要再加上偶然性這個要素,戰爭就成為賭博了。偶然性是戰爭中必不可少的一個要素。在人類的活動中,再沒有像戰爭這樣經常而又普遍地與偶然性打交道的活動了。而且,隨偶然性而出現的猜想以及運氣,在戰爭中也占有相當重要的地位。

二十一、戰爭無論就其客觀或主觀性質來看都近似於賭博

如果我們再看一看戰爭的主觀性質,也就是進行戰爭所必備的那些力量,那麼我們一定會更覺得戰爭近似於賭博。戰爭行為總是離不開危險的,而在危險中最可貴的精神力量是什麼呢?是勇氣。雖然勇氣和智謀能夠同時存在而不互相排斥,但它們畢竟是不相同的東西,是兩種不同的精神力量。而冒險、信心、大膽、蠻幹等等,則不過是勇氣的不同表現形式而已,它們都要尋找機遇,因為機遇是它們不可缺少的要素。

由此可見,數學上所謂的絕對值在軍事藝術中根本就沒有存在的基礎,

在這裡只有各種可能性、概然性、幸運和不幸的活動，它們像紡織品的經緯線一樣交織在戰爭中，使戰爭在人類各種活動中最近似於賭博。

二十二、一般說來，這一點最適合人的感情

人們的理智總是趨向於追求明確和確定，感情則往往嚮往不確定。感情不願跟隨理智走那條哲學探索和邏輯推論的狹窄小徑，因為沿著這條小徑它會不知不覺地進入抽象的世界，原來熟悉的一切彷彿離它而去了，它寧願和想像力一起逗留在偶然和幸運的王國裡。在這裡，它不受貧乏的必然性束縛，而沉溺於無窮無盡的可能性中。在可能性的鼓舞下，勇氣就如虎添翼，像一個勇敢的游泳者投入激流一樣，毅然投入冒險和危險中。

在這種情況下，理論難道可以脫離人的感情而一味追求絕對的結論和規則嗎？如果是這樣的話，那麼這種理論就對現實生活毫無指導意義了。理論應該考慮到人的感情，應該讓勇氣、大膽、甚至蠻幹獲得應有的地位。軍事藝術是與活的對象和精神力量打交道，因此，在任何地方都達不到絕對和確定。戰爭中到處都有偶然性活動的天地，無論在大事還是小事中，它活動的天地都同樣寬廣。一方面有了偶然性，另一方面還必須要有勇氣和自信心來利用它。勇氣和自信心越大，偶然性活動的天地就越大。

所以勇氣和自信心是戰爭中十分重要的因素。因此，理論確立的規則，應該使必不可少的高尚武德能夠自由地以各種不同形式充分發揮出來。但即使在冒險中，也有機智和謹慎，不過要用另一種標準來衡量罷了。

二十三、戰爭仍然是為了達到嚴肅的目的而採取的嚴肅手段：
對戰爭更精確的定義

戰爭不是消遣，不是一種純粹追求冒險和賭輸贏的娛樂，也不是心血來潮的產物，而是為了達到嚴肅的目的而採取的一種嚴肅的手段。戰爭由於機運的變化所帶來的一切，由於激情、勇氣、幻想和熱情的變化而表現出的一切，都只不過是這一手段的特色而已。

民族戰爭，特別是文明民族的戰爭，總是在某種政治形勢下產生的，

而且是由某種政治動機引起的。因此戰爭是一種政治行為。只有按純粹的概念推斷，它才是一種完全、不受限制的絕對暴力，才會在政治使其成形後，獲得全然自主的地位，進而代替政治、排擠政治而只服從本身的規律，就像一個包著導火線的炸藥一樣，在預先規定的方向上爆炸，不可能再有任何改變。每當政治與軍事之間的不協調引起理論上的分歧時，人們就是這樣看問題的。但事實並非如此，這種看法是根本錯誤的。現實世界的戰爭並不是極端的，它的緊張也不是透過一次爆炸就能消失的。戰爭是一些發展方式和程度不盡相同的力量相互作用。這些力量有時很強，足以克服惰性和摩擦產生的阻力，但有時又太弱，什麼作用都沒有。因此，戰爭彷彿是暴力的脈衝，有時急有時緩，有時快有時慢地消除緊張和消耗力量。換句話說，它是有時迅速有時緩慢地達到目標，但不管怎樣，戰爭都有一段持續時間，足以使自己接受外來影響，做各種可能的改變，簡單地說，戰爭仍然服從意志的支配。既然我們認為戰爭是政治目的引起，那麼引起戰爭的最初動機在指導戰爭時應該受到最高的重視。但是政治目的也不是因此就可以任意地決定一切，它必須適應手段的性質，因此，它往往也會有很大的改變。政治貫穿於整個戰爭行為中，只要引發戰爭的各種力量允許，它就會持續不斷地對戰爭發生影響。

二十四、戰爭無非是政治透過另一種手段的延續

　　戰爭不僅是一種政治行為，而且是一種真正的政治工具，是政治交往的延續，是政治交往透過另一種手段的實現。如果說戰爭還有什麼特殊的地方，那就是它的手段特殊。軍事藝術在整體方面要求政治方針和政治意圖不與這些手段發生矛盾，統帥在具體情況下也可以這樣要求，[2]而且這樣的要求確實不是無關緊要。不過，無論這種要求在具體情況下對政治意圖的影響有

2　克勞塞維茨在一八二七年十二月二十二日給羅德爾少校的信中寫道：「軍事藝術的任務和權利主要在於不使政治提出違背戰爭性質的要求，在於防止政治使用這一工具時因不了解工具的效能而產生錯誤。」

多大，仍然只能把它看作是修改政治意圖而已，因為政治意圖是目的，戰爭是手段，沒有目的的手段永遠是不可想像的。[3]

二十五、戰爭的多樣性

　　戰爭的動機越明確、越強烈，戰爭與整個民族生存的關係越大，戰前的局勢越緊張，戰爭就越接近抽象形態，就越只是為了打垮敵人，戰爭目標和政治目的就會更加一致，戰爭看來就更加是純軍事，而不是政治的。[4]反之，戰爭的動機越弱，局勢越不緊張，戰爭要素（即暴力）的自然趨向與政治的方向就越不一致，因而戰爭就越遠離其自然趨向，政治目的與抽象戰爭的目標差別就越大，戰爭看來就越是政治的。

　　戰爭的自然趨向是指哲學、邏輯的趨向，絕不是實際發生衝突各種力量的趨向，比如作戰雙方的情緒和激情等等。誠然，情緒和激情在某些情況下也可能激發得很高，以致很難將其保持在政治所規定的道路上。但是在大多數情況下是不會發生這種矛盾的，因為有了這麼強烈的鬥志，就必然要有一個相應的宏偉計畫。如果計畫追求的目的不高，群眾的鬥志也不會高，這時就需要激發他們的積極性，而不是抑制。

3　列寧在一九一五年曾研究過《戰爭論》，而且同時結合他的哲學研究。他特別重視克勞塞維茨關於戰爭與政治關係的一些思想，認為它們是構成馬克思主義關於戰爭本質及意義的理論基礎。然而他並不僅對其中的哲學和政治問題感興趣，他對書中某些軍事問題所做的大量摘錄和批注可以證明這一點。在分析第一次世界大戰期間右翼社會民主黨的立場時，列寧引用克勞塞維茨的論述指出，他們應該向這位偉大的軍事著作家學習。此外，他還要求每一個黨員都來讀一讀克勞塞維茨的作品，由此可以看出列寧給予克勞塞維茨的思想多麼高的評價。他所做的摘錄和批注有助於研究和理解《戰爭論》。這些摘錄和批注的德文版由德國統一社會黨（前東德的執政黨）中央委員會馬克思列寧主義研究所整理出版。

4　克勞塞維茨在一八二七年十二月二十二日給羅德爾少校的信中寫道：「政治越是從整個民族及生存的重大利益出發，就越是關係到彼此的生死存亡，政治和仇恨感就越加一致。政治越融合在仇恨感中，戰爭就變得越加簡單，就越是從暴力和消滅敵人的方向出發。根據這邏輯推出的要求，戰爭的各個部分就越有必然的聯繫。這樣的戰爭看起來完全是非政治的，因此往往被認為是真正的戰爭。但是很顯然，這樣的戰爭與其他戰爭一樣，也少不了政治因素，只是政治因素與暴力和消滅敵人一致，因而人們看不出來罷了。」

二十六、一切戰爭都可看作是政治活動

現在我們再回到主要問題上來。即使政治在某一種戰爭中好像真的完全消失了，而在另一種戰爭中卻表現得很明顯，我們仍然可以肯定地說，前一種戰爭和後一種戰爭都同樣是政治的。如果把一個國家的政治比作一個人的頭腦，產生前一種戰爭的各種條件必然包括在政治要考慮的一切範圍之內。不把政治理解為全面的智慧，而是按舊有的觀念把它理解為一種避免使用暴力、謹慎、狡猾甚至陰險的智謀，才會認為後一種戰爭比前一種戰爭更為政治。

二十七、應該根據上述觀點理解戰爭史和建立理論基礎

由此可見：第一，我們在任何情況下都不應該把戰爭看作是獨立的東西，而應該把它看作是政治的工具，只有從這種觀點出發，才可能避免和整個戰爭史發生矛盾，才有可能深刻理解戰爭史；第二，由於戰爭的動機和產生戰爭的條件各不相同，戰爭也必然是各不相同的。

因此政治家和統帥應該做出的第一個最重大和最有決定意義的判斷，是根據這種觀點正確地認識他所投入的戰爭，不應該把戰爭看作或者使它成為不符合當時形勢的戰爭。這是所有戰略問題中首要與最廣泛的問題，以後在論述戰爭計畫時將進一步研究。

關於什麼是戰爭，我們就研究到這裡。我們已經確定了研究戰爭和戰爭理論所必須依據的主要觀點。

二十八、理論上的結論

戰爭是變色龍，它的性質在每一種具體情況下都或多或少有所變化，根據戰爭的全部現象可以將其內在的傾向歸納為以下三個方面：一、戰爭要素原有的暴力性，即仇恨感和敵愾心，這些都可看作是盲目的自然衝動；二、概然性和偶然性，它們使戰爭成為一種自由的精神活動；三、作為政治工具的從屬性，戰爭因此屬於純粹的理智行為。

　　這三個方面中第一個方面主要與民族有關，第二個方面主要與統帥和他的軍隊有關，第二個方面主要與政府有關。戰爭中爆發出來的激情在民族中早已存在；勇氣和才智在概然性和偶然性的王國裡，活動範圍的大小取決於統帥和軍隊的特點；而政治目的則純粹是政府的事情。

　　這三種傾向像三條不同的規律，深藏在戰爭的性質之中，同時引發著不同的作用。任何一種理論，只要忽視其中的一種傾向，或者想任意確定三者的關係，就會立即和現實發生矛盾，以致失去指導意義。

　　因此，我們的任務就在於使理論在這三種傾向之間保持平衡，就像在三個引力點之間保持平衡一樣。

　　用什麼方法才能完成這項困難的任務，我們擬在第二篇裡研究。但無論如何，這裡所確立的戰爭概念，是照向我們理論基礎的第一道曙光，有助於我們區分戰爭現象，使我們對戰爭有清楚的認識。

第二章
戰爭中的目的和手段

　　上一章介紹了戰爭綜合而多變的性質，這一章來研究戰爭的性質對戰爭目的和手段的影響。

　　戰爭追求什麼樣的目標才能達到政治目的？戰爭的目標正如戰爭的政治目的和具體條件一樣，也是多變的。

　　從戰爭的概念來看，我們不得不承認，戰爭的政治目的本來就不包含在戰爭領域內。因為戰爭既然是迫使對方服從我們意志的暴力行為，它所追求的就必然始終是打垮敵人，也就是使敵人無力抵抗。這個從概念中推導出來的目的，與現實中許多事情要達到的目的非常接近，因此我們先在現實中探討這個目的。

　　在第八篇「戰爭計畫」中再進一步探討什麼叫作使一個國家無力抵抗，但在這裡必須先弄清楚敵人的軍隊、國家和意志這三個要素，這三者是可以概括其他一切的關鍵要素。

　　必須消滅敵人的軍隊，也就是說，必須使敵人軍隊陷入不能繼續作戰的境地。

　　必須占領敵人的國家，否則敵人還可以再建立新的軍隊。

　　但即使以上兩點都做到了，只要敵人的意志還沒有被征服，也就是說，敵國政府及其盟國還沒有被迫簽訂和約，或者敵國人民還沒有屈服，我們仍不能認為戰爭已經結束，敵對的緊張狀態和敵對力量仍在持續作用。即使我們完全占領了敵人的國土，敵人在國內或者在盟國支援下仍有可能重新燃起戰火。當然，這種情況在簽訂和約以後也可能發生，這只能說明並非每一次戰爭都能完全解決問題，但只要簽訂了和約，很多可能在暗中繼續燃燒的火星就會熄滅，緊張就會趨於緩和。所有嚮往和平的人們會完全放棄抵抗的念

頭，這樣的人在任何民族中，在任何情況下所占的比例都很大。所以我們認為，只要簽訂了和約，目的已經達到，戰爭就算結束了。

上述三個要素中，軍隊是用來保衛國家，所以很自然應該是先消滅敵人的軍隊，然後占領敵人的國家，透過這兩方面的勝利以及我們當時所處的狀態，才有可能迫使敵人媾和。通常我們是逐步消滅敵人的軍隊，接著逐步占領敵人的國家。這兩者常常相互影響，敵方喪失地區反過來會削弱他們的軍隊力量。但是這個關係不是絕對的。有時敵人的軍隊沒有明顯的損失就已退到國土的另一邊界，甚至完全退到了國外，在這種情況下，就可以占領敵人的大部分國土，甚至整個國家。

使敵人無力抵抗是抽象戰爭的目的，是達到政治與其他目的的最終手段。這個目的在現實中絕不是普遍存在，也不是媾和的必要條件，因此，絕不能在理論上把它當作一個定則。事實上，在許多和約締結的時候，敵對雙方彼此都沒有陷入無力抵抗的境地，有時甚至還保持完美的均勢。而且，只要分析一下具體情況，我們就不能不承認，在許多具體情況下，尤其是當敵人比自己強大得多的時候，打垮敵人只是一種毫無益處的概念遊戲。

從概念中推導出來的戰爭目的之所以不能適用於現實，是因為抽象戰爭和現實戰爭是不同的，這一點我們在第一章〈什麼是戰爭〉裡已討論過。假定戰爭真的像概念所定義的那樣，只有雙方物質力量的差距不大，不超過雙方精神力量所能平衡的程度時，才能發生戰爭。這樣一來，力量懸殊的國家之間就不可能發生戰爭。然而，在歐洲今天的社會狀態下，精神力量遠遠不能夠平衡物質力量之間的差距。因此，我們所以看到力量懸殊的國家之間發生了戰爭，是因為現實戰爭往往與它的原始概念相距甚遠。

在現實中，除了無力繼續抵抗以外，還有兩種情況可以促使媾和。一是獲勝的可能性不大，二是獲勝需要付出的代價太高。

正如前一章已講過的那樣，整個戰爭若不受嚴格的內在必然規律支配，它就必須依靠概然性的計算，而且產生戰爭的條件越使戰爭適於概然性的計算，戰爭的動機就越弱，局勢就越不緊張。既然如此，就不難理解為什麼概然性的計算也能夠使人們產生媾和的動機了。因此戰爭並不一定總是要一方

被打垮才結束。在戰爭動機極弱、局勢極不緊張的情況下，若獲勝的機會非常微弱，就足以使不利的一方讓步。如果另一方事先已經看到這一點，那麼他當然就要努力實現這種可能性，而不會先去尋找並走上徹底打垮敵人這條彎路了。

　　考慮到已經和將要消耗的力量，這會更促成某一方媾和的決心，既然戰爭不是盲目的衝動，而是受政治目的支配的行為，那麼政治目的的價值必然會決定要付出多大的犧牲。這裡不僅是指犧牲的規模，還指犧牲的時間。因此，一旦人們消耗的力量超過了政治目的的價值，必然會放棄這個政治目的而媾和。

　　由此可見，若一方不能使另一方完全無力抵抗，雙方媾和的動機會隨獲勝的可能性和需要消耗的力量而變化。如果雙方媾和的動機同樣強烈，他們就能折衷解決彼此的政治分歧。當一方希望媾和比較迫切時，另一方媾和的動機就會減弱，只要雙方媾和動機的總和足夠強烈，他們就會媾和。這種情況當然對動機弱的一方比較有利。

　　我們在這裡有意不談政治目的的積極性和消極性在行動中必然引起的差別。我們以後還要談到，這種差別極為重要，但是現在我們只做一般論述，因為最初的政治意圖在戰爭過程中可能變化很大，最後可能完全不同，這是由於政治意圖還取決於已得的結果和可能的結果。

　　現在產生了一個問題：怎樣才能增大獲勝的可能性。首先，自然是運用打垮敵人時所使用的方法，即消滅敵人的軍隊和占領敵人的地區。但是這兩種方法用於增大獲勝可能性時，和用於打垮敵人時是不一樣的。當我們進攻敵人軍隊時，是想在第一次打擊之後繼續進行一系列打擊，直到全部消滅敵人軍隊，還是只想贏得一次勝利以打破敵人的安全感，使他感覺到我們的優勢而對前景感到不安？如果我們的目的是有限的，只要消滅足夠達到此一目的的敵人軍隊就可以了。同樣，當目的不在於打垮敵人時，占領敵人地區的方式也不同。如果目的在於打垮敵人，那麼消滅敵人軍隊才是真正有效的行動，而占領敵人地區不過是消滅敵人軍隊的結果，沒有消滅敵人軍隊就占領敵人地區，只是迫不得已的下策。與此相反，如果我們的目的不是打垮敵

人，而且我們確信敵人害怕決戰，那麼，占領敵人防禦薄弱的地區本身就是一個優勢，足以使敵人擔憂戰爭的結局。占領敵人地區也可以看作是達到媾和的捷徑。

有一種特殊方法不必打垮敵人就能增大獲勝的可能性，這與政治有直接關係。有些方法可以破壞敵人的同盟或使其同盟不起作用，或是為自己爭取新的盟國，或展開對我們有利的政治活動。這些方法會大大增加獲勝的可能性，也比打垮敵人軍隊更能捷便地達到目標。

第二個問題是採取什麼方法才能消耗敵人更多的力量，使敵人付出更高的代價。敵人力量主要在於軍隊和地區，所以我方就要消滅敵人軍隊和占領敵人的地區，不過這兩種方法在目的不同時，其意義也不一樣，這一點只要仔細研究一下就可以明白。這種差別在大多數情況下是很小的，但我們絕不能因此而產生誤解，因為在現實中當作戰動機十分微弱時，即使最微小的差別也會決定使用力量的不同方式。我們只想指出，在一定的條件下，運用不同的方法來達成目的，都是有可能的，這裡面沒有什麼矛盾，也不是不合情理，更不是什麼錯誤。

除上述兩種方法外，還有另外三種特殊方法能夠大量消耗敵人的力量。第一種方法是入侵，也就是奪取敵人的地區，目的不是占領它，而是索取軍稅或者使其荒廢。這時，入侵的目的既不是占領敵人的國土，也不是打垮敵人的軍隊，而只是造成敵人的損失。第二種方法是增加敵人的損失。有兩種不同的行動，一種是絕對要打垮敵人，著意於取得勝利；另一種則不在打垮敵人，更重視實際利益。按傳統的說法，前者較偏向於軍事，後者則傾向於政治。但如果從最高的角度來看，前者跟後者同樣都是軍事方針，端視當時的條件而定。第三種方法是疲憊戰術，就其應用的範圍來說，它絕對是最重要的一種方法。我們選擇「疲憊」這個字眼，不僅因為它能夠簡要地描述這種方法的特徵，而且能夠揭示這種方法的實質內容。在作戰中，疲憊這個概念所包含的要旨是：透過持久的軍事行動來逐漸消耗敵人的物質力量和消磨敵人的意志。

想在持久戰中戰勝敵人，我們只能滿足於最小的目的，要達到較大的

目的，就要消耗更多的力量。而我們的最小目的是純粹抵抗，即沒有積極意圖地作戰。在這種情況下，我們的手段能發揮最大作用，也最有把握達成目標。可是這種消極性有沒有限度呢？顯然不能發展到絕對的被動，因為純粹的忍受就不是戰爭了。抵抗也是一種作戰行為，透過抵抗來消耗敵人盡可能多的力量，使他不得不放棄自己的意圖。這就是我們在每一次行動中要達到的目的，我們在政治上的消極意圖就表現在這裡。

　　毋庸置疑，在單項行動中，消極意圖比積極意圖效果要差一些，當然前提是積極意圖能夠實現，但是，這兩種意圖的差別恰巧就在於前者比較容易實現。消極意圖在單項行動中效果比較差，必須用時間，也就是透過持久的作戰來彌補。所以消極意圖決定了純粹抵抗的作戰原則和手段，這就是透過持久戰使敵人疲憊，從而戰勝敵人。

　　進攻和防禦的差別之根源就在這裡。我們在這裡還不能深入探討這個問題，只能說明，消極意圖提供了一切有利條件和較強的作戰形式，也體現了存在於獲勝機會之間的哲學定律。所有這一切我們以後還要研究。如果消極意圖（即使用一切手段進行純粹抵抗）在作戰中能夠帶來優勢，而且足以抵銷敵人的優勢，那麼僅僅透過持久戰就足以更有效消耗敵人的力量，以致他的政治目的無法承擔付出的代價，因而不得不放棄這個政治目的。由此可見，弱者抵抗強者時大多會採用疲憊敵人的方法。

　　在七年戰爭中，腓特烈大帝本來無法擊敗奧地利帝國，而且假如他像卡爾十二世那樣行事，毋庸置疑，他將一敗塗地。但是在七年中他巧妙地使用兵力，與他為敵的列強，力量的消耗遠遠超過他們當初的設想，於是只好與他媾和。[1]

1　七年戰爭（一七五六至一七六三年）即第三次西里西亞戰爭。戰爭的一方是普魯士及其盟國英國，另一方是奧國及其盟國俄、法、薩克森、瑞典等國。普魯士當時是一個小國（英國主要是以金錢支援普魯士），在力量對比上處於劣勢。由於普王腓特烈二世（亦稱腓特烈大帝）有節制地使用力量，採取了持久戰的方針，使對方力量消耗過大而被迫簽訂和約，只得承認他對西里西亞的所有權。卡爾十二世（一六八二至一七一八年）是瑞典國王（在位期間一六九七至一七一八年），他在北方戰爭（一七〇〇至一七二一年）中對俄、波、丹三國同盟

　　由此可見，在戰爭中可以達到勝利的方法很多，並不是在任何情況下都非得打垮敵人不可。消滅敵人軍隊、占領敵人地區、入侵敵人地區、直接針對政治目標以及等待敵人進攻等都是方法，每一種方法都可挫傷敵人的意志，只不過要根據具體情況來決定採用哪一種方法最好。我們還可以舉出一系列達到目標的捷徑，方法因人而異。在人類的任何一個領域中，都會有人揮灑靈感並超越一切物質限制。在戰爭中，不論是政治家或者軍人，他們個人的因素，都起著無比重要的作用。這裡我們只想指出，這些由個人因素所推動的方法是無窮無盡的。

　　為了不低估這些各種不同的方法，不把它們看成是少見的例外，也不忽視它們在作戰中造成的差別，我們就必須認識到，引起戰爭的政治目的是多樣的。我們也必須知道，強迫結成的同盟或行將瓦解的同盟，為了履行義務而勉強進行的戰爭，絕對不會是事關國家存亡的殲滅戰。在現實世界中，這兩種戰爭之間還存在著無數不同等級的戰爭。如果我們在理論上否定其中一種，那麼就等於把它們全部否定，也就是完全無視現實世界。

　　以上我們一般地論述了人們在戰爭中追求的目的，現在我們來談談手段。

　　手段實際上只有一個，那就是戰鬥。雖然戰鬥的形式繁多，與粗暴地發洩和肉搏不同，戰鬥中也夾雜著無關戰鬥的活動，但戰爭中產生的一切都必然來源於戰鬥，這一點始終是戰爭這一概念所固有的性質。即使在錯綜複雜的現實中，也永遠是這樣，這很容易證明。戰爭中所發生的一切都是透過軍隊實現。運用軍隊，也就是指揮武裝起來的人們，就必然要進行戰鬥。以此觀念為基礎，所有與軍隊有關的一切，也就是建立、維持和指揮軍隊等等有關的一切，都屬於軍事活動的範疇。而建立和維持是手段，運用軍隊才是目的。

作戰。一七〇〇年進攻丹麥，迫使丹麥簽訂和約，隨即於納爾瓦會戰中擊潰俄軍。後又擊潰波蘭軍隊而占領了波蘭。由於沒有慎重考慮本國力量，攻入烏克蘭並向莫斯科進軍，終於在一七〇九年的波爾塔瓦會戰中被俄皇彼得一世擊敗。

　　在戰爭中，戰鬥並不是個人對個人的鬥爭。戰鬥是由許多部分組成的整體。我們可以主要將其區分成兩個要素，一種由主體決定，一種由客體決定。在軍隊中，隨著軍人數量增加，新單位也會編成而構成某一層級的組織。這些組織的軍事活動就構成戰鬥的部分要素。再者，戰鬥的目標——亦即戰鬥的客體——也就是戰爭的另一要素。在作戰的過程中，當這些要素清晰而彼此區隔，便構成一次戰鬥。

　　運用軍隊是以戰鬥概念為基礎，無非就是決定和部署若干次戰鬥。因此，一切軍事活動都必然直接或間接地與戰鬥有關。士兵應徵入伍，穿上軍裝，拿起武器，接受訓練，以及睡眠、吃飯、喝水、行軍，這一切都只是為了在適當的地點和適當的時間進行戰鬥。

　　既然軍事活動的一切線索最後都落在戰鬥上，那麼我們確定了戰鬥的部署，也就掌握了軍事活動的一切線索。軍事活動的效果只能從戰鬥的部署和實施中產生，絕不可能從在此之前所存在的條件中產生。在戰鬥中一切活動都是為了消滅敵人，或者更確切地說，是為了摧毀敵人的戰鬥能力，這一點是戰鬥這個概念所固有的。所以說，消滅敵人軍隊始終是為了達成戰鬥的目的得以憑藉的手段。

　　戰鬥的目的可能只是消滅敵人軍隊，也可以完全是別的東西。我們曾經指出，既然打垮敵人不是達到政治目的的唯一手段，既然還有其他對象可以作為戰爭中追求的目標，那麼不言而喻，這些對象就可以成為某些軍事行動的目的，就可以成為戰鬥的目的。即使那些從屬性戰鬥的最終目的是打垮敵人軍隊，但其直接目的並不一定非得是消滅敵人軍隊。

　　考慮到軍隊組織的龐大和複雜，影響軍隊運用的因素繁多，我們不難理解，戰鬥必然是組織多樣，結構複雜，各部分交錯縱橫，而各個部分所追求的目的自然也很多，儘管這些目的本身不是消滅敵人軍隊，但它們對消滅敵人軍隊有著很大的間接作用。當一個營奉命驅逐某一山頭、橋樑或其他地方的敵人時，占領這些地方是真正目的，而消滅當地敵人只是手段或次要的事情。如果僅僅用佯攻就驅逐了敵人，那麼目的也就達到了。不過占領一個山頭或橋樑，通常只是為了更有效地消滅敵人軍隊。既然在戰場上是這樣，

在整個戰區就更是如此，因為在整個戰區不僅是一支軍隊和另一支軍隊在對抗，而且是一個國家和另一個國家、一個民族和另一個民族在對抗。在這裡，可能出現的各種關係必然會增多，因而行動的組合方式就必然會增加，戰鬥的部署就更加多種多樣，而且由於目的之間層層從屬，最初的手段離最後的目的就更遠了。

由於種種原因，消滅敵人軍隊，即消滅與我們對峙的那一部分敵軍，可能不是戰鬥的目的，而只是手段而已。但是在這些情況下，重點已不再是消滅敵人軍隊，因為戰鬥在這裡不過是衡量力量的尺度，它本身並沒有什麼價值，只有它的結果才有價值。

但在力量懸殊的情況下，稍作估計就能衡量出雙方力量的強弱。在這種情況下，力量較弱的一方會立即讓步，也就不會發生戰鬥了。

既然戰鬥的目的並不全是消滅敵人的軍隊，並且不必經過實際的戰鬥，只要部署軍隊形成對峙，就可以達到戰鬥的目的。這就可以說明，為什麼在戰爭中活動很頻繁，而實際的戰鬥卻沒有顯著的作用。

戰史上有數以百計的戰例可以證明這一點。在這些戰例中有多少是採用不流血的方法成功，因此而來的聲譽是否禁得起批判，我們在這裡暫且不談，我們的目的只是想指出這樣的戰爭過程。

在戰爭中手段只有一種，那就是戰鬥。但使用這種手段的方法是多種多樣的，我們可以根據不同的目的採取不同的方法，這樣一來，我們的研究好像就一無所獲了。但實際上並非如此，因為從這個唯一的手段中可以為研究找出一條線索，這條線索貫穿在所有軍事活動中，並把它們聯繫在一起。

我們提過，消滅敵人軍隊可以是戰爭的目的之一，但是還沒有談到它與其他目的相比較時重要性有多大。它在每一個具體場合的重要性是由特定情況決定的。從整體方面來看它的價值，才是我們現在要討論的問題。

戰鬥是戰爭中唯一有效的活動，其任務是將消滅敵人作為手段，以達成更進一步的目的。即使戰鬥並未展開，這一點仍然成立。因為在任何情況下，都是以我方最終可以在戰鬥中消滅敵人軍隊來設想的。消滅敵人軍隊是一切軍事行動的基礎，就好像拱橋建立在橋墩上一樣，一切行動均是建立在

消滅敵人軍隊這個基本的支柱之上。因此一切行動的前提是，武力決戰真正發生的話，它必須是對我方有利的。武力決戰與一切大小軍事行動的關係，就像貿易中現金支付與匯票交易的關係一樣，不管兌現的期限多麼遠，也不管真正兌現的機會多麼少，但最終總是要兌現的。[2]

　　既然武力決戰是一切行動的基礎，那麼就可以得出結論：假如敵人在一場戰鬥中取得勝利就可以使我們其他行動失效，不管我們的行動是否直接建立在這一次戰鬥，只要戰鬥的重要性足夠，它都可以對我們產生影響。任何一次重要的戰鬥，即消滅對方的軍隊，都會影響其他一切戰鬥。戰鬥像液體一樣，總是保持在水平面上。

　　因此，較之於其他方式，消滅敵人軍隊始終是更為高超、有效的手段。

　　當然，只有在其他一切條件都相同的情況下，我們才能認為消滅敵人軍隊具有更大的效果。如果從這裡得出結論說，盲目的硬拚總是勝於謹慎的計謀，那就大錯特錯了。有勇無謀的進取將會對進攻而不是對防禦造成莫大的危害，雖然這不是我們此處在談的問題。我們所說的更大效果，不是就方法而言，而是就目的而論，我們只是比較不同目的所產生的不同效果。

　　消滅敵人軍隊時，並不是僅僅指消滅敵人的物質力量，更重要的是指摧毀敵人的精神力量，因為這兩者是緊密地交織在一起。一次大的殲滅行動對其他戰鬥必然會產生影響，而精神因素最具彈性，精神力量的變化最容易影響其他部分。與其他各種手段比較起來，消滅敵人軍隊具有更大的價值，但代價以及危險性更大，為了避免這些，人們才採用其他手段。

　　採用這一手段必然要付出較大的代價，這是不難理解的，因為在其他一切條件都相同的前提下，我們消滅敵人軍隊的意圖越強烈，自己軍隊的消耗

2　恩格斯在一八五八年一月七日給馬克思的信中曾談到這一點，他寫道：「目前我正在讀克勞塞維茨的《戰爭論》。哲理研究的方法有些奇特，但書本身非常好。當問到戰爭屬於藝術或科學，他說，沒有什麼比戰爭更像貿易的了。戰爭中的會戰就等於貿易中的現金支付：儘管實際上很少發生，但一切仍以它為目的，而且它最後必將發生，並起決定性作用。」（《馬克思恩格斯全集》第二十九卷，第二四四頁）

也必然會越大。

　　採用這一手段的危險在於：因為我們企圖取得較大的效果，如果不能成功的話，反而會使我們陷入較不利的境地。

　　採用其他方法，成功時代價較小，失敗時危險也較小。但必須具備一個條件，就是這些方法同時為雙方所採用，也就是說敵人也採用同樣的方法。如果敵人選擇了大規模戰鬥，我們就不得不違背自己的意願，也採用同樣的方法。這時，一切就都取決於這種殲滅性行動。即使我方其他一切條件與敵方相同，在這種行動中我們在各方面也必然是不利的，因為我們的意圖和手段已經有一部分用在其他方面，敵人卻不是這樣。兩個不同的目的，如果其中一個不從屬於另一個，它們就是互相排斥，用來達到這一目的的力量，不可能同時用來達到另一目的。所以，如果交戰雙方中的一方決定進行大會戰，他又確信對方並不打算會戰，而是追求其他目的，那麼他獲勝的可能性就很大。只有當對方和自己一樣不願進行大規模會戰時，追求其他目的才是明智的。

　　但是，用在其他方面的意圖和力量，是指除了消滅敵人軍隊以外的其他積極目的，絕不是指用來消耗敵人力量的單純抵抗。單純抵抗是沒有積極意圖的，在單純抵抗的情況下，我們的力量只是用來粉碎敵人的意圖。

　　消滅敵人軍隊和保存自己軍隊總是聯繫在一起，因為它們相互影響，是同一意圖中不可缺少的兩個面。我們要研究當其中某一方面占主要地位時，會產生怎樣的影響。消滅敵人軍隊具有積極的目的，能產生積極的結果，最終目的是打垮敵人。保存自己軍隊具有消極的目的，以單純抵抗來粉碎敵人的意圖，最終目的無非是盡可能延長軍事行動以消耗敵人的力量。

　　積極目的發起殲滅行動，消極目的則等待殲滅行動。

　　至於應該等待多久，這又涉及到進攻和防禦的根源，我們將在後面進一步論述。在這裡我們必須指出，等待絕對不是忍受，而且在等待時所採取的行動中，也可以把消滅敵人軍隊作為目標。因此，以為消極意圖只能尋求不流血的方法，不能把消滅敵人軍隊作為目標，這就在基本觀念上大錯特錯了。固然，當消極意圖占主要地位時，它會促使人們採用不流血的方法。採

用不流血的方法是否合適，這不是由我們的條件而是由敵人的條件決定的。因此，不流血的方法絕不是解除憂慮、保存軍隊理所當然的手段。如果這種方法不適合當時的情況，反而會使自己全軍覆沒。許多統帥都犯過這種錯誤，弄得身敗名裂。當消極意圖占主要地位時，它的唯一的目標是延遲決戰的時間，以等待決定性時刻的到來。所以，只要條件允許，不僅是從時間上、而且是從空間上（因為時間和空間是統合的）延遲軍事行動。但是，當延遲下去是極為不利的時候，消極意圖的優越性已經喪失，於是，消滅敵人軍隊這一原來被抑制、但並沒有被排斥的意圖就不可避免地又出現了。

綜上所述，在戰爭中達到目標，即達到政治目的的方法是多種多樣的，但戰鬥是唯一的手段，因此一切都要服從用武器解決問題此一最高法則。敵人如果確實要求戰鬥，我們就無法拒絕這個要求，因此，想採用其他方法的統帥必須先確定，對方不會挑起戰鬥，或者對方一定會被打敗。總之，在戰爭所能追求的所有目的中，消滅敵人軍隊永遠是最高目的。

至於其他種種方法在戰爭中會產生什麼效果，我們將在以後逐步討論。基於現實和概念之間的差距以及具體情況各不相同，我們在此只能指出其他方法的可能性。不過，我們不能不指出，消滅敵人軍隊，用流血方式解決危機，這是戰爭的長子。當政治目的小，動機弱，緊張程度不高時，不管在戰場上還是在政府中，統帥是可以巧妙地運用各種方法，不必產生大的衝突，也不必採用流血的方式，而是利用敵人本身的弱點來達到媾和的目的。如果他的計畫恰如其分，而又有成功的把握，那我們就沒有權利責難他。但是，我們還必須提醒他要時刻保持清醒的頭腦，因為他走的是曲折的小徑，隨時都可能遭到戰神的襲擊，他必須始終注視著敵人，以免敵人一旦操起利劍，自己卻只能用裝飾的佩劍去應戰。

什麼是戰爭，目的和手段在戰爭中怎樣發生作用，戰爭在現實中如何時遠時近地偏離它原來的嚴格概念，如何在其左右擺來擺去，但又像服從最高法則一樣永遠服從它。所有這一切結論，我們必須在接下來的分析中牢記在心，這樣我們才能正確地理解這些問題的真正關係和特殊意義，不至於接二連三地跟現實發生極大的矛盾，更不至於陷入自相矛盾之中。

第三章
軍事天才

　　任何一項專門活動，要想達到相當高的造詣，就需要在智力和情感方面有特殊的稟賦。如果這些稟賦很高，並能透過非凡的成就表現出來，那麼擁有這些稟賦的人就被稱為天才。

　　我們清楚地知道，天才這個詞涵義廣泛，人們對其有著不同的解釋，很難用其中某些涵義來闡明它的實質。我們不自封為哲學家或者語言學家，就按照語言上的習慣，採用它最通用的涵義，把天才理解為擅長某些特定活動的高超精神力量。

　　為了更詳細地說明理由和進一步了解天才這個概念的涵義，我們想略微談一談這種精神力量的作用和價值。我們不能只討論一般意義的天才，因為這一概念還沒有明確的界限。我們應該著重研究的是這些精神力量在軍事活動中的綜合表現，我們可以把這種綜合表現看作是軍事天才的實質。我們所以說綜合的表現，因為軍事天才並不僅僅是和軍事活動有關的單一種力量，如勇氣，還包括智力和情感方面的其他力量，它們都對戰爭發生作用。軍事天才是各種力量的和諧統一體，各種力量發揮主要作用，但是都不會彼此造成阻礙。

　　如果要求每個軍人都或多或少具有一些軍事天才，那軍隊的人數就會太少了。正因為軍事天才是精神力量的一種特殊表現，所以一個多方面使用精神力量的民族，很少會出現軍事天才。一個民族活動的種類越少，軍事活動在這個民族中越占主要地位，出現的軍事天才就必然越多。然而，這只能決定軍事天才的數量，不能決定他們的程度，因為這還取決於民族智力發展的狀況。我們考察一下野蠻好戰的民族，就會發現他們的尚武精神比文明民族普遍，幾乎每個能打仗的野蠻民族都具有這種精神，而大多數文明人應徵入

伍是出於不得已，不是受自身欲望的驅使。但是，野蠻民族中從未出現真正偉大的統帥，可以稱之為軍事天才的更是少之又少，因為這需要智力有一定的發展，而在野蠻民族不可能有這樣的發展。不言而喻，文明民族也可能或多或少有好戰的傾向，他們越是具有這種傾向，軍隊中具有尚武精神的個人就越多。這樣，較普遍的尚武精神和較高的智力結合在一起，這樣的民族總是能夠獲得最輝煌的戰勛，羅馬人和法國人就是例證。每個在歷史戰役中留名的民族，其最偉大的統帥總是出現在文明發展較高的時期。

這說明，智力在軍事天才中有著重要作用。現在我們就來詳細地論述這一問題。

戰爭是充滿危險的領域，因此勇氣是軍人應該具備的首要特質。勇氣分為兩類：一類是敢於冒險的勇氣，一類是面對外來壓力或內心壓力（即良心）承擔責任的勇氣。在這裡要談的是第一類勇氣。

敢於冒險或者說敢於面對個人危險的勇氣又分為兩種。一是對危險滿不在乎，不管這是與生俱來，還是由於不怕死的緣故，或是習慣養成的，這種勇氣均是恆定不變的狀態。二是源於積極動機的勇氣，如榮譽心、愛國心或其他各種不同的激情。在這種情況下，它就不是一種狀態，而是一種情緒活動，是一種感情。

顯然，兩種勇氣的作用不同。第一種勇氣比較可靠，因為它已經成為人的第二天性，永遠不會喪失，第二種勇氣往往是第一種勇氣的延續。頑強主要屬於第一種勇氣的範圍，大膽主要屬於第二種勇氣的範圍；第一種勇氣可以使理智更加清醒，第二種勇氣有時可以增強理智，但也常常會使人喪失理智。兩者結合起來，才能成為最完善的勇氣。

戰爭是充滿勞累和痛苦的領域。要想不被勞累和痛苦所壓垮，就需要有一定的體力和精神力量，不管這些力量是天賦還是鍛鍊出來的。具備了這種素質，再加上健全的智力作引導，人就成為有力的戰爭工具，而這種素質正是我們在野蠻民族和半開化民族中所常見的。

如果我們進一步研究戰爭對軍人的種種要求，那麼就會發現由智力主宰的地帶。戰爭是充滿不確定性的領域。戰爭行動所依據的情報有四分之三好

像隱藏在雲霧裡一樣，或多或少是不確實的。因此，首先要有敏銳的智力，以便透過準確的判斷來辨明真相。平庸的智力碰巧也能辨明真相，非凡的勇氣有時也能彌補失誤，但在多數情況下或就平均的結果來看，智力上的不足總是會暴露出來的。

　　戰爭是充滿偶然性的領域。人類的任何活動都不像戰爭那樣給偶然性這個不速之客留有如此廣闊的活動天地，各方面都與偶然性保持經常的接觸。偶然性會增加不確定性，並且擾亂事情的進程。

　　由於各種情報和估計的不可靠，以及偶然性的不斷出現，統帥在戰爭中會不斷發現情況與他所預料的不同，這不可避免地會影響他的計畫或者有關的一些設想。如果影響大到不得不取消既定的計畫，那麼通常就必須以新的計畫取而代之。但是這時往往缺少制定新計畫所必須的環境和素材，因為在大多數行動過程中，必須立即做出決定，沒有時間重新了解情況，甚至連仔細思考的時間也沒有。更為常見的是：我們對某些修正後的想法，和對某些意外事件的了解，還不足以完全推翻原有的計畫，只是動搖了我們實現計畫的信心。我們更加了解情況了，但是不確定性不僅沒有因此減少，反而因此增加了。因為人們不是一次獲得全部經驗，而是逐步的。我們的決心不斷受到它們衝擊，精神就不得不一直處於戰備狀態。

　　要想不斷地戰勝意外事件，作為統帥，必須具有兩種特性：一是智力，在最黑暗的時刻仍能發出內在的微光把他引向真理；二是勇氣，敢於跟隨微光前進。前者用法語形容為眼力，後者就是果斷。在戰爭中，首先和最引人注目的是戰鬥，在戰鬥中，時間和空間是重要的因素，在以速戰速決的騎兵戰為主的時代尤其是這樣。迅速而準確地做出決定，才能估測時間和空間，所以形容智力為眼力，即準確的目測能力。許多軍事學家也以這個具象的涵義來定義這一概念。但是不能否認，在行動瞬間所做出的一切決定，如正確地判斷攻擊點等，不久也都被理解為眼力了，因此，所謂眼力不僅是指視力，更是指洞察力。固然，這個詞和它所表達的內容一樣，多半用在戰術上，但在戰略上也同樣不可或缺，因為在此也經常需要做出迅速的決定。如果除去這個名稱表面上的詞意和過於具象的意義，那麼它無非是指迅速辨明

真相的能力，這種真相用普通人的眼力無法辨別，要經過慢慢的觀察和長久的思考才能辨別。

果斷是勇氣在具體情況下的表現，當它成為性格特徵時，又是一種精神習慣。但這裡所說的不是敢於冒肉體危險的勇氣，而是敢於承擔責任，也就是敢於面對精神危險的勇氣。人們通常把這種勇氣稱為智勇，因為勇氣是從智力中產生出來，但它並不因此就是智力的表現，它仍然是感情的表現。單純的智力還不等於勇氣，有一些極聰明的人常常並不果斷。所以，智力首先必須激起勇氣這種感情，以便有所依靠和得到支持，因為在緊急時刻，人們受感情支配的可能性大於受理智支配。

果斷的作用是在動機不足的情況下消除疑慮和遲疑。固然，根據不嚴謹的語言習慣，單純的冒險傾向、大膽、無畏、蠻幹等也可以叫作果斷，但是，如果一個人有了足夠的動機（不管是主觀還是客觀的，是恰當還是不恰當的），就不能評論他果斷與否。如果一定要那樣做，就是臆測他人之心，把不曾有的疑慮強加到他身上。這裡只是談論動機的力量和弱點，我們還不至於那樣死板，因為語言習慣上小小的不妥就爭論不休，只是想消除一些無理的非難罷了。

果斷能夠戰勝疑慮，但只有透過智力的特殊運作才能產生。僅僅有了較高的理解力和必要的感情，往往還不能產生果斷。有些人雖然有看透複雜問題的敏銳洞察力，也不缺乏承受重擔的勇氣，但是在許多困難的狀況下還是不能當機立斷。他們的勇氣和理解力各自獨立，互不相干，因此沒有產生第三種東西——果斷。只有認識到冒險的必要性而決心去冒險，只有透過智力，才能產生果斷。正是智力的特殊運作，戰勝動搖和遲疑的恐懼，也才能夠使感情堅強的人產生果斷。因此，據我們看來，智力較差的人是不可能果斷的。他們在困難的狀況也可能毫不遲疑地行動，但這沒有經過考慮，當然也就不存在任何疑慮了。雖然這樣的行動偶爾也可能成功，但是正如我們說過的那樣，只有平衡的才能方可以引向軍事天才的存在。有人對這種說法還感到奇怪，據他們的了解，有些驃騎兵軍官很果斷但並不善於思考，那麼我們就必須提醒他，這裡所說的是智力的特殊運作，而不是指沉思默想的狀態。

　　果斷的產生應歸功於智力的特殊運作，與其說屬於才華出眾的人，不如說屬於意志堅強的人。我們還可以舉出大量事例來證明果斷的來源。例如，有些人在地位低微時表現得非常果斷，而有了一定的地位時卻又丟掉了這種特性。他們雖然想要做出決定，可是又意識到錯誤的決定中所包含的危險，而且由於他們不熟悉自己面臨的新事物，他們的智力失去了原有的力量。他們越意識到自己陷於猶豫不決的危險之中，越不習慣於毫不遲疑地行動，就越畏縮不前。

　　我們討論了眼力和果斷，現在自然要談到和它們密切相關的機智。在像戰爭這樣充滿意外事件的領域中，有了機智，才能夠沉著地應付。人們欽佩機智，因為它不僅能恰當地回應質問，而且能對突如其來的危險迅速找到急救的辦法。這些應變辦法並不一定非要不同凡響，只要恰如其分就行。經過深思熟慮後才找到的回答和辦法沒有什麼驚人之處，給我們的印象也就很平淡。但當它是敏捷的智力活動結果時，卻能給人留下好感。機智這個詞非常確切地表明了智力及時而敏捷地提出救急辦法的能力。

　　人的這種可貴素質，主要是來自智力方面的特性？還是來自感情上的鎮靜？答案要取決於具體情況，但是這兩者中的任何一種都不能完全沒有。對質問恰如其分的回答主要是聰明頭腦的產物，而應付突如其來的危險其恰當手段則首先以感情的鎮靜為前提。

　　如果綜觀一下構成戰爭氣氛的四個要素，即危險、勞累、不確定性和偶然性，要想在困難重重的戰爭氣氛中安全地順利前進，需要在感情和智力方面有巨大的力量，這種力量，隨著具體情況的變化而具有不同的表現形式，戰爭事件的講述者和報導者把它們稱為幹勁、堅強、頑強、剛強和堅定。所有這些英雄本色的表現，都可以看作是同一種意志力在不同情況下的不同表現形式。但是，不管這些表現形式彼此多麼接近，它們總還不是一回事，因此，把這些精神力量的不同表現形式稍加精確地區別一下，是有好處的。

　　首先，能夠激發指揮官上述精神力量的壓力、負擔或摩擦（不管叫法如何），只有極少一部分是直接來自敵人的活動、敵人的抵抗和敵人的行動。敵人的活動對指揮官的直接影響，最先只是他個人的安危，而不是他作為指

揮官的活動。假使敵人抵抗的時間不是二小時而是四小時，那麼指揮官個人面臨危險的時間也就不是二小時而是四小時。顯然，指揮官的職位越高，這種危險就越小，而對居於統帥地位的人來說，這種危險就根本不存在了。

其次，敵人的抵抗對指揮官的直接影響，是由於敵人在長時間的抵抗中使我方軍隊遭受損失，而指揮官對這種損失負有責任，因此給他帶來的焦慮，在考驗和激發他的意志力。不過我們認為，這還遠遠不是他必須承受最沉重的負擔，這時對他來說只不過是要保持鎮定。敵人抵抗所產生的其他一切影響，都會對指揮官的部下發生作用，並且反過來對指揮官本人發生作用。

當部隊勇氣十足、士氣高漲地戰鬥時，指揮官在追求自己目的的過程中，往往沒有必要發揮巨大的意志力。但當情況變得困難時（要取得卓越的成就，絕不會沒有困難），事情的進展自然就不會再像上足了油的機器那樣順利了，相反，機器本身開始產生摩擦，而要克服摩擦，就需要指揮官有巨大的意志力。這種摩擦並不是指不服從和反駁（雖然個別人常常有這種表現），而是指整個部隊的體力和精神力量不斷衰退，是指看到流血犧牲時所引起的痛苦情緒，指揮官首先必須克服自己的這種情緒，然後抵擋其他人的這種情緒，因為他們的印象、感受、憂慮和意向都會直接或間接地傳染給他。如果部下的體力和精神力量不斷衰退，靠他們本身的意志再也不能振作起來和支持下去，那麼統帥意志上的壓力就會逐漸加重。統帥必須用他的胸中之火和精神之光，重新點燃全體部下的信念之火和希望之光。只有做到這一點，他才能控制住他們，繼續做他們的統帥。如果做不到這一點，他的勇氣不足以重新鼓舞起全體部下的勇氣，那麼他就會被部下拉下水去，表現出低級的動物本性，就會臨危退卻與不知羞恥。指揮官要想取得卓越成就，就必須在爭鬥中以自己的勇氣和精神力量去克服壓力。這種壓力隨部下人數的增多而增大，因此，指揮官的精神力量必須隨職位的提高而增大。這樣，才能相應地承受不斷增大的壓力。

幹勁表示引起某種行為動機的強度。這種動機可能來自於理智上的認識，也可能來自於感情的衝動。但要想發揮巨大的力量，感情的衝動是不可缺少的。

　　我們必須承認，進行激烈戰鬥時，在人們內心充滿的一切高尚感情中，再沒有什麼比榮譽心更強烈和更穩定的了。在德語中用「貪圖名譽」這樣含有貶義色彩的詞來表達這種感情，未免有失公道。當然，在戰爭中濫用這種高尚的感情，必然會對人類犯下滔天罪行。但是，就這種感情的來源來說，它確實可以算是人的最高貴的特質之一，它是真正的生命力，在戰爭中給軍隊這一巨大軀體賦予靈魂。其他的一切感情，如對祖國的熱愛、對理想的執著追求、復仇的迫切願望以及各種激情，不管它們多麼普遍，也不管其中有一些看來多麼崇高，它們都不能取代榮譽心。其他感情雖然能鼓舞和廣大士兵的士氣，卻不能使指揮官具有比部下更大的雄心，指揮官想要在自己職位上取得卓越成就必須具備這種雄心。其他感情，都不能像榮譽心那樣，使每一個指揮官像對待自己的田地那樣對待每一個軍事行動，加以利用、努力耕耘、仔細播種，以期獲得豐收。正是從最高一直到最低各級指揮官的努力，這種勤勉精神、競爭心和進取心，才最能使軍隊發揮作用並取得勝利。對於職位最高的統帥來說更是如此，試問，自古以來，有哪一個偉大的統帥沒有榮譽心呢？一個偉大的統帥怎麼可能沒有榮譽心呢？

　　堅強是指意志對猛烈打擊的抵抗力，頑強則是指意志對持續打擊的抵抗力。

　　雖然堅強和頑強這兩個詞的意義十分接近，而且常常可以相互代用，但是我們不能忽視它們本質上的顯著差別。人們對一次猛烈打擊所表現出來的堅強，可以僅僅來自感情力量，但頑強卻更多地需要智力的支持，因為行動時間越長，就越要加強行動的計畫，而頑強的力量有一部分就是從計畫中汲取的。

　　現在我們來談談剛強。所謂剛強不是指表現出的強烈情感，即不是指感情激昂，因為這就將違反所有的語言習慣。剛強是一種能力，在最激動或最激情奔放的時候也能夠聽從智力。我們懷疑，這種能力是不是從智力中產生出來的呢？當然，有些人具有突出的智力但不能自制，這個現象並不能證明我們的懷疑是正確的，因為有人會說，這裡需要的是一種特殊的智力，是一種更為堅強而不是全面的智力。但我們仍然認為，在感情最衝動的時刻也能

使自己服從智力支配──即我們所說的自制力──是一種感情力量，這種說法比較正確。這是另外一種特殊的感情，能使剛強的人在感情衝動時仍能保持鎮靜而又不至於損傷熱情，有了鎮靜，才能確保智力的支配作用。這種感情無非是人的自尊心，是最高貴的自豪感，是內心最深處的需求，即要求處處像一個有判斷力和智力的人那樣行動。因此我們說，剛強是指在最激動的時候也能保持鎮靜的那種感情。

如果我們從感情方面來觀察一下各種類型的人，一下子就會發現，有一種是不太活躍的人，我們把這種人叫作感情遲鈍或感情冷漠的人。

第二種是很活躍的人，不過他們的感情從不超過一定的強度，這是感情豐富而又平靜的人。

第三種是很容易激動的人，他們的感情激動起來就像火藥爆炸一樣迅速和猛烈，但不持久。

第四種是不為小事所動的人，他們的感情通常不是很快而是逐漸激發起來的，但是這種感情非常有力而且比較持久。這是一種感情強烈、含而不露的人。

這種感情結構上的差異，大概與人的機體中各種肉體力量的界限有關，來自於神經系統這具有二重性的組織，這種組織一方面與物質有聯繫，另一方面又與精神有聯繫。在這個晦暗的領域內，憑我們這點微薄的哲學知識探索不出什麼名堂來。但是，對我們來說，略微研究一下這幾種類型的人在軍事活動中會起怎樣的作用和表現出多大程度的剛強，卻是很重要的。

感情冷漠的人不會輕易失去鎮靜，但是這當然不能叫作剛強，因為他根本沒有表現出任何力量。可是也不能否認，這種人正是因為能夠一直保持鎮靜，所以在戰爭中能夠表現出一定程度的幹勁。他們往往缺乏積極動機，也就缺乏行動，但是他們也不容易壞事。

第二種人的特點是遇到小事容易振作精神，積極行動，遇到大事卻成不了氣候。這種人在個別人遭遇不幸時會積極地伸出援助之手，但在整個民族遭受災難時卻只會悲傷憂嘆，不能夠奮起行動。

這種人在戰爭中既能積極活動，也能保持鎮靜，可是他們卻成不了什麼

大事，除非他們具有卓越的智力，使他們產生成大事的動機。不過這種人很少會有卓越、獨立的智力。

容易激動和容易暴躁的感情，不僅對實際生活不太適宜，對戰爭就更不適宜。雖然這種感情的驅動力很大，但是不能持久。如果由勇氣和榮譽心來指引這種容易激動的感情，那麼，當這種類型的人在戰爭中擔任較低的職務時，他們的感情往往非常有用，原因很簡單，因為下級軍官所指揮的軍事行動持續時間很短，在這種情況下往往只需要一個大膽的決定，抖擻一下精神就行了。一次勇猛的衝鋒，一陣激昂的喊殺聲，只不過是幾分鐘的事情，而一次激烈的會戰卻需要一整天，一次大戰役甚至需要一年。

這種人要在感情激烈爆發時保持鎮靜就加倍困難，因而常常會失去理智，而對於指揮作戰來說，這是最糟糕的一面。但是，如果認為這種好激動的人絕不會剛強，也就是說他們絕不能在最激動的時刻保持鎮靜，那也不符合事實。既然他們通常都是品性比較高尚的人，又怎麼會沒有自尊心呢！在他們身上並不缺乏這種感情，只是沒有來得及發揮作用而已，所以他們多半在事後都會感到羞愧難當。如果他們經過教育、自省和生活經驗，終於學會了控制自己，能在感情激動時及時意識到內心還有保持鎮靜的力量，那麼，他們也可能成為很剛強的人。

最後是那種很少激動、但感情卻很深沉的人。他們和前一種人相比，就好像火心與火苗相比。如果我們把軍事行動中的困難看成龐然大物，那麼這種人最善於用他巨人般的力量把它推開。他們感情的發揮就好像巨大物體的運動，儘管比較緩慢，但卻更富有征服力。

雖然這種人不像前一種人那樣容易被感情所左右，也不容易陷入羞愧之中，但是他們也會失去鎮靜，會受盲目激情的支配。當他們失去具有自制力的高尚自豪感，或者自豪感不夠強烈時，也經常會出現失去鎮靜而為盲目激情所支配。這種情況我們常常可以在野蠻民族的偉大人物身上看到，因為較低的智力程度總是使激情容易占上風。但是，在文明民族及其最有教養的階層生活中，也充滿著這樣的現象：有些人為強烈的激情所左右，好像中世紀被拴在鹿身上拖過叢林的偷獵人一樣控制不住自己。

　　因此，我們要重複一遍：剛強的人並不是指只能夠激動的人，而是指即使在最激動的時刻仍能保持鎮靜的人。所以這種人儘管內心激情澎湃，但他們的見解和信念卻像航船上的羅盤一樣，即便在暴風雨中顛簸，照樣能夠指示準確的方向。

　　所謂堅定，或者通常所說的有性格，是指能堅持自己的信念，不管這種信念是根據別人還是根據自己的見解，也不管它是根據某些原則、觀點、靈感還是推論。但是，如果見解變化不定，這種堅定性也就不可能表現出來了。見解的頻繁改變不一定受到外來影響，也可能是自己智力不斷活動的結果，這就表明智力本身還可靠。很明顯，如果一個人每時每刻都在改變自己的觀點，即使這種改變由他自己引起，也不能說他有性格。我們只把那些信念非常穩定的人稱為有性格的人，他們的信念所以穩定，或是因為信念根深柢固，本身就很難改變；或是因為像感情冷漠的人那樣，缺乏智力活動，缺乏改變的基礎；或是因為產生於理性原則的意志很明確，使他拒絕改變自己的看法。

　　在戰爭中，人們的感情會被許多強烈的印象影響，再加上所有情況和見解並不可靠，所以，比起人類的其他活動，戰爭中有更多的原因能使他們離開原來的道路，對自己和別人都產生懷疑。

　　危險和痛苦的悲慘景象很容易使感情壓倒理智，而且一切現象都朦朦朧朧，很難得出深刻而明確的見解，因此見解的改變就更可理解了。行動所依據的情況，常常只能是推測和猜想真相，因此戰爭中意見的分歧比任何情況都要大，並且與自己信念相悖的印象源源不斷地出現。即使智力極端遲鈍的人也幾乎無法不受它們的影響，因為這些印象太強烈、太生動了，而且同時挑起感情。

　　從較高角度指導行動的一般原則和觀點，才可能是明確而深刻的見解，而對當前具體情況的看法是依據這些原則和觀點。但是要堅持這些經過認真考慮所得出的結論，不受當前不斷產生的看法和現象影響，這正是困難之所在。具體情況和基本原則之間常常有很大的距離，並非總是能用由推論結成的明確鏈子連接起來。一定的自信心是必要的，而適當的懷疑也沒有什麼壞

處。這時，除了指導性原則之外，沒有什麼能夠幫助我們，不管我們原來有什麼想法，這個原則都可以支配我們的思想。這個原則就是，在一切猶豫的情況下都要堅持自己最初的看法，除非受一個明確信念的迫使，否則絕不放棄。我們必須堅信，經過周密驗證的原則真實性是比較大的，並且不要忘記，在暫時現象比較生動的情況下，它們的真實性是比較小的。如果我們在猶豫的情況下能夠給予最初的信念優先權，並且堅持這一信念，那麼我們的行動就具備了性格上的穩定性和一貫性。

顯而易見，感情上的鎮靜對性格的堅定有很大的幫助，因此剛強的人多半也是性格堅定的人。

由堅定我們很容易想到它另一種變形——固執。堅定和固執的界限，在具體情況下很難劃清，但從概念上來區分似乎並不困難。

固執並不是智力上的問題。我們所說的固執是指拒絕更好的見解。如果說它來自於智力，那就會跟智力的認知能力自相矛盾。固執是感情上的問題。這種意志上的固執己見，對不同意見極其敏感並且不能容忍，完全來自於一種特殊的自私心。這種自私心給人帶來的最大樂趣就在於用自己的精神活動來控制自己和別人。要不是固執確實比虛榮心好一些，那麼我們就會把它叫作虛榮心了。虛榮心滿足於表面現象，而固執則滿足於事實。

所以我們說，如果拒絕不同的見解不是因為有了更高的信念，不是出於信賴較高的原則，而是出於一種牴觸情緒，那麼堅定就變成固執了。正如我們前面所說的那樣，儘管這個定義在實際上對我們幫助不大，但是它可以避免把固執看作只是簡單強化了堅定性格。儘管固執和堅定很接近，界限也不太明顯，但在本質上還是有一定的區別。絕不能把它看成是更加堅定的態度。即使十分固執的人，由於缺乏智力，也很少有性格的力量。

我們現在了解，傑出指揮官在戰爭中應具備的素質，是那些感情與智力共同起作用的素質。現在再來談談軍事活動的另一個特點，它雖然不是最重要的，至少也是最顯著的，它只需要智力，與感情力量無關。這就是戰爭與地區和地形的關係。

這種關係一直存在，我們根本不可能想像一支訓練有素的軍隊，其軍事

行動不是在一定空間中進行。其次，這種關係具有決定性的重要意義，因為它能夠修正一切力量的效果，有時甚至能完全改變它。最後，這種關係一方面涉及地形最微觀的特點，另一方面又涵蓋了最廣闊的空間。

戰爭與地區和地形的關係使軍事活動與眾不同。與地區和地形有關係的其他人類活動，如園藝、農業、建築、水利、礦業、狩獵和林業等，都是侷限於極其有限的空間內，這個空間不必費多少時間就可以精確地探索清楚。但是在戰爭中，指揮官的活動卻必須在數個相關的空間內進行，這些空間他用眼睛無法全面觀察到，甚至盡最大的努力也不能夠探索清楚，再加上空間的不斷變更，就很難有正確的認識。對方也是如此。雙方都有困難得面對，誰能憑才能和訓練克服它，誰就可以使自己占據極大的優勢。其次，雙方的困難在一般的情況下才會相同，而絕不是在每個具體情況下都是如此，因為通常敵對雙方的一方（防禦者）總要比另一方對地形熟悉得多。

這種極其特殊的困難，必須用智力上的特殊稟賦來克服，用非常狹義的術語來說就是方位判斷力。所謂方位判斷力，就是對任何地形都能夠迅速形成正確的幾何概念，在任何地區都能容易地判明方位。顯然這是想像力的活動。這一方面要靠肉眼，另一方面要靠智力。從科學和經驗中得出的理解力可以彌補肉眼的不足，把看到的片斷組合成一個整體。但要使它活生生地呈現在腦海裡，形成一幅圖畫，形成一幅內心繪製的地圖，永留心中，使它的各個部分不會支離破碎，只有發揮我們稱之為想像力的這種智力。詩人或畫家奉若女神的想像力所發揮的這種作用，如果令他們因而感到受傷，於是聳聳肩膀說，那麼一個機敏的青年獵手也有出色的想像力嘍，那麼我們願意承認，這裡所說的只是極有限地運用想像力，只是它最樸素的效能。無論這種效能多麼小，它總還是來自於想像力的作用，如果完全沒有想像力，就很難清晰、具象地認識各種物體形式上的聯繫。良好的記憶力有很大的幫助，但是否可以認為，記憶力是獨立的精神力量，一如想像力一樣，能更加鞏固對地形的記憶呢？正因為很難分開考慮這兩種精神力量，所以我們對此就更加不敢肯定。不能否認，練習和受過鍛鍊的心智在這方面起很大的作用。盧森堡的著名軍需總監皮塞居爾說，當初他在這方面不大相信自己，因為他去遠

處取口令時，每次都迷了路。

自然，隨著職位的提高，運用這種才能的範圍就會擴人。驃騎兵或獵手偵察時必須善於認路，他們通常只需運用部分的判斷力和想像力，統帥則必須掌握整個戰區和全國的地理概況，明瞭道路、河流和山脈的特點，也必須有能力判斷局部地區的地形。雖然他可以藉助於各種情報、地圖、書籍和回憶錄熟悉整體地形，在身邊人員的幫助下了解細節，但是毫無疑問，迅速而清楚地判斷地形的卓越能力，能使他的整個行動進行得更為輕鬆更有把握，使他不致陷入無助，也可以更少依賴別人。

如果這種能力可以算作是想像力的話，那麼這也是軍事活動要求想像力這位女神所做的唯一貢獻了，除此以外，想像力對軍事活動與其說是有益的，還不如說是有害的。

到此為止已經論述了軍事行動要求人們必須具備的智力、精神力量和各種表現。智力在各種領域都是發揮主要作用的力量，因此不難理解，不管軍事行動從表面上看多麼簡單，不具備卓越智力的人，在軍事行動中是不可能取得卓越成就的。

有了上述的觀點，人們就不至於把包抄敵人陣地這類經常出現的事情，以及許多類似的行動都看成是高度運用智力的結果。

人們習慣於把直率而能幹的戰士區別開來，不同長於深思、善於發明或富有理想以及受過教育而才華出眾的人，這種區別不是毫無現實根據，但是這並不能證明戰士的才幹只能表現在他們的勇氣，也不能證明，他們要成為出色的勇士就不需要智力和才能。再次強調，提昇的職位與才智不相稱，就會喪失活動能力，這樣的事例屢見不鮮。我們還得不斷提醒各位，我們所說的卓越成就是指能使人們在相應職位上獲得聲譽。因此，在戰爭中每一級指揮官都要具備與自己職位相應的智力、名聲和令譽。

統帥，即指揮整個戰爭或戰區的總司令，他和下一級指揮官之間的差別很大。原因很簡單，後者受到更多的領導和監督，智力活動的範圍要小得多。人們因此認為，只有統帥這樣高職位的人才有出色的智力活動，在這個職位以下的人員只要有一般的智力就足夠了。在戰火中白了頭髮、職位僅次

於統帥的指揮官，多年來總從事一方面的活動，他們的智力明顯地變得貧乏了，變得都有些遲鈍了，所以人們在敬佩他們勇敢的同時，又嘲笑他們頭腦簡單。我們無意於為這種勇敢的人正名，這樣做並不能提高他們的作用，也不能給他們帶來幸福，我們只是想說明實際情況，以免人們錯誤地認為，在戰爭中有勇無謀也能取得卓越的成就。

如果我們要求職位較低又想有所成就的指揮官也必須有卓越的智力，而且這種智力必須隨職位提高，那麼很自然，我們就會對那些在軍中享有聲譽的第二級指揮官有一種完全不同的看法。雖然他們和博學多才的學者、精明強幹的企業家、能言善辯的政治家相比，頭腦似乎簡單一些，但我們不能因此忽視他們智力的過人之處。有些人會把在較低職位上獲得的聲譽帶到較高的職位上，不管這種聲譽與他們現在的實際職位是否相配。這種人如果在新的職位上很少被重用，他們就不會暴露其弱點，而我們也就不能確切地判斷究竟哪種聲譽與他們相配。這種人的「功勞」就在於，使人們忽視那些在某些職位上還能夠有所作為的人。

各級指揮官在戰爭中取得卓越成就必須有獨特的天才。但歷史和後世的評論，通常只把真正的天才這一稱號加在那些身居最高職位且顯赫的統帥頭上。原因在於這種職位必須具備極高的智力和精神力量。

要使整個戰爭或者大規模軍事行動達到光輝的目標，就需要對較高的國際關係有卓絕的見解，在這裡戰爭和政治就合而為一，統帥同時也就成為政治家。

人們所以沒有把偉大天才的稱號加諸卡爾十二世的頭上，是因為他不懂得以更高的見解和智慧來指導武力，不懂得以此來達到光輝的目標。人們所以沒有給亨利四世偉大天才的稱號，是因為他沒有來得及以武力對國際關係施加影響力就被刺殺了，死亡阻攔他在這個更高的領域裡一顯身手。在這個領域裡，高尚情感和騎士精神並不能像戰勝內心的混亂那樣起作用。

統帥必須概括地了解和正確地判斷一切，這方面可參閱第一章〈什麼是戰爭〉。統帥要成為政治家，但他仍然還是一個統帥，他一方面要概括地了解一切政治關係，另一方面又要確切地知道自己所掌握的手段能做些什麼。

　　既然這些關係是各式各樣的，又沒有明確的界限，要考慮的因素又很多，大部分只能按照概然性來估計。那麼，如果一個統帥不能辨明真相，以洞察力來觀察這一切，他的觀察和思慮就會混亂，不可能再做出判斷。從這個意義上說，拿破崙說得完全正確，需要由統帥來做出的許多決定，就像必須由牛頓和歐拉來解決的數學難題一樣。

　　這裡所要求的較高智力是綜合力和判斷力，二者發展成為驚人的洞察力，它能夠迅速觸及並澄清千百個模糊不清的概念，而普通智力要解決這些概念則相當費勁，甚至得耗盡心智。但是，這種較高的智力，也就是說這種天才的眼力，如果沒有我們前面講過的情感和性格上的特性作依託的話，還是很難給人帶來名垂青史的成就。

　　真理在人們心目中所產生的動力極其微弱，因此在認知和意願之間，在知識和能力之間總有很大的差別。促使人們行動的最強大動力總是來自於感情，而強大的後續力量則來自於感情和智力的合成，這就是我們前面講過的果斷、堅強、固執和堅定。

　　此外，如果統帥的高超智力和感情活動沒有在他的全部成就中展現出來，只是自己相信有這種力量，他是很難被載入史冊的。

　　人們所了解到的戰爭過程通常都很簡單，並且都大同小異，只憑簡單的敘述，沒有人能夠了解在這些過程中需要克服的困難。偶爾在一些統帥或他們的親信所寫的回憶錄中，或在對某一歷史事件的專門研究中，才可以發現形成整個事件大量線索中的一部分。在某一重大戰事活動之前所進行的大部分思考和思想辯論，有的因為涉及政治上的利益而被故意隱瞞了，有的因為被看作是高樓建成後就得拆掉的鷹架而遺忘了。

　　最後，按照一般概念對智力的區別，如果要問，軍事天才需要首先具備哪種智力。只要稍加考慮我們的論述和經驗，就能夠回答這個問題。這種人與其說是有創造力的人，不如說是有鑽研精神的人，與其說是追求單方面發展的人，不如說是追求全面發展的人，與其說是容易激動的人，不如說是頭腦冷靜的人。在戰爭中，我們就是想把親人的幸福和祖國的榮譽與安全託付給這樣的人。

第四章
論戰爭中的危險

　　在經歷戰爭危險之前，人們並不會把它想像得多麼可怕，反而受它吸引。受激情鼓舞猛然撲向敵人，不管子彈的飛嘯和死亡的威脅，瞬間把眼睛一閉，衝向冷酷的死神，不知道是我們還是別人能夠逃脫它的魔掌──這一切都發生在勝利在即、榮譽的美果唾手可得的時候，這能說是困難的嗎？這並不困難，尤其從表面看來更不困難。但是，這種瞬間並不像人們想像的那樣，好像脈搏一跳就沒事了，而是像吃藥那樣，必須有一段時間讓它沖淡和消化──就是這樣的瞬間也很少出現。

　　讓我們陪同那些從未打過仗的人到戰場上去看一看吧。當我們走近戰場時，隆隆的砲聲，夾雜著砲彈的呼嘯聲，引起了他們的注意。砲彈開始在我們身前身後不遠的地方落下來。我們急忙奔向司令及其隨從人員所在的高地。這裡，砲彈在附近紛紛落下，榴彈在身邊不斷爆炸，這種生死攸關的現實打破了年輕人天真的幻想。忽然間，一個熟人倒下去了──一顆榴彈落在人群中間，引起一片騷動──大家開始不再平靜和鎮定了，就連勇敢的人也有些心神不定了。我們再向前一步，來到就近的那位師長身邊，戰場上激烈的戰火就像戲劇場面一樣展現在我們眼前：砲彈一個接一個地落下來，再加上我方砲火的轟鳴，就更加使人感到心神不定了。我們離開師長來到旅長的身邊，這位大家公認的勇敢旅長，小心翼翼地隱蔽在丘陵、房屋或樹木的後面──這充分說明危險加劇了。霰彈叮叮噹噹落在房頂上和田野裡，砲彈呼嘯著四散飛射，從我們身邊和頭上掠過，槍彈的尖咻聲頻頻不絕於耳。我們再往部隊走近一步，來到步兵部隊這裡，他們以無法形容的頑強精神，堅持了好幾個鐘頭的火力戰。這裡到處是嗖嗖飛舞的槍彈，短促、尖利的聲音傳來，槍彈從我們耳邊、頭上、胸前掠過。再加上看到人們受傷和倒斃而產生

的憐憫心，更使我們跳動不安的心感到陣陣悲痛。

　　新手在接觸到上述不同程度的危險時，無不感到思考之光是透過別的介質發生不同的折射，與憑空臆想不同。一個人接觸到這些景況時，如果能夠不失去當機立斷的能力，他必然是一個非比尋常的人。固然，習慣以後印象很快會沖淡，半小時後，我們就開始對周圍的一切感到無所謂了。但普通人在這種情況下很難保持無拘無束、泰然自若的心情。由此可見，普通的精神力量在這裡是不夠的，而且它的運用範圍越大，情況就越是如此。在這種困難的環境中，要想使一切成果都不小於室內活動，人們就必須具備天生百折不撓的勇氣，迫切的榮譽心或久經危險而不畏懼的習性。

　　危險是戰爭中摩擦的一部分，正確認識它是認識戰爭所必須的，所以我們才在這裡提到這一問題。

第五章
戰爭中的勞累

　　如果一個人在嚴寒與酷暑的煎熬下，在缺糧斷水、饑渴難當和疲憊不堪的情況下判斷軍事行動，我們對他判斷的正確性要打折扣，但這些判斷至少在主觀上是正確的，也就是說，它們確切地反映了判斷者與被判斷事物的關係。想想不幸事件的目睹者，特別是當他們還處於事件當中時，對結果所做的判斷往往是消極悲觀，甚至言過其實。因此，我們了解體力的勞累所產生的影響，在做出判斷時應嚴加考慮這個因素。

　　在戰爭中，無法嚴格規定許多事物的使用限度，尤其是體力。體力不被濫用的情況下，它是一切力量的係數。沒人都能夠確切地說出，人體究竟能承受多大的勞累。射手有強壯的臂膀才能把弓弦拉得更緊，在戰爭中，只有堅強的指揮官才能充分發揮軍隊的力量。一支軍隊大敗之後而陷於危險之中，像即將倒塌的牆一樣瀕於土崩瓦解。這時候，只有忍受極大的勞累才會有脫險的希望；另外一種情況是，一支勝利的軍隊在自豪感的鼓舞下，能受統帥隨心所欲的指揮。同樣是忍受勞累，在前一種情況下至多能引起同情，而後一種情況卻必然激起我們的欽佩，因為在後一種情況下，要繼續忍受體力上的勞累，這要困難得多。

　　即便是沒有經驗的人也可以看出，勞累是暗中束縛智力活動和消磨感情力量的諸多因素之一。

　　統帥和指揮官是否有勇氣要求軍隊和部下忍受勞累，如何要求他們做到，除此之外，統帥和指揮官本人的勞累也不應忽視。我們認真地分析戰爭，也必須注意這一次要問題。

　　這裡特別談到體力上的勞累問題，是因為它像危險一樣，也是產生摩擦的最重要原因之一，同時，由於它沒有一定的衡量標準，就像彈性物體的摩

擦很難計算。

　　為了避免濫用上述觀點，避免錯估戰爭中的各種困難條件，大自然給了我們感覺指導我們判斷。一個人受到侮辱和攻擊時，他提到他個人的弱點並沒有什麼好處，而當他成功地駁斥或反擊了這種侮辱以後，提到他的弱點倒很有好處。同樣，統帥和軍隊無法透過描繪危險、困難和勞累來改變可恥的失敗所造成的印象，但如果獲得了勝利，提起這些危險、困難和勞累卻能無限地增加他們的光彩。所以，感覺阻止我們判斷出乍看公正的結論，而我們的感覺正是一種更高的判斷。

第六章
戰爭中的情報

　　情報是指我們對敵人和敵國所了解的全部材料，是我們一切想法和行動的基礎。只要考慮一下這一基礎的本質、不可靠性和多變性，我們很快就會有這樣一種感覺，戰爭這座建築物是多麼的危險，它是多麼容易倒塌下來，把我們埋葬在它的瓦礫下面。雖然所有的書裡都說，只應相信比較可靠的情報，絕不能停止懷疑，但是這樣寬泛的箴言有何用處？這只不過是著書立說的人找不到更好的說法，提出一種聊以自慰的可憐遁詞。

　　人們在戰爭中得到的情報，很大一部分互相矛盾，更多是虛假不實的，絕大部分都不確實。軍官要具有一定的辨別能力，這種能力來自認識和判斷具體的事物和人。他也必須遵循概然性的規律。當我們還沒有走上真正的戰場，只是在室內擬定最初的計畫時，辨別情報就已經不容易了，而在紛繁嘈雜的戰場，情報一個接一個地湧來，辨別情報的困難就更加無止境地增強了。如果這些互相矛盾的情報大體相當，產生了審慎權衡的空間，那還算是幸運。

　　對沒有經驗的指揮官來說，更糟糕的情況是，一個情報支持、證實或補充另一個情報，為其增添顏色，最後令他迅速做出決定，但是隨即發現這是個愚蠢的決定，而且所有情報都是虛假、誇大和錯誤的。總之，大部分情報是虛假的，而且人們的膽怯使虛假和不真實的情報所產生的力量更大。通常人們容易相信壞的，不容易相信好的，而且容易把壞的誇大。危險的消息儘管會像海浪一樣消失，但也會像海浪一樣無緣無故又重新出現。指揮官必須堅定地保持自己的信念，像海中的岩石一樣，經得起海浪的衝擊，要做到這一點是不容易的。誰要是天生不樂觀，或者沒有經過戰爭的考驗，或者判斷力不強，那麼他最好遵循這樣一條規則：強迫自己拋棄內心的想法，擺脫恐

懼、面向希望。只有這樣，他才能保持真正的鎮靜。

　　情報不確實是戰爭的最大摩擦之一，如果人們能夠正確地認識這種困難，事情就會與人們所想像的完全不同。由感覺得來的印象比深思熟慮而產生的觀念更強烈，使得指揮官在完成比較重要的行動時，都不得不在行動的最初階段克服一些新的疑慮。一般人容易受別人意見的影響，所以往往遇到困難便不知所措。他們總認為，實際情況並不像他們所想像的那樣，尤其是當他們又聽信了別人的意見的時候，就更認為是這樣了。即使是親自草擬計畫的人，當親眼看到實際情況的時候，也很容易懷疑自己原來的意見。這時，只有堅定的自信心，才能使他抵擋住暫時的假象衝擊。只有戰爭舞台上各種危險的布景被拆除，眼前沒有障礙的時候，才能證實自己原來的信念。這就是制定計畫和實施計畫之間的最大的差別之一。

第七章
戰爭中的摩擦

　　沒有親身經歷過戰爭的人不能理解，戰爭中的困難在哪裡，統帥所必須具備的天才和非凡的精神力量究竟發揮什麼作用。在他們看來，戰爭中的一切都那麼簡單，所需要的各種知識都那麼淺顯，各種行動都那麼平常，如果說這也能使人驚奇的話，那麼相比之下，就連高等數學中最簡單問題的科學價值也能使人感到驚奇。但當他們親眼看到戰爭以後，這一切就可以理解了。不過要說明引起這種變化的原因，指出這看不見而又到處發揮作用的因素是什麼，卻是極其困難的。

　　在戰爭中一切都很簡單，但是最簡單的事情卻無比困難。這些困難累積起來就產生摩擦，沒有經歷過戰爭的人難以想像這種摩擦。我們設想一下：有一個旅行者想在傍晚以前趕完旅程的最後兩站，這沒有什麼，只不過騎著驛馬在寬敞的大道上走上四、五個小時而已。可是，當他到達第一站時，找不到馬或者找到的只是劣馬，前面又是山地，道路極差，天也慢慢黑下來了，那麼，當他經歷了諸多艱難到達了下一站，並且找到一個簡陋的住處時，他就會感到很高興。同樣，在戰爭中，由於受到預先考慮不到的無數細小情況影響，一切都進行的很不順利，以致離原定的目標還相當遠，這時，只有鋼鐵般的堅強意志才能克服這種摩擦，粉碎各種障礙。我們以後還會談到這一結論。自豪靈魂的堅強意志，就像一個地方主要街道交會處的方尖塔一樣，主宰了軍事藝術的領域。

　　一般說來，只有摩擦能把實際的戰爭和紙上談兵區別開來。軍事機器，即軍隊和屬於軍隊的一切，其實都很簡單，因此看上去也很容易操縱，但要想到這部機器中沒有任何部分是渾然的整體，而都是由許許多多個別的人組成，其中每個人在各個方面都會有各自的摩擦。營長負責執行上級的命令，

既然營是透過紀律而結成一個整體，而營長又公認必然是勤勉的人，那麼，全營行動起來，就應該像軸木圍繞堅固的軸頸轉動一樣摩擦很小。從理論上講，這種說法很動聽，但實際上並非如此。這種說法所包含的誇大和虛假的成分，在戰爭中會立刻暴露出來。營是由一定數量的人組成的，這些人當中最不重要的也能造成部隊滯留不前，甚至引起混亂。戰爭帶來的危險和人們忍受的勞累會使摩擦大大增多，因此必須把危險和勞累看作是產生摩擦最重要的原因。

這種可怕的摩擦，不像在機械設備中那樣集中在少數幾個點上，而是偶然發生在各種情況，並且會引起一些根本無法預測的現象。之所以會這樣，正是因為這些現象大部分都是偶然因素引起的。例如，天氣就是這樣的偶然因素。有時雲霧妨礙我們及時發現敵人，妨礙火砲適時射擊，妨礙向指揮官呈送報告；有時，大雨阻礙了部隊按時到達（因為原來三個小時的行軍路程現在需要八個小時才能完成），使馬匹深陷泥中，阻礙了騎兵有效出擊等等。

舉這幾個例子，只是為了說明問題，使讀者能夠理解作者的意思，否則僅僅這些困難就可以寫好幾本書。為了避免這樣做，而又能使讀者對戰爭中必須克服的大量細瑣困難有一個明確的概念，我們盡力做一些生動的比喻而不致使大家厭倦，相信那些早已了解我們的讀者會原諒我們再做一、兩個比喻。

戰爭中的行動如同是在有阻力的介質中運動。人在水中，甚至連走路這樣最自然最簡單的動作，也不能夠輕鬆而準確地完成，在戰爭中也同樣如此，用一般的力量連中等的功勳也很難取得。因此，真正的理論家就像游泳教練一樣，他教別人在岸上練習水中所需要的動作，這在那些沒有想到水的人看來既誇張又滑稽可笑。但是正因如此，那些從未下過水或者不能從自己經驗中抽象出一般原則的理論家，必然是不實際，甚至是愚蠢的，因為他們只能教人人都會的動作——走路。

每次戰爭都有許許多多的特殊現象，每一場戰爭好比是一片未曾航行過、充滿暗礁的大海，統帥可以憑智力感覺到這些暗礁，但是不能親眼看到

這些暗礁，而且要在漆黑的夜裡繞過它們。如果再突然颳起一陣逆風，或是再發生其他對他不利的重大偶然事件，就需要有最高超的技巧和高度的鎮定，並做出最大的努力。在遠處的人看來，這一切都好像進行得很順利。一個優秀的司令必須熟悉這些摩擦，具有豐富的作戰經驗。當然，充分認識摩擦、但又最怕摩擦的司令（在有經驗的司令中常能見到這種畏首畏尾的人）不是最好的司令。司令必須了解這種摩擦以盡可能克服它，也不會去強行達成摩擦的限制所不允許的目標。此外，人們無法從理論完全認識這種摩擦，即使能夠認識，也無法鍛鍊隨機應變的判斷能力。相較於具有決定性的重大場合，在充滿各種細瑣問題的領域更需要這種能力，因為在重大場合中，人們可以好好思考，或者與別人商討。善於社交的人所以能夠談吐得當、舉止得體，是因為這些行為處世幾乎已經成為下意識的習慣。同樣，只有作戰經驗豐富的軍官才能在大大小小的偶然事故上，在戰爭脈搏的每一跳動中，都恰當地做出判斷和決定。有了這種經驗和鍛鍊，他可以不假思索地判斷什麼可行，什麼不可行。因此，他就不容易暴露出自己的弱點。如果在戰爭中常常暴露自己的弱點，就會動搖別人對他信賴的基礎，這是極其危險的。摩擦使看來容易的事變得困難起來。以後我們還會常常提到這個問題，那時就會逐漸明白，一個卓越的統帥，除了經驗和堅強的意志外，還需其他一些非凡的精神素質。

　　危險、勞累、情報和摩擦，是構成戰爭氣氛的因素，是阻礙一切活動的介質。這些因素按其妨礙效果來看，又可以歸納在摩擦這個整體概念之內。有沒有減輕摩擦的潤滑油呢？只有一種，它不是統帥和軍隊想得到就可以得到的，那就是軍隊戰鬥素質的養成。

　　戰鬥素質養成使身體能忍受巨大的勞累，使精神能承擔極大的危險，使判斷不受最初印象的影響。不管在什麼地方，透過鍛鍊就會獲得寶貴的素質——鎮靜沉著，它是下至騎兵、弓箭手，上至師長都必須具備的素質，能夠減少統帥在行動中的困難。

　　人的眼睛在黑暗的房間裡，會擴大瞳孔，以吸收僅有的微弱光線，逐漸地辨認出各種東西，最後看得十分清楚，經過鍛鍊的士兵在戰爭中就像這樣，而新兵只會感到漆黑一團。

　　任何一個統帥都無法把戰鬥素質賜給他的軍隊，平時演習所能補救的總要差一些。所謂差一些，是與實戰經驗相比，而不是與以訓練機械技巧為目的的軍隊操練相比。如果在平時的演習中安排一部分上述的摩擦，使每個指揮官的判斷力、思考力甚至果斷性得到鍛鍊，那麼這種演習的價值比沒有實戰經驗的人所想像的要大得多。特別重要的是，它能使軍人——無論哪一級軍人，都不致到戰爭中才第一次看到那些他們初次看到時會驚慌失措的現象。他們只要在戰前看到過一次，就可以熟悉一半。甚至忍受勞累也需要鍛鍊，這樣不僅使肉體，更主要的是使精神熟悉於勞累。在戰爭中，新兵很容易把不尋常的勞累看成是指揮的缺點、錯誤和束手無策的結果，因而會倍加沮喪。如果他們在平時的演習中有了這方面的鍛鍊，就不會發生這種情況了。

　　另外一種戰鬥素質養成的方法是聘請有戰爭經驗的外國軍官，這種方法雖然不能很廣泛地採用，但卻極為重要。整個歐洲很少完全處於和平狀態，在世界上其他地區，戰爭也從來沒有停止過。因此，長期處於和平狀態的國家，應該經常設法從那些戰火不斷的國家裡聘請一些軍官（當然只有那些優秀的軍官），或者把自己的軍官派到那些國家去熟悉戰爭。

　　儘管與整個軍隊相比這些軍官顯得人數極少，但他們的影響卻很顯著。他們的經驗、精神上的特徵和性格上的修養對他們的部下和同僚都會發生影響。而且，即便他們沒有擔任領導職務，也仍然可以把他們看作是熟悉某一地區情況的人，在許多具體場合可以向他們徵詢意見。

第二篇
論戰爭理論

第一章
軍事藝術的區分

　　戰爭就其本義來說就是戰鬥，從廣義戰爭概念來看，只有戰鬥才能產生效果，是雙方精神力量透過物質力量展開較量，由於精神狀態對軍事力量具有決定性的作用，因此我們不能忽視精神力量。

　　人們很早就有了一些發明，以便使自己在戰鬥中處於有利地位。這使得戰鬥發生了很大變化。但不管怎樣變，戰鬥的概念並不會改變，它仍然是構成戰爭最本質的東西。

　　這些發明首先是武器裝備，它們必須適合戰鬥的性質，必須在戰爭開始以前就製造好，參戰人員能熟練使用它們。但是製造和使用武器與戰鬥本身還不是一回事，它們只是準備工作。武器裝備本質上不在戰鬥這個概念之內，因為赤手空拳搏鬥也是戰鬥。

　　戰鬥決定武器裝備的配置，而武器裝備又能改變戰鬥的形式，兩者因此相互作用。

　　戰鬥是十分獨特的活動，它在危險中進行。這裡有必要把兩種不同性質的活動區別開來。我們知道，在某一領域中極有才幹的人，在別的領域中卻往往是最無用的書呆子，這一點就足以說明把兩種活動區別開來的實際意義了。裝備好了的軍隊是現成的手段，只要了解其主要效能就可以有效地使用它。因此，研究時把兩種活動區分開來也不會有什麼困難。

　　狹義的軍事藝術就是戰鬥中運用現成手段的藝術，稱為作戰方法最為恰當；廣義的軍事藝術當然還包括一切為戰爭而存在的活動，包括建立軍隊的全部工作——徵募兵員、裝備軍隊和訓練軍隊。

　　區分這兩種活動居於理論的核心。如果軍事藝術必須從建立軍隊談起，並將其運用在特定情勢的需求上，那麼這種軍事藝術只適用少數情況，也就

是當它現有的軍隊與所需求的軍隊完全一致的時候。但如果我們需要的是能適用於大多數情況的理論，就必須以一般的戰鬥手段以及其最主要的效能為根據。

由此可見，作戰方法就是部署軍隊和實施戰鬥。如果戰鬥是一個單獨的行動，那就沒有必要再做進一步的區分了。但戰鬥是由若干個完整的單獨行動組成的。像第一篇第二章〈戰爭中的目的和手段〉裡指出的那樣，我們把這些行動稱為搏鬥，它們是戰鬥的單位。於是就產生了兩種完全不同的活動，那就是戰鬥本身的部署和實施，以及為了達成戰爭目的對這些戰鬥的運用，前者稱為戰術，後者稱為戰略。

戰術和戰略的區分很普遍，人們即使不清楚這樣區分的理由，也清楚地知道哪些軍事活動應該列入戰術還是列入戰略。既然這種區分較為普遍，必然有其深刻的道理。正是大多數人都採用這樣的區分，才使我們找到了這個道理。與此相反，有些學者不根據事物的性質而任意定義概念，我們就沒有必要去考慮，因為它們是不會被採用的。

按照我們的區分，戰術是在戰鬥中使用軍隊的學問，戰略是為了戰爭目的運用戰鬥的學問。

至於如何進一步確定單個或單獨的戰鬥概念，以及根據什麼條件來確定這一單位，只有更加詳細研究，才能完全說清楚。現在我們只能說明：就空間而言，也就是就同時進行的幾個戰鬥而言，一個戰鬥的範圍正是個人命令所達到的範圍；就時間而言，即就連續進行的幾次戰鬥而言，一次戰鬥的持續時間應以每次戰鬥都會出現的危機完全過去為界限。

這裡可能會出現一些難以確定的情況，有時若干戰鬥也可看成是一個戰鬥，但這並不能否定我們這樣區分的理由，因為一切現實事物的類別總是透過逐漸轉化才形成，我們這種區分也不例外。因此，即使觀點不變，也一定會有一些活動既可以列入戰略範疇，也可以列入戰術範疇。例如，像設崗哨那樣鬆散地分布陣地和某些渡河的部署等就是這樣。

我們的區分只與軍隊運用有關。但是在戰爭中，還有許多活動為軍隊服務，但是又不同於軍隊運用，有時關係較密切，有時較疏遠。所有這些活動

都與維持軍隊有關。維持軍隊是軍隊運用的必要條件，就像建立軍隊和訓練軍隊一樣。但是仔細考察起來，這些與維持軍隊有關的活動只能看作是戰鬥前的準備，只不過它們和戰鬥非常接近，貫穿在整個軍事行動之中，和軍隊運用交替進行。因此，我們有理由把這些不列入狹義的軍事藝術，即真正的作戰方法之內。理論的首要任務是區分不同種類的事物，從這一點來看，我們就必須這樣做。誰會把補給和管理這一套瑣碎的事務列入真正的作戰方法呢？它們雖然和軍隊運用經常相互作用，但兩者在本質上不同。

我們在第一篇第二章〈戰爭中的目的和手段〉裡說過，如果把戰鬥規定為唯一直接有效的活動，就可以掌握其他一切活動的線索，因為這些線索最後都要歸結到戰鬥。我們想以此說明，有了戰鬥，其他一切活動才有目的，不過它們是按其本身的規律去達到目的。我們必須較為詳細地談談這個問題。

戰鬥以外的其他活動在性質上不同。有些活動一方面屬於戰鬥，另一方面又用以維持軍隊。另一些活動則僅僅屬於維持軍隊，只是因為它們和戰鬥相互作用，才對結果產生一定的影響。

一方面屬於戰爭，另一方面又用以維持軍隊的活動是行軍、野營和舍營，因為它們包含了軍隊三種不同的狀態，而不管軍隊處於何處，都要做好戰鬥的準備。

僅僅維持軍隊的活動是補給、救護傷病員和補充武器裝備。

行軍和軍隊運作完全一致。戰鬥中的行軍，雖然不一定使用武器，但和戰鬥有內在的必然聯繫，是不可分割的一部分。戰鬥外的行軍無非是為了要實現戰略決策，後者指出應在何時何地以何等兵力進行戰鬥，而行軍則是實現決策的唯一手段。

因此，戰鬥外的行軍是一種戰備手段，但它並不僅屬於戰略，因為軍隊在行軍中隨時都有可能進行戰鬥，所以行軍既要服從戰略法則，又要服從戰術法則。當我們指示一個縱隊在河或山的這一面行軍，那就是戰略決策，因為這裡包含了一個意圖：如果行軍中有必要進行戰鬥，寧願與敵人在河或山的這一面作戰，而不在那一面作戰。

　　當指揮一個縱隊不沿谷底的道路行軍，而在山脊上前進，或者為了便於行軍而分成許多小的縱隊，那就是戰術決策，因為與發生戰鬥時如何運用軍隊有關。

　　行軍的部署永遠與戰鬥準備有關，是戰鬥前的預先部署，因此具有戰術的性質。

　　行軍是在戰略上部署有效要素——戰鬥。既然在戰略上只考慮戰鬥的結果而不考慮實際過程，人們就會在研究中經常用行軍來替換戰鬥。例如，人們常說決定性的巧妙行軍，指的卻是行軍所導致的戰鬥。這種概念的替換是很自然的，表述的簡化也是可取的，因此不必加以反對，但這終究只是概念的替換，我們必須記住它的本質，否則就會犯錯誤。

　　認為戰略行動可以不必取決於戰術結果就是這樣的錯誤。有人進行了行軍和調遣，不經戰鬥就達到了自己的目的，於是得出結論說，有一種不必透過戰鬥也能戰勝敵人的手段。這種錯誤的嚴重後果，將在後面的分析中說明。

　　雖然行軍是戰鬥不可分割的一部分，但是在行軍中有一些活動並不屬於戰鬥，也就是說既不屬於戰術，也不屬於戰略。架橋、築路等等這些便於軍隊行動的措施就是如此，它們只不過是一些條件。在某些情況下，它們很接近運用軍隊，但還不相同，因此關於它們的理論也不列入作戰理論。

　　跟舍營正好相反，野營時軍隊比較集中，營區配置因而具有戰備功能。野營是軍隊的靜止狀態，即休息狀態，同時又可能準備在該地進行戰鬥，而且從營區配置的方式來看，它又包含了戰鬥的特點，即進行防禦戰鬥。因此野營是戰略和戰術的重要部分。

　　舍營是為了代替野營使軍隊養精蓄銳。它和野營一樣，就營地位置和範圍來看是戰略問題；就為了準備戰鬥而進行的內部部署來看，則是戰術問題。

　　除了使軍隊得到休息外，野營和舍營通常還有另外的目的，如掩護某一地區或扼守某一陣地，或者就是單純為了休息。戰略所追求的目的極其複雜，凡是有利於戰略都可以成為戰鬥的目的，而維持作戰工具，往往也會成

為戰略行動的目的。

　　在這種情況下，雖然戰略僅僅是為了維持軍隊，但仍然是運用軍隊的領域，因為在戰區做任何配置都是運用軍隊的問題。

　　野營和舍營時為了維持軍隊而進行的活動，有些不在運用軍隊的範圍裡，如修築屋舍、架設帳篷、補給和清潔工作等，是既不屬於戰略，也不屬於戰術的部分。

　　至於防禦工事，雖然位置的選定和工事的安排是戰鬥部署的一部分，因而是戰術問題，但就工事的構築而言，它們並不屬於作戰理論範圍。受過訓練的軍隊理應具備這方面的知識和技能，戰鬥理論是以這些知識和技能為前提。

　　在屬於維持軍隊而與戰鬥沒有共同點的活動中，唯有軍隊補給與戰鬥的關係最為密切，因為人們天天離不開補給。因此補給在戰略範圍內對軍事行動有較大的影響。在單次戰鬥中，軍隊補給的影響有時大到足以改變計畫，但這樣的情形卻極為少見。軍隊補給大多只與戰略發生相互作用，所以常會影響到一次戰役或戰爭的主要戰略。但不管這種影響具有多大的決定意義，補給總是在本質上不同於運用軍隊，只是會對其產生影響。

　　至於前面提到的其他管理活動，與運用軍隊的關係就更遠了。傷病員的救護雖然對士兵的健康非常重要，但是它涉及的還只是一小部分人，對其他人只有很小的間接影響。武器裝備的補充，除了軍隊內部經常進行的，只需要定期進行即可，在擬制戰略計畫時，也很少會特別注意這一點。

　　但這些活動在個別情況下也可能具有決定性的重要意義。醫院和彈藥庫的遠近，確實可能是一些重大戰略決策的唯一依據，這一點我們不會否認。不過這裡不談個別的具體情況，而是從理論上探討普遍情況。我們認為，與作戰理論相比，傷病員救護和武器彈藥補充的理論較不重要，也就是說這些理論所得出的各種方法與結論，不能像軍隊補給一樣一併列入作戰理論。

　　現在再來明確一下我們的結論，戰爭活動可以分為兩大類：戰前準備和戰爭本身。理論也必須與此相應做分類。

　　戰前準備的知識和技能是為了建立、訓練和維持軍隊。究竟應該給這

些知識和技能起個什麼樣的總名稱，我們暫時不予討論，但是我們知道，砲兵、建築工事、基本戰術、軍隊組織和管理以及諸如此類的知識和技能，都屬於這個範疇。戰爭理論則研究如何使用準備好了的手段來達到戰爭目的，只需要上述知識和技能的結論，也就是說只需要了解它們的主要效果。我們把這種理論叫作狹義的軍事藝術，或者稱為作戰理論，或者稱作運用軍隊的理論，名稱不同，指的都是一回事。

戰爭理論把戰鬥作為真正的鬥爭來研究，把行軍、野營和舍營作為與鬥爭或多或少相一致的狀態來研究。但我們不把軍隊的補給作為戰爭理論的研究範圍，而像對待其他既存條件一樣，只研究它的結果。

狹義的軍事藝術本身又分為戰術和戰略。前者研究戰鬥的方式，後者研究戰鬥的運用。行軍、野營和舍營這幾種軍隊的狀態，只是由於戰鬥才與戰略和戰術發生關係。它們究竟是戰術還是戰略，還要看它們是和戰鬥的方式有關，還是與戰鬥的用意有關。

一定有讀者認為，沒有必要把戰術和戰略這兩個十分接近的事物做如此細緻的區分，認為這對作戰本身沒有直接作用。可是任何理論首先必須澄清雜亂無章、甚至可以說是混淆不清的概念和觀念。只有對名稱和概念有了共同的理解，才可能清楚而順利地研究問題。戰術和戰略在空間和時間上相互交錯，但在性質上又不相同，如果不精確地確定它們的概念，就不可能透徹理解它們的內在規律和相互關係。

如果有誰認為這一切都毫無意義，他要麼根本不從事理論研究，要麼一定還沒有被那些雜亂無章、混淆不清、缺乏任何可靠根據、得不出任何結論的概念，即那些時而平淡無味、時而荒誕無稽、時而空洞無物的概念弄得頭昏腦脹。在作戰理論方面我們之所以還常常聽到和讀到這樣的概念，那是因為有科學研究精神的人很少研究過這個問題。

第二章
關於戰爭理論

一、軍事藝術最初只被理解為軍隊的籌畫

以往人們把軍事藝術或軍事科學只理解為與物質因素有關的知識和技能：武器的結構、製造和使用；要塞和戰壕的構築；軍隊組織及其行動的規定等等。所有這些都是為了準備一支在戰爭中可以使用的軍隊。人們只涉及物質材料，只涉及單方面的活動，說到底這無非是從手工業逐漸提高到精巧的機械技術，與鑄劍術和擊劍術沒有多大的差別。至於在危險時刻，雙方針鋒相對時軍隊的運用，以及智力和勇氣何時發揮效用等問題，在當時還都沒有提到。

二、在攻城術中第一次談到作戰方法[1]

在攻城術中第一次談到戰鬥的具體實行，即運用智力落實上述技術，在大多數情況下運用在接近壕、平行壕、反接近壕、砲臺等這類新的具體對象。智力活動的每一步發展都以出現這樣的具體對象為標誌。智力活動是串聯這些創造物所必需的一條紐帶。在這種形式的戰爭中，智力幾乎只表現在這些事物，因此攻城術談到這些也就夠了。

1　攻城術又稱圍攻法，即圍攻要塞和城堡。在歐洲很早就出現了攻城術，到十七世紀形成了一套正規的圍攻法。攻城時先挖掘與要塞外廓平行的壕溝（所以叫平行壕），攻城砲兵在這裡構築砲臺以壓制要塞的砲火。然後向要塞挖掘齒形的接近壕，逐漸向要塞接近，並挖掘第二道和第三道平行壕，最後挖掘坑道進行爆破，然後向要塞內部發起強攻。守備部隊為了阻止攻城部隊向要塞接近，針對接近壕挖的壕溝則稱為反接近壕。

三、戰術也接觸到這個方面

後來戰術也企圖按照軍隊的特性制定軍隊的部署規定。當然，這已涉及戰場上的活動，但仍然沒有涉及自由的智力活動，只是透過編隊和布陣把軍隊變成了自動機器，只要一有命令它就可以像鐘錶那樣自動展開行動。[2]

四、真正的作戰方法是在不知不覺中偶然提到的

人們曾經認為，真正的作戰方法，也就是自由地（即根據具體情況的需要）使用準備好了的手段，只可能來自天賦，不可能成為理論研究的對象。隨著戰爭從中世紀的赤手搏鬥逐漸過渡到比較有規則和複雜的形式，人們對這一問題就有了一些看法，但這些看法多半只是附帶地或隱約地出現在某些回憶錄和故事中。

五、對戰爭事件的種種看法引起了建立理論的要求

各種看法逐漸增多，研究歷史越來越需要有批判的眼光，人們迫切需要一種原則性和規律性的依據，以此來解決戰史中常見的爭執和分歧，因為人們厭惡漫無邊際、不遵循明確準則的爭論。

六、建立實證性理論

人們努力為作戰制定一些原則、規則，甚至體系。他們提出了這個積極的目標，卻沒注意到這方面會遇到的無數困難。正像前面指出的那樣，作戰在任何方面都沒有固定的範圍，然而每一種體系，即每一座理論大廈，都有著綜合歸納難以避免的侷限性，這樣的理論和實踐之間必然存在著永遠無法

2　在十八世紀，歐洲軍隊中盛行線式戰術。軍隊的戰鬥隊形主要是橫隊，作戰時要求全隊同時推進，動作整齊一致，不顧敵人的火力，像機械一樣地聽令行動。因此，戰鬥隊形各部分的組成、行列和間隔距離，戰鬥中隊形的變換、步法、步幅和步速，使用武器的動作，以及其他一切行動等都有嚴格的規定。

解決的矛盾。

七、侷限於物質對象

學者們早就感到這方面的困難，以為把他們的原則和體系限定在物質對象和單方面的活動上就可以擺脫困難。他們只要求得出十分肯定的和實際的結論，所以只研究那些可以計算的東西，像戰前準備的理論。

八、數量上的優勢

數量上的優勢是物質方面的問題。有人從決定勝利的各種因素中選中了它，透過時間和空間的計算，可以把它納入數學法則，還認為其他一切因素對雙方來說都是相同的，可以互相抵銷而不予考慮。如果是為了弄清數量各方面的影響而持這種看法無可非議，但如果認為數量上的優勢是唯一法則，認為在一定時間和地點造成數量上的優勢這個公式是軍事藝術的全部奧妙，那就是片面的看法，根本站不住腳也禁不起現實考驗。

九、軍隊的補給

有人企圖在理論研究中把另一個物質因素，即軍隊的補給發展成為體系。他們認為，軍隊是現存的組織，補給對大規模作戰有決定性意義。用這種方法可以得出一定的數值，但許多是以臆測的假定為依據，因而在現實中站不住腳。

十、基地

有位學者曾企圖把軍隊的補給、人員和裝備的補充、運輸安全以及撤軍安全等許多問題，甚至與此有關的精神因素，都用基地這個概念概括起來。最初他用基地這一概念概括上述各個方面，爾後用基地的大小（寬度）來代替，最後又用軍隊和基地所構成的角來代替基地的大小。所有這一切都只不過是為了取得一種純粹的幾何結論，但結果卻毫無價值。這些概念的替換都會使原來的概念受到損害，必然會漏掉前一概念的部分內容。基地這個概念

對戰略來說確實是需要的，提出這個概念是一個貢獻。但是像上面那樣去使用這一概念是絕對不能容許的，這樣必然會得出一些十分片面的結論，引到極端荒謬的方向上去，以致過分強調包圍的作用。

十一、內線

與上述錯誤方向對立的另一種幾何學原則，即所謂內線原則，後來登上了寶座。[3] 雖然這個原則建立在良好的基礎上，即戰鬥是戰爭唯一有效的手段，但由於它具有純粹的幾何學性質，所以仍然是片面的理論，永遠也不能用來指導現實。

十二、所有這些理論都應加以批駁

所有這些理論，只有分析部分是在探索真理，其綜合部分，即它們的規則和準則則毫無用處。

這些理論都追求確定的數值，但戰爭中的一切是不確定的，可以作為計算根據的只是一些經常變化的數值；這些理論只考察物質因素，但整個軍事行動卻始終離不開精神力量及其作用；這些理論只考察單方面的活動，但戰爭卻是雙方不斷發生相互作用的過程。

十三、這些理論把天才排斥在規則之外

這些片面而貧乏的理論把不能解決的問題都置於科學研究的範圍以外，歸之於超越規則即天才的領域。

這些規則對天才來說毫無用處，天才可以高傲地對它們不理不睬，甚至對它們大加嘲笑，那些必須在貧乏規則中爬來爬去的軍人是多麼可憐！事實上，天才所做的正是最好的規則，而理論所能做最好的事情，正是闡明天才

3　這裡指法國將軍約米尼的內線作戰理論。在他的五卷本著作《論重大戰術或七年戰爭的關係》中，約米尼認為，內線作戰總比外線作戰優越，因為軍隊處於內線既便於集中又便於實施機動，而且容易各個擊破敵人。

是怎樣做的和為什麼這樣做。

那些與精神相對立的理論是多麼可憐！不管它們擺出多麼謙虛的面孔，都不能消除這種矛盾，而它們越是謙虛，就越會受到現實的嘲笑和鄙視。

十四、理論一研究精神因素就會遇到困難

任何理論一接觸精神因素，困難就無限增多。在建築和繪畫藝術方面，當理論僅涉及物質方面的問題時，還是比較明確的，對結構方面的力學問題和構圖方面的光線問題不會有什麼分歧。然而一旦涉及創作的精神，要求深入精神上的印象和感情時，理論的全部法則就顯得含糊不清了。

醫學大多只研究肉體的現象，涉及的只是身體機能的問題，身體機能不斷地在變化，這給醫學帶來很大困難，所以醫生的診斷比他的知識更為重要。如果再加上精神的作用，那該有多麼困難呀！能運用精神療法的人該是多麼了不起呀！

十五、在戰爭中不能排斥精神因素

軍事活動並非僅僅針對物質因素，它同時還針對使物質具有生命力的精神力量，二者不可能分開。精神因素只有用內在的眼力才能看到，每個人的這種眼力各不相同，即使同一個人，在不同時刻其內在眼力也往往不同。戰爭中危險四伏，一切都籠罩在危險之中。因此，影響判斷的主要因素是勇氣，即對自己力量的信心，在某種程度上，它如同眼珠一樣，一切現象先要透過它才到達大腦。從經驗方面來看，毫無疑問，精神因素具有一定的客觀價值。任何人都知道奇襲、翼側攻擊和背後攻擊的精神作用，任何人都會認為，敵人一旦撤退勇氣就會變少，任何人在追擊時和被追擊時都會表現出完全不同的膽量；任何人都會根據才望、年齡和經驗來判斷對方，並以此確定自己的行動；任何人都非常注意敵我軍隊的精神狀態和情緒。這些精神領域的作用都已經在經驗中得到證明並且反覆出現，因此我們有理由認為精神因素確實存在並且還在發揮作用。理論如果忽視這些因素，那還有什麼價值呢？

經驗是這些真理的必然來源。學者和統帥都不應陷入心理學和哲學的空談之中。

十六、作戰理論的主要困難

為了弄清作戰理論中的困難，並且找出作戰理論必須具有的特性，我們必須進一步考察軍事活動的主要特點。

第一個特點：精神力量及其作用

（一）　敵對感情

軍事活動的第一個特點是精神力量及其作用。戰鬥本來是敵對感情的表現，但在我們稱為戰爭的大規模戰鬥中，敵對感情往往只表現為敵對意圖，至少個人與個人之間通常不存在敵對感情，但戰爭無法完全擺脫敵對感情的影響。在我們這個時代的戰爭中，民族仇恨或多或少地代替了個人之間的敵意，沒有民族仇恨的情況很少見。即使沒有民族仇恨，沒有憤恨的感情，在戰鬥中也會燃起敵對感情，因為對方根據上級的命令對我們使用了暴力，我們在反對他的上級以前，就會先向他本人進行報復。說這是人性也好，動物本性也好，事實就是如此。有些學者認為，人們習慣於把戰鬥看成是抽象、沒有任何感情成分的力量較量。這些學者的錯誤觀念是由於沒有看到戰鬥產生的後果。

除了戰鬥中所特有的敵對感情以外，還有其他的感情，如功名心、統治欲和其他各種激情等，它們在本質上不屬於敵對感情，但與敵對感情的關係非常密切，因此很容易和它們結合在一起。

（二）　危險的印象（勇氣）

戰鬥充滿危險，一切軍事活動必然在危險中進行，正像鳥在空中飛翔，魚必然在水裡游動一樣，危險直接影響人的感情，透過人的本能，或是透過智力起作用。在前一種情況下，人們力圖逃避危險，如果不能逃避，就會產生恐懼和憂慮。如果不是這樣，那是因為勇氣使他們克制住了這種本能反應。然而勇氣絕不是智力的表現，它和恐懼一樣，是一種感情；不過恐懼是

怕肉體受到傷害，勇氣是為了維護精神的尊嚴。勇氣是一種高尚的本能。正因為如此，不能把勇氣當作一種沒有生命的工具，不能預先規定好它的作用。

勇氣不僅能抵銷、平衡危險的作用，而且還是一種特殊的因素。

（三）　危險的影響範圍

危險對指揮官的影響，不應該只限於肉體所遭受的危險。危險不僅使指揮官本人遭到威脅，而且使他所有的部下都遭到威脅；不僅實際威脅著指揮官，而且在其他時刻透過指揮官本人的想像威脅著指揮官；它不僅直接影響指揮官，而且間接地透過責任感影響著指揮官，使他精神壓力增加了十倍。當建議或決定進行一次大戰役時，考慮到這一巨大的決定性行動所帶來的危險和責任，誰能不在精神上或多或少地感到緊張和不安呢？可以斷言，戰爭中，只要是真正的行動，就永遠不能完全離開危險。

（四）　其他感情力量。

由敵意和危險激起的感情力量是戰爭中特有的，但並不是說人類生活中其他感情力量與戰爭就沒有關係了，它們在戰爭中也經常起著不小的作用。在這個人類最嚴肅的活動中，某些微小的激情被抑制了，尤其是職位低的指揮官。他們不斷受到危險的威脅和勞累的折磨，無暇顧及生活中的其他事情。他們丟開了虛偽的習慣，因為在生死關頭容不得虛偽，於是他們就具有軍人獨有的簡單性格。但職位高的人就不同了，職位越高，考慮的問題就越多，關心的方面就越廣，激情的活動就越複雜，其中有好的也有壞的。嫉妒和寬厚、傲慢和謙虛、激怒和同情，所有這些感情力量都能在戰爭這種大型戲劇中起作用。

（五）　智力的獨特性

除了感情以外，指揮官的智力也同樣有極大的影響。一個喜歡幻想、狂熱而不成熟的指揮官和一個冷靜而強有力的指揮官顯然是不一樣的。

（六）　智力的多樣性導致了方法的多樣性。

達到目標的方法之所以多種多樣（像我們在第一篇「論戰爭的性質」中談過的那樣），概然性和幸運所以在戰爭中有無比巨大的影響力，主要是由

於各人的智力不盡相同。而智力的影響主要表現在職位較高的人身上，並隨職位的提高而增大。

第二個特點：活的反應

軍事行動的第二個特點是活的反應和由此而產生的相互作用。我們不談活的反應在計算上的困難，因為前面談過，把精神力量作為一個因素來研究就會有困難，而這種困難已經把計算上的困難包括在裡面了。我們要談的是，作戰雙方的相互作用就其性質來說是與一切計畫不相容的。在軍事行動的一切現象中，任何一個措施對敵人都會產生極獨特的作用。然而，任何理論所依據的都是一般現象，不可能把現實中所有個別的情況都包括在內，這些個別情況只能靠判斷和才能去處理。在軍事行動中，根據一般情況所制定的行動計畫常常被意外的特殊情況所打亂，因此，與人類的其他活動比較起來，軍事活動就必然更多地依靠才能，而較少地運用理論。

第三個特點：一切情報的不確實性

戰爭中一切情報都很不確實，這是一種特殊的困難，因為一切行動都彷彿是在半明半暗的光線下進行，而且一切往往都像在雲霧裡和月光下一樣，輪廓變得很大，樣子變得稀奇古怪。這些由於光線微弱而不能完全看清的一切，必須靠才能去推測，或者靠幸運解決問題。因此，對客觀情況缺乏了解時，就只好依靠才能，甚至依靠偶然性的恩惠了。

十七、建立實證性理論是不可能的

鑑於軍事活動具有上述特點，我們必須指出，企圖為軍事藝術建立一套實證性理論，好像搭建一套鷹架來保證指揮官到處都有依據，這是根本不可能的。即使可能，當指揮官只能依靠自己才能的時候，他也會拋棄它，甚至與它對立。而且不管實證性的理論多麼面面俱到，總會出現我們以前講到的那個結果，才能和天才不受法則的約束，理論和現實相互對立。

十八、建立理論的出路（困難的大小並非到處都一樣）

擺脫這些困難的出路有兩條。

首先，軍事活動的一般特點並非對任何職位上的人都相同。職位越低，越需要有自我犧牲的勇氣，而在智力和判斷方面遇到的困難就小得多，接觸的事物就比較有限，追求的目的和使用的手段就比較少，知道的情況也比較確切，其中大部分甚至是親眼看到的。但是，職位越高，困難就越大，到最高統帥的地位，困難就達到了頂點，以至於幾乎一切都必須依靠天才來解決。

即使從軍事活動本身的區分來看，困難也不是到處都一樣。軍事活動的效果，越是體現在物質領域，困難就越小，越是體現在精神領域，成為意志的動力，困難就越大。因而用理論來指導戰鬥的部署、裝備和發起比指導戰鬥的進行要容易得多。在前一種情況，用物質部署戰鬥，雖然其中也必然包含精神因素，但畢竟還是物質為主。但是戰鬥進行時，也就是當物質變成動力時，人們所接觸的就只是精神了。總之，為戰術建立理論比為戰略建立理論困難要少得多。

十九、理論應該是一種考察，而不是規定

理論的第二條出路是，理論不必是實證性的，也就是說不必是行動規定。如果某種活動一再涉及同一類事物，即使它們本身有些小的變化，採取的方式是多樣的，它們仍然可以是理論考察的對象。這樣的考察正是一切理論最重要的部分，而且只有這樣的考察才配稱為理論。這種考察就是分析探討事物，使人們確切認識事物，如果這樣考察經驗，即考察戰史，就能深入了解事物。理論越是使人們深入地了解事物，就越能把客觀的知識轉變成主觀的能力，就能讓人依靠才能來解決問題。如果理論能夠探討構成戰爭的各個部分，清楚地區別混淆不清的東西，全面說明手段的特性，指出可能產生的效果，明確目的之性質，闡明戰爭中的問題，那麼它就完成了主要任務。這樣理論就成為學習戰爭問題的人的指南，為他們指明道路，並且培養他們

的判斷能力，防止他們誤入歧途。

如果有個專家花費了半生的精力來全面闡明一個隱晦不明的問題，他對這一問題的了解當然就比只用短時間研究的人要深刻得多。理論的目的是為了避免別人從頭整理材料和研究，並且利用已經整理好和研究好的成果。理論應該培養未來指揮官的智力，或者更正確地說，應該指導他們自修，而不應該陪著他們上戰場，正像高明的教師應該引導和促進學生發展智力，而不是一輩子拉著他走。

如果從理論研究中自然而然地得出原則和規律，那麼理論不但不和智力活動相對立，反而會像建築拱門時最後砌上拱心石一樣，把這些原則和規律突出出來。所以要這樣做，也是為了要符合人們思考的邏輯，明確許多線索的匯合點，而不是為了制定一套供戰場上使用的代數公式。因為這些原則和規律，主要是用於確定思考的基本線索，而不應像路標那樣指出行動的具體道路。

二十、有了上述觀點才能建立理論，才能消除理論和實踐之間的矛盾

有了上述觀點，才可能建立令人滿意的作戰理論，也就是建立有用而與現實不相矛盾的作戰理論。這樣的理論只要運用得當，就會接近實際的情況，從而完全消除理論脫離實際的反常現象。

二十一、理論應該考察目的和手段（戰術上的目的和手段）

理論的任務應該在考察手段和目的。

在戰術中，手段是派出受過訓練的軍隊進行戰鬥，目的則是取得勝利。至於如何進一步確定勝利，以後在研究戰鬥時才能更詳細地闡述。這裡先提到，勝利的標誌是把敵人擊退出戰場。透過這樣的勝利，就在戰略上達到戰鬥的目的，使戰鬥具有了真正的意義，這當然會對勝利的性質產生一定的影響。削弱敵人軍隊和占領某一陣地，這兩種目的的勝利是不同的。由此可見，戰鬥的意義能夠顯著影響戰鬥的組織和實施，所以也應該是戰術的研究對象。

二十二、戰術手段離不開的各種條件

既然有些條件是戰鬥所離不開的，會對戰鬥產生影響，那麼在運用軍隊時當然要予以考慮。這些條件就是地形、時間和天候。

地形最好分為地區和地貌兩個概念，嚴格地說，如果戰鬥是在完全平坦的荒原上進行，地形對戰鬥就不會有什麼影響。這種情況在草原地帶確實可能發生，但在文明的歐洲地區就幾乎只是空想了。文明民族間的戰鬥要不受地區和地貌的影響，幾乎是不可想像的。

時間對戰鬥發生影響，是因為有晝夜之分，但當然會超越晝夜的界線，因為每次戰鬥都有一定的持續時間，規模大的戰鬥甚至要持續許多小時。要組織一次大規模的戰役，從早晨開始還是從下午開始有重大的區別。但確實有許多戰鬥不受時間因素的影響，一般說來時間對戰鬥的影響相當有限。

天候對戰鬥產生決定性影響的情況更為少見，通常只有霧氣足以產生一定的影響。

二十三、戰略上的目的和手段

在戰略上，戰術成果是手段，能直接導致媾和才是最後的目的。在戰略上運用手段達到這種目的時，同樣也離不開對此發生影響的那些條件。

二十四、在戰略上使用手段時離不開的各種條件

這些條件仍然是：地區和地貌（地區應該擴大理解為整個戰區的土地和居民），時間（應包括季節）以及天候（指嚴寒等特殊現象）。

二十五、構成了新的手段

在戰略上，上述條件和戰鬥成果結合在一起，就使戰鬥成果，當然也就使戰鬥本身，有了特殊的意義，也具有了特殊的目的。但只要這個目的還不直接導致媾和，而只是從屬性的，那麼就應該把它也看作是手段。因此我們可以把具有各種不同意義的戰鬥成果或勝利都看作是戰略上的手段。占領敵

人陣地就是這樣一種與地域結合在一起的戰鬥成果。不僅具有特殊目的的單次戰鬥應該看成是手段，而且在共同目的下進行的一系列戰鬥所組成的任何一個更高的戰鬥單位，也應該看成是一種手段，冬季戰役就是這樣一種和季節結合在一起的行動。

可見，只有那些直接導致媾和的因素才是目的。理論應該探討這些目的和手段的作用和相互關係。

二十六、只能根據經驗來確定戰略上應該探討的手段和目的

怎樣才能把這些手段和目的在戰略上詳盡無遺地列舉出來？如果要用哲學上的方法得出必然的結論，就會陷入種種困難之中，我們得不到作戰和作戰理論之間邏輯上的必然性。因此只能面向經驗，根據戰史所提供的戰例進行研究。當然用這種方法得出的理論會帶有一定的侷限性，它只適用於和戰史相同的情況。但是這種侷限性確是不可避免的，因為在任何情況下，理論講述的問題或者是從戰史中抽象出來的，或者至少是和戰史比較過的。不過這種侷限性與其說存在於現實中，不如說存在於概念中。

這種方法很大的優點在於能使理論切合實際，不致使人陷入無謂的思考、鑽牛角尖和流於泛泛的空想。

二十七、對手段應分析到什麼程度

理論對手段應分析到什麼程度？只需要考察它們使用時的各種特性就夠了。對戰術來說，各種火器的射程和效能極為重要，至於它們的構造，雖然能決定效能，卻是無關緊要的，因為作戰並不牽涉到用炭粉、硫磺和硝石製造火藥，用銅和錫製造火砲，而是運用現成的有效武器。對戰略來說，只需要使用軍用地圖，並不需要研究三角測量；要取得輝煌的戰果，並不需要探討如何建設國家，怎樣教育和管理百姓，只需要了解歐洲各國社會在這些方面的現狀，並注意各不相同的情況對戰爭發生的顯著影響。

二十八、知識的範圍大大縮小

顯然理論所需研究的對象顯著地減少了，作戰所需的知識範圍也大大縮小了。一支裝備好了的軍隊在進入戰場以前所必須具備、一般軍事活動所必需的大量知識和技能，在用於戰爭去實現最終目的之前，必須壓縮成為數極少的幾條主要結論，就像許多小河在流入大海以前先匯成幾條大河一樣。只有那些直接注入戰爭這個大海的主要結論，才是指揮戰爭的人所必須熟悉的。

二十九、為什麼偉大的統帥可以迅速培養出來和為什麼統帥不是學者

事實上，我們的研究只能得出這樣的結論，如果得出任何一種其他結論，我們的研究就是不正確的。只有這樣的結論才能說明，為什麼往往有些從未接觸過軍事活動的人卻擔任了較高的職務，甚至擔任統帥而在戰爭中建立了豐功偉績；為什麼傑出的統帥從來不是來自知識淵博的軍官，而大多數是那些環境不許可他們獲得大量知識的人。認為培養未來的統帥必須從了解知識的一切細節開始，或者認為這樣做是有益的人，一向被譏諷為可笑的書呆子。不難證明，了解一切細節對統帥來說是有害的，因為人的智力是透過他所接受的知識和思想培養起來的。關於大問題的知識和思想能使人成大材，關於細枝末節的知識和思想，如果不作為與己無關的東西並拒絕接受的話，那就只能使人成小材。

三十、以往的矛盾

以往人們沒有注意到戰爭中所需要知識的簡單性，總是把這些知識與那些為作戰服務的大量知識和技能混為一談。當它們和現實世界中的現象發生明顯的矛盾時，只好把一切都推給天才，認為天才不需理論，理論也不是為天才建立的。

三十一、有人否認知識的用處，把一切都歸之於天賦

有些靠天賦辦事的人似乎覺得非凡的天才和有學問的人有天壤之別，他們根本不相信理論，認為作戰全憑個人的能力，而能力的大小則決定於個人天賦的高低，這樣，他們就成了自由意志論者。不可否認，這種人比那些相信錯誤知識的人要好些，可是這種看法是不符合事實的，因為不累積一定數量的觀念，就不可能進行智力活動。這些觀念至少大部分不是先天帶來的，而是後天獲得的，這些觀念就是知識。我們需要的是哪一類知識呢？可以肯定地說，戰爭中所需要的知識應該是人們在戰爭中能夠直接處理事情的知識。

三十二、不同的職位需要不同的知識

在軍事活動領域內，指揮官職位不同需要不同的知識。較低職位需要一些涉及面較窄且比較具體的知識；較高職位需要一些涉及面較廣且比較概括的知識。讓某些統帥當騎兵團長，並不一定很出色，反過來也是一樣。

三十三、戰爭中所需要的知識雖然很簡單，但運用它們卻不那麼容易

戰爭中所需要的知識是很簡單的，它只涉及很少的問題，而且只要掌握這些問題的最後結論就行了，但是運用這些知識卻不那麼容易。在戰爭中經常會遇到的困難，這在第一篇「論戰爭的性質」中已經談過。這裡我們不談那些只能靠勇氣克服的困難。至於智力活動，在較低的職位上才是簡單和容易的，隨著職位的提高，它的困難也就增大，到統帥這樣的最高職位，智力活動就成為人類最困難的精神活動之一。

三十四、這些知識應該是什麼樣的

雖然統帥不必是學識淵博的歷史學家，也不必是政治家，但是他必須熟悉國家大事，必須對既定的方針、當前的利害關係和各種問題，以及當權人物等有所了解並具備正確的評價。統帥不必是細緻的人物觀察家，不必是敏

銳的性格分析家，但是他必須了解自己部下的性格、思考方式、習慣和主要優缺點。統帥不必通曉車輛的構造和怎樣給拉火砲的馬套韁繩，但是他必須能正確地估計一個縱隊在各種不同情況下的行軍時間。所有這些知識都不能靠科學公式和機械方法來獲得，只能在考察事物時和在實際生活中透過正確的判斷來獲得，透過對事物的理解才能來獲得。

　　職位高的人在軍事活動中所需要的知識，可以在研究中，也就是在考察和思考中透過特殊的才能來取得，這種才能是一種精神上的本能，像蜜蜂從花裡採蜜一樣，善於從生活現象中吸取精華；除了考察和研究以外，這種知識還可以透過生活實踐來取得。透過富有教育意義的生活實踐，雖然不能產生像牛頓或歐拉這樣的人物，但卻能獲得像孔代或腓特烈大帝那樣的傑出的推斷力。

　　因此，我們沒有必要為了強調智力在軍事活動中的作用而陷入言過其實的學究氣泥坑中。從來沒有一個偉大而傑出的統帥是智力有限的人，但是常常有些人在較低的職位上表現得很突出，可是一到最高的職位就由於智力不足而表現得很平庸。甚至同樣處於統帥的位置，由於職權範圍不同，智力的表現也不同。

三十五、知識必須變成能力

　　現在我們還必須考慮另外一個條件，這個條件對作戰知識來說比其他任何知識更為重要，那就是必須把知識融會貫通，變成自己的東西，使它不再是某種客觀上的東西。幾乎在人類的其他一切活動中，人們曾經學過的知識即使已經遺忘了，使用時也可以到落滿塵灰的書本裡去尋找，甚至他們每天在手頭運用的知識，也可以完全是身外之物。當一個建築師拿起筆來，進行複雜的計算來求得一個石墩的負荷力時，他得出的正確結果並不是他自己智力的創造。首先他必須努力查找資料，然後進行計算，計算時使用的定律並不是他自己發明的，甚至在計算時他還往往沒有完全意識到為什麼必須用這種方法，多半只是機械地運算。但在戰爭中不是這樣。在戰爭中，客觀情況的不斷變化促使人們的精神不斷做出反應，指揮官因此就必須把全部知識變

成自己的東西，必須能夠隨時隨地做出必要的決定。因此，他的知識必須與自己的思想和實踐完全融為一體，變成真正的能力。正是由於這個原因，那些傑出指揮官的所作所為看來都那麼容易，似乎一切都應該歸功於他們天賦的才能。我們所以說天賦的才能，是為了把這種才能跟透過考察和研究培養出來的才能區別開來。

　　我們認為，透過上面的研究，已經明確了作戰理論的任務，並提出了完成這一任務的方法。我們曾把作戰方法分為戰術和戰略兩個範疇，建立戰略理論無疑有較大的困難，因為戰術幾乎僅僅涉及有限的問題，而戰略則由於媾和的目的的多樣性而隱入無窮無盡的可能性當中。不過需要考慮這些目的的主要是統帥，因此在戰略中主要是與統帥有關的部分有較大的困難。

　　戰略理論，尤其是涉及重大問題的那一部分，比起戰術理論來更應該只是對各種事物的考察，更應該是幫助統帥認識事物。這種認識一旦和他的整個思想融為一體，就能使他更順利和更有把握地採取行動，而不是勉強他自己服從於一個客觀真理。

第三章
軍事藝術和軍事科學

一、用詞尚未統一（能力和知識：單純以探討知識為目的的是科學，以培養創造性能力為目的的是藝術）

　　這個問題雖然不難，但人們至今尚未決定，究竟採用軍事藝術還是採用軍事科學這個術語，也不知道應該根據什麼來解決這個問題。我們在別的地方曾經說過，知識和能力是不同的。兩者之間的差別極為明顯，這本來是不易混淆的。書本無法真正把能力傳授給人，因此藝術也不應該作為書名。但是，人們已經習慣於把掌握某種技藝所需要的知識（這些知識也可能是幾門獨立的科學）叫作藝術理論，或者直截了當地稱為藝術，因此必然會採用這樣的區分，把凡是以培養創造能力為目的的叫作藝術，如建築藝術，把凡是以探討知識為目的的叫作科學，如數學、天文學。不言而喻，在任何藝術理論中都可能包含某幾門獨立的科學。值得注意的是，任何科學中也不可能完全沒有藝術，例如在數學中，算術和代數的應用就是藝術，不過這還遠遠不是兩者之間的界限。這是因為，顯然從人類知識的總和來看知識和能力之間的差別極為明顯，但在每一個人身上它們很難截然分開。

二、把認識和判斷分開是困難的

　　任何思維都是一種能力。當邏輯學者畫一條橫線，表示前提（即認識的結果）已經結束，判斷從此開始時，能力即開始起作用。不僅如此，甚至透過智力的認識也是判斷，因而也是一種能力，透過感覺的認識也同樣如此。總之，一個人只有認識力而沒有判斷力，或者只有判斷力而沒有認識力，都是不可想像的。因而能力和知識不能截然分開。能力和知識越是具體地體現

在外部世界，它們的區別就越明顯。我們再重申一下，凡是以創作和製造為目的的都屬於藝術的領域，凡以研究和求知為目的的都屬於科學的領域。由此可見，軍事藝術這個術語比軍事科學這個術語要恰當些。

對這個問題我們之所以談了這麼多，是因為這些概念不可缺少。戰爭既不是真正意義上的藝術，也不是真正意義上的科學，人們正是由於看不到這一點，才走上錯誤的道路，不知不覺地把戰爭與其他各種藝術或者科學等同起來，並進行了一系列不正確的類比推理。

人們早已感覺到了這一點，於是把戰爭說成是一種手藝。但這種說法弊大於利，因為手藝只不過是一種比較初級的藝術，它只服從於較固定和狹隘的規律。事實上，軍事藝術在僱傭兵時期帶有手藝性質。但軍事藝術產生這種傾向並不是由於內在的原因，而是由於外在的原因，何況戰史也已經證明，這在當時就是很不正常和很不能令人滿意的現象。[1]

三、戰爭是一種人類交往的行為

我們認為，戰爭不屬於藝術或科學的領域，而屬於社會生活的領域。戰爭是一種巨大利害關係的衝突，這種衝突是用流血方式來解決的，與其他衝突的區別也正在於此。戰爭與其說像某種藝術，還不如說像貿易，貿易也是人類利害關係和活動的衝突。然而更接近戰爭的是政治，政治也可以看成是一種更大規模的貿易。不僅如此，政治還是孕育戰爭的母體，戰爭的輪廓在政治中已經隱隱形成，就好像生物的屬性在胚胎中就已形成一樣。

1　在十四至十五世紀的歐洲，隨著城市的興起，軍隊的成分發生了變化。新的軍隊由大批僱傭兵組成。在義大利，傭兵是一種專門的職業，傭兵的首領稱為「傭兵隊長」。每個傭兵集團的武器裝備為傭兵隊長所有，伙食和薪餉由傭兵隊長負責。傭兵隊長可以將自己的兵團出僱於任何國家。因此，戰爭是傭兵隊長的職業，軍事藝術就好像是他的手藝。克勞塞維茨認為這不是戰爭本身的原因決定的，而是社會狀況等外在原因決定的。

四、區別

戰爭與藝術的根本區別在於：戰爭這種意志活動既不像工藝那樣，只處理死的對象，也不像純粹藝術那樣，處理人的精神和感情這一類活的、但卻是被動而任人擺布的對象，它所處理的既是活的又是有反應的對象。因此很明顯，藝術和科學既有的思維方法很少適用於戰爭，力圖從戰爭中尋找類似於從死的物質世界中所能找出的那些規律，必然會導致錯誤。然而，過去人們正是以工藝為榜樣來確立軍事藝術的。純粹藝術是無法仿效的，因為它自身還非常缺乏法則和規律。到目前為止，任何在這個領域制定法則和規律的嘗試，都被證明是不完善和片面的，它們不斷地被各種意見、感覺和習慣的巨流所衝擊而淹沒。

至於在戰爭中，活的對象之間的衝突是否服從一般法則，這些法則能否作為行動有用的準繩，我們在本篇裡將做一些探討。但有一點很清楚，戰爭這個對象沒有真正超出我們的認識能力，它是可以透過研究來闡明，它的內在聯繫也是或多或少可以弄清楚的，只要做到這一點，就是名副其實的理論了。

第四章
方法主義

　　為了要說清楚在戰爭中起著如此巨大作用的方法和方法主義，我們必須概略地觀察一下支配一切行動的那套邏輯結構。

　　法則，這一對於認識和行動都同樣適用的最普遍概念，就詞義來說，顯然帶有某種主觀性和武斷性，但是它卻恰好表達了我們和外界事物所必須遵循的東西。對認識來說，法則表明事物與它的作用之間的關係；對意志來說，法則是對行動的一種規定，與命令和禁令具有同等的意義。

　　原則，與法則一樣是對行動的一種規定，但它沒有法則那樣嚴格確定的意義，只有法則的精神和實質。當現實世界的複雜現象不能納入法則的固定形式時，運用原則就可以使判斷有較多的自由。因為在原則不能適用的場合，必須依靠判斷來處理問題，所以，原則實際上只是行動者的依據或指南。

　　如果原則是客觀真理的產物，適用於所有的人，那麼它就是客觀的；如果原則含有主觀的因素，只對提出它的人有一定價值，那麼它就是主觀的，通常稱為座右銘。

　　規則，常常被理解為法則，但是卻和原則具有同等的意義。人們常說「沒有無例外的規則」，卻不說「沒有無例外的法則」。這表明人們在運用規則時可以有較多的自由。

　　從另一個意義上說，規則還是根據外露的個別特徵去認識深藏的真理，並確定完全符合這一真理的行動準則。所有的比賽規則，數學中所有的簡化方式等，都屬於這一類規則。

　　細則和守則，也是對行動的規定，它涉及的是一些更微小、更具體的情況，這些情況太多且過於瑣碎，不值得為它們建立一般性的法則。

　　最後，還有方法和方法主義。方法是從許多可能的辦法中選擇出來的常用辦法；方法主義則是根據方法，而不是根據一般原則或個別細則來決定行動。這裡必須有一個前提，那就是用這種方法去處理的各種情況基本上是相同的。但事實上不可能完全如此，至少方法應該確保相同的部分盡可能多，換句話說，它應該適用於最可能出現的那些情況。因此，方法主義不是以個別的情況為前提，而是以各種相似情況的概然性為基礎，提出一種適用於一般情況的真理。如果以同樣形式反覆運用這一真理，不久就可達到機械般的熟練程度，最終可以自然而然地做出正確的處理。

　　法則這個概念，對於認識作戰來說是多餘的，因為戰爭中錯綜複雜的現象不是很有規律，而有規律的現象又不那麼錯綜複雜，所以法則這個概念並不比簡單的真理更為有用。凡是能用簡單的概念和言詞來表達的，如果用了複雜的、誇張的概念和言詞，那就是矯揉造作，故弄玄虛。在作戰理論中，法則這個概念對行動來說也是不適用，因為各種現象變化多端而且極為複雜，所以沒有普遍得足以稱為法則的規定。

　　但是，如果想使作戰理論成為固定的條文，原則、規則、細則和方法都是不可缺少的概念，因為在固定的條文中真理只能以這種形式出現。

　　在作戰方法中，戰術理論最可能成為固定的條文，因此，上述概念在戰術中也最為常見。非不得已，不得用騎兵攻擊敵人隊形完整的步兵；在敵人進入有效射程以前，不得使用火器；戰鬥中要盡量節約兵力，以備最後使用。這些都是戰術原則。所有這些規定並不是在任何場合都絕對可用，但是指揮官必須銘記在心，以便當這些規定中所包含的真理可以發揮作用時，不致失去機會。

　　如果發現敵人生火做飯的時間反常，就可以斷定敵人準備轉移，如果敵人在戰鬥中故意暴露自己的部隊就意謂著佯攻。這種認識真理的方法就叫規則，因為從這些明顯的個別情況中可以推斷出其中包含的意圖。在戰鬥中一旦發現敵人的砲兵開始撤退，就應該立即猛烈地攻擊敵人，如果說這是一條規則，那就是說，從個別現象中推測出整個敵情，根據這個敵情得出了一條行動規定。這個敵情就是：敵人準備放棄戰鬥，正開始撤退，而在這個時

候，它既不能進行充分的抵抗，也不像在撤退過程中那樣容易完全擺脫我方。

至於細則和方法，只要訓練有素的軍隊掌握了它們並作為行動的準則，那麼戰爭理論就會在作戰中發揮效用。有關隊形、訓練、野戰勤務的一切規定都是細則和方法。有關訓練的規定主要是細則，有關野戰勤務的規定則主要是方法。這些細則和方法是跟實際作戰密切相關，它們都是作戰方法中現成的方法，必然包括在作戰理論中。

但是，我們不能對彈性運用軍隊規定細則，即不能規定固定的守則，因為細則是不能自由運用的。與此相反，方法作為執行任務的一般辦法（如前所述，這種辦法是根據概然性制定的），它把握了原則和規則的精神實質，及其在實際的運用，只要它不失去本來面目，不成為一套絕對和必須的行動規定（即體系），而是在可以代替個人決斷的一般辦法中可供選擇的最簡捷和最佳方法，它就可以列入作戰理論。

在作戰中常常按方法辦事是非常重要和不可避免的。在戰爭中，有許多行動是根據純粹的假定或在完全弄不清情況的條件下決定的。這是因為敵人會阻撓我們去了解情況，妨礙我們的部署，時間也不允許我們充分了解這些情況。即使我們知道了這些情況，也由於範圍太廣，過於複雜，不可能根據它們來調整一切部署，所以我們常常不得不根據幾種可能的情況進行部署。在每一事件中，同時需要考慮的具體情況是無窮無盡的，我們除了進行大致的推想，根據一般和可能的情況進行部署以外，就沒有其他辦法。最後，我們還要提到，職位越低，軍官的人數越多，就越不能指望他們具有獨立的見解和熟練的判斷力。除了來自於勤務細則和經驗的見解以外，就不應該要求他們有其他的見解，我們得教給他們一套類似細則的方法，作為他們進行判斷的依據，防止他們越出常軌地胡思亂想，在經驗特別有用的戰爭領域裡，胡思亂想是特別危險的。

我們還必須承認，方法主義不僅是不可缺少的，而且還有很大的優點，那就是反覆運用同一種方法指揮部隊，並且達到熟練、精確和可靠的程度，從而減少戰爭中的摩擦，使機器便於運轉。

　　因此職位越低，方法就用得越多，就越是不可缺少的；職位越高，方法用得越少，到最高職位，方法就完全用不上了。因而方法在戰術中比在戰略中更能發揮作用。

　　從最高角度來看，戰爭不是由大同小異的無數細瑣事件構成的，它們的處置好壞只取決於方法。戰爭是由具有決定意義的各個重大事件構成，每個情況需要個別處理。戰爭不是一片長滿莊稼的田地，收割時不需要考慮每顆莊稼的形狀，收割得好壞僅僅取決於鐮刀的好壞；而是一片長滿大樹的土地，在這片土地上，用斧頭砍伐大樹時，就必須注意到每棵大樹的形狀和方向。

　　軍事活動中方法使用的多少，並不取決於職位的高低，而取決於事情的大小。統帥處理的是全面而重大的事情，所以他較少使用方法。統帥如果在戰鬥隊形、部署先遣部隊和前哨方面，採取老一套方法，不僅會束縛他的部下，而且在某些情況下也會束縛他自己。固然，這些方法可能是他自己創造的，也可能是他根據情況採用的，但是只要它們是根據軍隊和武器的一般特性，也可以成為理論研究的對象。然而像用機器製造東西那樣，把戰略計畫預先生產出來的方法，卻是應該堅決反對的。

　　只要還沒有令人滿意的理論，對作戰的研究還不夠完善，職位較高的人有時也不得不破例地使用方法主義，因為在這些職位較高的人當中，有一部分人沒有條件透過專門的研究和上層社會的生活來提高自己。他們在那些不切實際而又充滿矛盾的理論和批判面前無所適從，他們健康的智力接受不了這些東西，於是除了依靠經驗以外沒有其他辦法了。因此，在必須和可以單獨地自由處理問題的情況下，他們也喜歡運用從經驗中得來的方法，也就是仿效最高統帥所特有的行動方式，這樣就自然而然地產生了方法主義。腓特烈大帝的將軍們總是採用所謂斜形陣勢，法國大革命時代的將軍們總是採用綿長戰線的包圍戰法，而拿破崙手下的將領們則常常集中大量兵力進行血戰，從這些辦法的反覆運用中，可以明顯地看到一套襲用的方法，由此可見，高級指揮官也可能仿效別人的方法。[1]

　　如果有一套比較完善的理論，有助於研究作戰方法，有助於提高人們的

智力和判斷力，那麼方法主義的作用範圍就不至於這樣大，而那些不可缺少的方法，至少會是理論的產物，而不是單純仿效的結果。一個偉大的統帥無論把事情辦得多麼高明，他辦事的方法中總有某些主觀的東西。如果他有一種特定的作風，並在很大程度上反映了他的個性，那麼仿效他的將領們個性不會總是跟他一樣。

　　在作戰方法中要完全摒棄這種主觀的方法主義或作風，既不可能也不正確。相反地，應該把它看作是戰爭的整體特性對許多個別現象所產生的影響。當理論還沒有預見和研究這種影響時，就只能依靠方法主義。法國大革命戰爭有它特殊的方式，這不是很自然的嗎？但哪一種理論能預先把它的特點包括進去呢？可惜的是，一定情況下產生的方法很容易過時，因為情況在不知不覺地發生變化，而方法本身卻沒有改變。理論應該透過明確而合理的批判去防止使用這種過時的方法。一八〇六年，普魯士的一些將軍們，例如路易親王在薩爾費爾德、陶恩青在耶拿附近的多恩山、格拉韋特在卡佩倫多夫前面和呂歇爾在卡佩倫多夫後面，都因為襲用了腓特烈大帝的斜形陣勢而全軍覆沒。這不僅因為這種方法已經過時，而且還因當時方法主義已使智力極為貧乏，所以才導致了霍恩洛厄的軍隊史無前例的慘敗。[2]

1　斜形戰鬥隊形原為古希臘著名統帥艾帕米農達所發明。普魯士腓特烈大帝把它運用於線式（橫隊）戰術，作戰時將軍隊排成橫隊，但不與敵軍平行對陣，而是偏斜地以一翼及中央的一部分兵力先攻擊敵人的一翼。中央及另一翼則不與敵人接觸，只牽制敵人，使他不能加強被攻擊的一翼。先攻擊的一翼以優勢兵力擊潰敵人一翼後，即從翼側包圍敵人，隨即全線攻擊，以便擊敗敵人。

2　一八〇六年十月，普魯士軍隊分三路集中在耶拿、威瑪一帶，布倫瑞克總司令親率中路，呂歇爾率右翼，霍恩洛厄率左翼，準備進攻法軍。拿破崙先敵出擊，十月十日於薩爾費爾德擊潰路易親王所部。布倫瑞克率主力北撤，霍恩洛厄的軍隊留在耶拿掩護，十月十四日遭到拿破崙主力的攻擊，所部陶恩青師和格拉韋特師分別於多恩山和卡佩倫多夫被擊潰。呂歇爾從威瑪前來支援，在卡佩倫多夫後面亦被擊潰。霍恩洛厄所部在此役幾乎全軍覆沒。同日，拿破崙部下達武的軍隊在奧爾斯塔特擊潰布倫瑞克的主力。在追擊中，普軍紛紛投降。這就是歐洲歷史上有名的殲滅戰——耶拿—奧爾斯塔特會戰。

第五章
批判

　　理論總是透過批判，而不是透過條文來影響現實生活。批判把理論應用於實際，不僅使理論更加接近實際，而且透過反覆的應用，使人們更加習慣於理論。因此，除了確定用什麼觀點建立理論以外，還必須確定用什麼觀點進行批判。

　　我們可以用批判或簡單的方式敘述歷史事件。簡單敘述歷史事件僅僅是羅列一些事實，至多不過涉及一些最直接的因果關係。

　　批判地論述歷史事件，則有三種不同的智力活動。第一是考證歷史上可疑的事實；這是純粹的歷史研究，與理論是兩回事。第二是從結果追溯原因，這是純粹的批判研究，對理論來說是不可缺少的，因為理論需要用經驗來證實並加以說明。第三是檢驗使用的手段，這是真正的批判，既有讚揚又有指責。在這裡，理論是用來研究歷史，是用來從歷史中吸取教訓。

　　在後兩種考察歷史的純粹批判中，極為重要的是探尋事物的根源，也就是一直到毫無疑義的真理為止，而不能半途而廢，也就是不能滿足於隨意做出的論斷或設想。

　　從原因到結果的推導，往往有一種不易克服的外在困難，那就是根本不了解真正的原因。這種情況在戰爭比在其他領域更為常見。在戰爭中，很少能完全了解事件的真相，至於行動的動機更是如此，有時是被當事者故意隱瞞，或者由於非常短暫的和偶然，歷史上沒有記載。因此批判的研究必須與歷史的研究相結合。即使如此，有時原因與結果還是不相吻合，也就是結果不是已知原因的必然產物。也就是說，我們無法從某些歷史事件中吸取教訓。理論所能要求的是，探討到有這種脫節現象的地方必須停止，不再往下推論。如果誤以為已知的原因已經足以說明結果，因而對它過分重視，那才

是最糟糕的。

　　批判的研究除上述外在的困難外，還有一種很大的內在困難，那就是戰爭很少是起源於單一的原因，而是由許多原因共同產生的，僅僅憑公正而認真的態度追溯事件的根源還不夠，更重要的是還必須弄清楚每個原因的作用。這樣就必須進一步探討原因的性質，於是就進入了純粹的理論領域。

　　進行批判的考察，也就是檢驗手段時，必須弄清當事者使用的手段會產生什麼樣的結果，這些結果是否符合當事者的意圖。

　　要想知道手段會產生什麼樣的結果，就必須探討手段的性質，這又進入了理論的領域。

　　我們已經說過，在批判中極為重要的是探尋事物，找出其毫無疑義的真理，不能隨意做出論斷，否則不能使別人信服，對方也可以隨意提出主張加以反對。這樣就會爭論不休，得不出任何結論，也就得不到任何教訓。

　　不論是探討原因，還是檢驗手段，都會進入理論的領域，也就是說，進入普遍真理的領域（這種真理不是僅僅從當前具體的情況中得出）。如果某個理論是有用的，那麼其中已經確定的東西就可以作為根據，不必再去追溯。但當理論中還沒有這樣的真理時，就不得不追溯到底。如果必須經常這樣做的話，那學者們就有無數的事情要做，但要從容研究每一個問題幾乎是不可能的。結果為了限定自己的考察範圍，他們就不得不滿足於隨意提出的主張。就算他們不認為這些主張是隨意提出的，但在別人看來則是如此，因為它們本身既不十分清楚，也沒有得到證實。

　　因此，有用的理論是批判的重要基礎。批判如果不藉助合理的理論，就不能使人獲得教訓，也不可能令人信服。

　　理論不可能把每一個抽象的真理都包括在內，批判不只是看看具體情況是否符合相應的法則。批判時不能侵犯神聖的理論，那是可笑書呆子的想法。創造理論的分析探討精神也應該用於批判，而且這種精神也常常會進入理論領域，進一步說明特別重要的問題。反之，如果在批判中只是機械地搬用理論，那就不能達到批判的目的。理論探討得出的結論、原則、規則和固定條文越多，就越缺乏普遍性，離絕對真理的距離就越遠。這些東西本來是

供人們應用的，至於它們是否適用，則應該再加以判斷。在批判時，絕不應該把理論上的結論當作衡量一切的法則和標準，只能像當事者那樣，當作判斷的依據。在一般戰鬥陣形中，騎兵與步兵不能處在同一線上，騎兵應配置在步兵的後面，如果說這是戰術上的規定，也不能任意責難違背此一規定的人。在批判時，應該探討違背這個規定的理由，只有發現理由不充分的時候，才可以引用理論上的規定。又如，理論上確定多路進攻會減少勝利的可能性，假設有位將領採取了多路進攻而又恰好遭到失敗，他人在不了解實際情況下就認為是多路進攻造成的失敗，這種看法是不合理的。如果這位將領在多路進攻而又獲得勝利，我們就反過來認為理論上是不正確的，這也是不合理的，都是批判的分析探討精神所不容許的。總之，理論上經過分析探討而得出的結論是批判的主要依據，而理論上已經規定的，批判時就不必重新確定了。理論上之所以做出規定，就是為了批判時有現成的東西可以使用。批判的任務是探討原因產生了什麼樣的結果，是探討使用的手段是否和目的相符，當原因和結果，目的和手段具有直接的聯繫時，這一任務就不難完成。

如果一支軍隊遭到奇襲，以致不能有條不紊地發揮它的力量，那麼奇襲的效果就毋庸置疑了。如果說理論上已經確定，在會戰中進行圍攻能獲得較大的勝利，但獲勝的把握較小，重點就在於指揮官是否打算獲得較大的勝利。如果是這樣，他選用的手段就是正確的。如果他用這個手段是為了獲得較有把握的勝利，只根據圍攻的一般性質採用了這個手段，而不是從具體情況出發，他就弄錯了手段的性質，因而犯了錯誤。

批判地探討原因和檢驗手段並不困難，只要限定於考察最直接的結果和目的。如果人們撇開與整體的聯繫，只考察事物間的直接關係，當然可以隨意這樣做。

但像世界上其他活動一樣，戰爭的一切都是彼此聯繫的，因此每一個原因，即使是很小的原因，其結果也會對整個行動的結局發生影響，會使最後的結果有所改變，儘管改變可能會很少。每一個手段同樣也必然會影響到最終的目的。

　　因此只要現象還有考察的價值，就可以繼續研究原因所導致的結果。人們不僅可以根據直接的目的去檢驗手段，也可以把這一目的當作達到更高目的之手段，對一連串相互從屬的目的進行探討，一直到目的的必要性無須懷疑。在許多情況下，尤其涉及到具有決定意義的重大措施時，應該持續考察到最終的目的，即直接導致媾和的目的。

　　在向上追溯過程中，每上升到新的階段，人們的判斷就有新的立足點。因此，同一個手段，從較低的立足點來看可能有利，但從較高的立足點來看卻必須摒棄。

　　在批判地考察某一軍事行動時，尋求某些現象的原因，會與根據目的來檢驗相應的手段同時並進，因為只有透過尋求原因，才能找到必須檢驗的對象。

　　這樣自下而上和自上而下地考察，會遇到很大的困難，因為事件離開原因越遠，支配它的各種力量和情況就越多，需要同時考慮的其他原因就越多，還要辨別這些原因對事件可能產生多大的影響。如果我們找到了一次會戰失敗的原因，當然也就找到了這次失敗影響整個戰爭結局的原因，但是這僅僅是一部分原因，根據不同的情況，其他原因所造成的結果對戰爭的最終結局也有或多或少的影響。

　　同樣，隨著立足點的提高，檢驗手段時的複雜性也就增大，因為目的越高，為達到這種目的所運用的手段也越多。戰爭的最終目的是所有軍隊都追求的，因此必須加以考察為了達到這個目的所做的或可能做的一切。

　　這樣一來，有時就要擴大考察的範圍，在這種情況下，人們很容易迷惑，不得不對那些很可能發生、不能不加以考察的事情做出許多假定。

　　一七九七年三月，拿破崙率領義大利軍團由塔利亞曼托河進攻卡爾大公，卡爾大公所盼望的援軍還沒有從萊茵河方面開來，拿破崙打算迫使他決戰。[1]如果只從直接目的看，手段選得很正確，結果也證明了這一點。當時

1　一七九七年二月拿破崙在北義大利攻陷芒托瓦後，奧地利企圖挽救北義大利，準備與拿破崙決戰。三月，奧軍總司令卡爾大公先赴前線，命先遣部隊於皮亞韋河警戒，主力於塔里亞曼

卡爾大公由於兵力很弱，在塔利亞曼托河只嘗試了一次抵抗，當他看到敵方兵力過於強大和行動堅決時，就退出了戰場，放棄了諾里施阿爾卑斯山的山口。拿破崙利用這一幸運的勝利可以達到什麼目的呢？他可以一直進入奧地利帝國的心臟，支援莫羅和奧舍率領的兩支萊茵大軍的進攻，並進而與他們取得緊密聯繫。拿破崙就是這樣考慮的，從這個角度來看，他是正確的。但是如果從較高的立足點，也就是從法國督政府的角度進行批判，我們應該能夠預見六星期以後才開始的萊茵戰役，判斷拿破崙越過諾里施阿爾卑斯山的進軍是過於冒險的行動。[2]假如奧國人從萊茵河方面調來軍隊在施泰爾馬克組成強大的援軍，卡爾大公就可以用它們來攻擊義大利軍團，不僅義大利軍團可能全軍覆沒，也會輸掉整個戰役。拿破崙到菲拉赫後看清了這一點，所以他很樂意簽訂雷歐本停戰協定。[3]

但如果從更高的立足點進行批判，知道奧國人在卡爾大公的軍隊和維也納之間沒有部署機動兵力，就可以看到維也納會因義大利軍團的進逼而遭到威脅。

假定拿破崙知道奧地利首都沒有軍隊掩護，同時知道他在施泰爾馬克對卡爾大公仍然占有決定性的優勢，那麼他急速地進逼奧國的心臟就不會沒有目的了。至於這個行動的價值，取決於奧國人對保住維也納的重視程度。因為，如果奧國人很重視保住維也納，以致寧願接受拿破崙提出的媾和條件，那麼威脅維也納就可以看作是最終目的。如果拿破崙知道了這一點的話，那麼批判就可以到此為止了。假如對這一點還有疑問，就必須從更高的立足點

托河設防，等待從萊茵地區開來的援軍到達後向法軍進攻。三月十六日，拿破崙擊退奧軍先遣部隊後，向塔里亞曼托河的卡爾大公進攻。卡爾大公因兵力相差懸殊，略做抵抗後即向薩瓦河、德拉瓦河撤退。三月二十八日法軍進入奧地利國境，四月七日先遣部隊到達雷歐本。十八日雙方簽訂雷歐本停戰協定，同年十月十七日簽訂坎波福米奧和約。

2　一七九五年八月二十二日法國透過了新憲法，規定最高立法機構為上下兩院，上院稱元老院，下院稱五百人院，最高行政機構為督政府，由兩院選舉產生。一七九五年十一月第一屆督政府宣告成立。督政府更換過三屆，至一七九九年被拿破崙推翻。

3　一七九七年四月，拿破崙的軍隊向維也納進逼，四月七日先遣部隊到達雷歐本，奧國政府被迫求和。四月十八日雙方於雷歐本簽訂停戰協定，並決定進一步議訂和約。

來繼續批判，並進一步問：如果奧國人放棄維也納，向本國遼闊的腹地繼續後退，情況又將怎樣呢？很明顯，如果不先分析萊茵地區雙方軍隊可能發生的事件，根本就不可能回答這個問題。在法軍兵力占決定性優勢（十三萬人對八萬人）的情況下，取得勝利是沒有多大問題的。但又產生了一個問題，法國督政府想利用這個勝利達到什麼目的呢？是想乘勝席捲奧地利帝國從而徹底消滅或打垮這個強國呢，還是僅僅想占領奧國的大片土地，作為締結和約的資本呢？必須找出這兩種情況可能產生的結果，然後才能斷定法國督政府可能的選擇。

　　假定研究的結果表明，要想徹底打垮奧國，法國的兵力還太小，這樣做必然會引起整個局勢的根本變化，甚至只想占領和保持奧國的大片土地，也會使法國人面臨兵力不足的局面。這個結論必然會影響到人們評估義大利軍團所處的地位，因而寄予它較小的希望。這無疑是拿破崙明知卡爾大公孤軍無援卻與他簽訂坎波福米奧和約的緣故。[4]這個和約除了使奧國喪失一些即使在最成功的戰役之後也難於收復的地區以外，再沒有讓它做更大的犧牲。但如果法國人沒有考慮下面兩個問題，那麼就不可能有機會簽訂這個好處不大的坎波福米奧和約，也不可能把這個和約作為大膽進軍的目的。第一個問題是，奧國人如何評估上述兩種結果。不管法國想打垮奧國，或是想占領奧國，這兩種情況下奧國人都有最後獲勝的可能，但是在繼續戰爭的情況下，他們就不得不做出犧牲，而簽訂一個條件不太苛刻的和約就可以避免這些犧牲。第二個問題是，奧國政府是否會利用有利條件堅持最後勝利，它是否考慮過對方最終取得勝利的可能性，它是否不致因一時的失利而喪失勇氣。

　　第一個問題並不是無謂的鑽牛角尖，而是有重大的實際意義。人們每當提出極端的計畫時，總會考慮到這一點，而且正是出於這種考慮，人們才常

4　一七九七年十月十七日，法國和奧地利在義大利坎波福米奧村（在烏迪內西南）根據雷歐本停戰協定簽訂和約，奧地利根據和約雖然丟失了尼德蘭和倫巴底，但得到了威尼斯，不僅與本土連成一片，而且控制一部分亞德里亞海。因此，克勞塞維茨認為這個和約並沒有讓奧地利做出很大的犧牲。

常不去實行這樣的計畫。

　　第二個問題的同樣也是必要的，因為人們並不是和抽象的敵人作戰，而是與必須經常注意的具體敵人作戰。大膽的拿破崙肯定懂得這一點，也就是說他一定相信自己的威名能夠先聲奪人。正是這種信念促使他在一八一二年進攻了莫斯科，可是那次他失算了，他的威名經過多次大戰已經有所降低。[5]在一七九七年，他的威名方盛，還沒有被人們發現他頑固的祕密。儘管如此，如果不是他預感到可能失敗而簽訂了好處不大的坎波福米奧和約，那麼他的大膽在一七九七年也可能使他得到相反的結果。

　　到此為止我們對這個戰例的考察可以畫一個句號了，這個實例足以說明：在批判的考察中，當人們要追溯到最終目的時，也就是檢驗為最終目的而採取的決定性措施時，將會涉及多麼廣泛的範圍和多麼繁多的對象，將遇到多麼巨大的困難。從這裡也可以看到，除了對事物的理論認識以外，天賦的才能對批判考察也必然有巨大的影響，因為要闡明各種事物的相互關係，在錯綜複雜的無數事件中辨別哪些是真正重要的，這主要依靠天賦的才能。

　　在另一方面也需要有天賦的才能。批判的考察不僅要檢驗實際上已經使用的手段，而且還要檢驗一切可能的手段。因此在考察中必須找出可能使用的手段，如果提不出一種更好的手段，就不能指責已經使用的手段。在大多數情況下，這種可能使用的手段是很少的，但不能否認，提出這些沒有使用的手段不是對現有事物的單純分析，而是一種獨立的創造，這種創造不能用理論加以規定，只能依靠豐富的智力活動。

　　要把那些只在少數情況下可行、非常簡單的作戰方式看作是偉大天才的

5　一八一二年六月六日，拿破崙率四十五萬大軍從維斯杜拉河進攻俄國，俄軍步步後退，八月十七日法軍進至斯摩棱斯克。八月二十九日俄皇撤換巴爾克萊，任庫圖佐夫為總司令。九月四日俄軍十三萬（火砲五百門）於博羅迪諾設防，準備與法軍決戰。九月七日，拿破崙率僅有的十二萬五千軍隊發起進攻，經過激戰，雙方都有很大損失。九月八日，庫圖佐夫向莫斯科撤退，後又撤出莫斯科。九月十五日拿破崙進占莫斯科。嚴寒和饑餓使法軍不能久占。十月十九日拿破崙率十一萬軍隊攜六百門火砲從莫斯科撤退，俄軍到處追擊法軍。十一月九日法軍到達斯摩棱斯克，只剩三萬五千人。一八一三年一月，俄軍追至維斯杜拉河。

表現，這是非常可笑的，比如有人把迂迴陣地的作戰方式當作天才的表現。儘管如此，這種獨立的創造活動還是必要的，而且批判考察的價值主要取決於這種創造性活動。一七九六年七月三十日拿破崙決心放棄圍攻芒托瓦，以便迎擊前來解圍的烏爾姆塞爾，並集中兵力各個擊破被加爾達湖和明喬河隔開的烏爾姆塞爾軍隊，這種作法看來是獲得輝煌勝利最可靠的途徑。他也確實獲得了這樣的勝利。而且當敵人以後幾次前來解圍時，他用這種手段都取得了更加輝煌的勝利。[6]這一點獲得了異口同聲的讚揚。

　　但是，拿破崙如果繼續圍攻芒托瓦，在七月三十日就不能採取上述行動，因為這樣的行動無法保住攻城輜重，而且在這一戰役中他也無法取得第二套輜重。實際上，以後的圍攻已變成了單純的包圍，儘管拿破崙在野戰中取得了勝利，但這個只要繼續圍攻不出八天就能攻陷的要塞，又繼續抵抗了六個月。

　　批判者由於提不出更好的辦法對付援軍，並認為這是完全不可避免的憾事。在圍攻防衛圈上迎擊前來解圍的敵軍，這一手段早就受到批評和輕視，以致完全被遺忘了。[7]路易十四時代常常奏效的這一手段，在百年後竟沒有人想到，這只能說是時髦的觀點在作祟。進一步研究當時形勢就可以看出，只要拿破崙在芒托瓦圍攻的防衛圈內配置他四萬世界最精銳的步兵，在築有堅固工事的條件下，是不必懼怕烏爾姆塞爾所率領的前來解圍的五萬奧軍，因

6　一七九六年四月法國督政府派拿破崙攻入北義大利，奧軍節節敗退，至六月，除芒托瓦要塞未被法軍攻克外，奧軍基本上全部撤至國境附近。七月五日法軍包圍芒托瓦。此時，奧地利任烏爾姆塞爾將軍為司令接替伯奧流，率軍隊六萬準備與芒托瓦守軍呼應，夾擊法軍。烏爾姆塞爾把軍隊分為兩路，沿加爾達湖東西兩側南進。七月三十一日拿破崙決定放棄圍攻芒托瓦，集中兵力迎擊奧軍。八月三日於薩洛及其東南地區擊退奧軍西路。八月四日回頭向東路奧軍前進。當拿破崙北上時，烏爾姆塞爾已進入芒托瓦，但得悉西路軍被法軍擊敗後，便離開芒托瓦渡明喬河，準備與西路會合，八月五日與法軍相遇，被拿破崙擊敗，向本國撤退。法軍重新圍攻芒托瓦。同年九月烏爾姆塞爾又來解圍，未成，被圍於芒托瓦。同年十一月和一七九七年一月奧地利阿爾文齊將軍又兩次前來解圍，都被拿破崙以同樣的方法所擊敗。一七九七年二月二日，芒托瓦被法軍攻陷。

7　圍攻要塞的軍隊為了抗擊敵人援軍或解圍的部隊而在圍攻圈（攻城陣地）外圍構築的防禦工事稱為圍攻防衛圈。圍攻的軍隊可以一面進行圍攻，一面抗擊前來解圍的敵人部隊。

為向圍攻防衛圈做一次進攻嘗試是十分困難的。在這裡不打算進一步論證我們的看法，但是我們認為，上述看法已足以說明這種手段值得加以考慮。至於拿破崙本人在當時是否考慮過這一手段，我們不想妄加推斷，但是在他的回憶錄和其他出版物中都找不到他曾考慮過這點的痕跡。後人的評論中也都沒有提到可以採用這一手段，它已經完全被人遺忘了。重新把這種手段提出來並不是什麼了不起的功勞，人們只要擺脫時髦觀點的影響就能做到這一點。但是，為了考察而提出這種手段並且把它與拿破崙所使用的手段進行比較，卻是十分必要的。無論比較的結果如何，在批判中都不能不做這種比較。

　　一八一四年二月，拿破崙在埃托日、尚波貝爾、蒙米賴等地的戰鬥中擊敗了布呂歇爾的軍隊以後，他就拋開布呂歇爾，把矛頭轉向施瓦岑貝格，並在蒙特羅和莫爾芒打敗了他的軍隊。[8]人們十分欽佩拿破崙，因為他忽東忽西地調動自己的主力，巧妙地利用了聯軍分兵前進的錯誤。拿破崙在這些方向上進行的出色戰鬥，雖然沒有能夠挽救他的失敗，但至少在人們看來失敗不是他的過錯。迄今為止，還沒有一個人提出問題：如果拿破崙不把矛頭由布呂歇爾轉向施瓦岑貝格，而是繼續進攻布呂歇爾，並把他一直追到萊茵河邊，結果又會怎樣呢？我們確信，在這種情況下整個戰役可能會有根本的轉折，聯軍的主力可能不會進軍巴黎，而會退回萊茵河東岸。我們並不要求別人也同意這種見解，但是既然有人提出了另一種方法，在批判時就必須加以探討，任何軍事家都會同意這一點。

　　在此提出來的看法，比在前一例中所提出的方法更容易被人們想到，但

8　一八一四年第六次反法聯盟的軍隊深入法國國境，二月一日於拉羅提埃擊敗拿破崙後，施瓦岑貝格率領聯軍主力沿塞納河，布呂歇爾率聯軍一部沿馬恩河向巴黎進軍。拿破崙得悉聯軍兩路隔絕，便決定首先攻擊布呂歇爾軍隊，二月十日於尚波貝爾擊敗其一部，二月十一日於蒙米賴擊敗另一部，二月十四日又於埃托日擊敗布呂歇爾親自率領的一部，布呂歇爾退回夏龍。拿破崙沒有繼續追擊布呂歇爾，於二月十五至十六日連夜趕向塞納河進攻施瓦岑貝格。二月十七日於莫爾芒擊敗由俄國維根施坦率領的軍隊（施瓦岑貝格的右翼），十八日於蒙特羅擊敗符騰堡王太子率領的軍隊（施瓦岑貝格的前衛）。施瓦岑貝格急忙向東撤退。二月二十四日拿破崙又回到特魯瓦。

人們只盲目地追隨某一種見解，缺乏公正的態度，因而沒有想到它。

有些批判者認為有必要提出更好的方法來取代被指責的方法，但是他們只是提出了自己認為是比較好的，並沒有提出應有的論據。這樣，提出來的方法並不能使每個人都信服，別人也會提出另外一種辦法，這樣就產生了沒有任何論據的爭論。所有的軍事著作中這類例子比比皆是。

只要所提出的手段優點還不夠明顯，不足以達到令人信服的程度，就必須提出我們所說的論據。所謂論據，就是探討兩種手段的特點，並且結合目的進行比較。如果能這樣用簡單的道理來說明問題，那麼爭論就不會無休止地進行下去。

在上例中如果我們不滿足於只提出一個較好的方法，而想進一步證明繼續追擊布呂歇爾要比把矛頭轉向施瓦岑貝格更好，那麼我們就可以提出下列簡單的理由作為論據。

通常在一個方向上連續進攻要比忽東忽西地進攻更為有利，因為採用後一方式會浪費時間，而且敵軍由於損失慘重而士氣沮喪，連續進攻更容易取得新的勝利，能夠充分利用已經取得的優勢。

雖然布呂歇爾的兵力比施瓦岑貝格弱，但由於他敢做敢為，對其他人會產生巨大的影響，因此打垮他比進攻施瓦岑貝格更為重要。

當時布呂歇爾所受的損失幾乎等於慘敗，拿破崙因而占有很大的優勢，要想迫使布呂歇爾一直退到萊茵河邊幾乎是不成問題，因為布呂歇爾在這個方向上沒有值得一提的援軍。

沒有其他結果比由布呂歇爾被迫退到萊茵河邊更能引起恐懼，更容易造成失敗的印象了，特別是使以優柔寡斷出名的施瓦岑貝格產生恐懼和失敗的印象。符騰堡王太子在蒙特羅和維根施坦伯爵在莫爾芒一帶遭到的損失，施瓦岑貝格侯爵肯定相當清楚。如果布呂歇爾在從馬恩河到萊茵河這條完全孤立和被隔離的戰線上遭到失敗，那麼這個消息就會像雪崩一樣傳到施瓦岑貝格那裡。拿破崙為了以威脅性的戰略迂迴來影響聯軍，在三月底向維特里進軍，這一絕望的行動顯然是以恐嚇為目的，但那時情況已經完全不同了，拿破崙已經在郎城和阿爾西兩地遭到了失敗，而布呂歇爾已經率領十萬大軍與

施瓦岑貝格會師了。[9]

　　當然，一定會有人沒有被上述理由所說服，但是他們至少不能反駁說：如果拿破崙繼續向萊茵河前進，威脅施瓦岑貝格的基地，那麼施瓦岑貝格也會威脅巴黎，即拿破崙的基地。而我們透過上述理由想證明，施瓦岑貝格根本不會向巴黎進軍。

　　讓我們再回到前面舉過一七九六年的戰役。拿破崙認為他所採取的方式是擊潰奧軍最可靠的方法，即使確實如此，他所能得到的也只不過是虛有其名的勝利而已，對攻陷芒托瓦並沒有起到顯著的作用。我們認為，我們提出的方法用來阻止解圍要可靠得多。假使我們也像拿破崙那樣，不認為這個方法更為可靠，甚至認為採用這個方法獲勝的把握更小，那麼問題就回到這兩種作戰方式的對比上來：一種方式是獲得勝利的把握較大，但所能得到的好處不大，也就是說效果較小；另一種方式雖然獲得勝利的把握較小，但效果卻大得多。如果這樣來權衡得失，有膽略的人就一定會贊成後一種方式，而從表面上看問題的人，就會有恰恰相反的看法。拿破崙肯定不是膽小的人，但是毋庸置疑，他不可能像我們現在這樣，可以從歷史經驗中認清當時的情況，並看到事件可能的結果。

　　考慮手段時引用戰史是很自然的事情，因為在軍事藝術中經驗要比一切哲理有價值得多。但是，這種歷史的引證當然有它特定的條件，這一點我們將在第六章〈關於史例〉論述。只是人們很少注意這些條件，引用歷史大多只會增加概念上的混亂。

　　現在還要考察一個重要問題，即批判者在判斷某一事件時，在多大程度

9　一八一四年三月初，布呂歇爾休整完畢後向拉費爾特前進，準備和比羅將軍會合進攻巴黎。拿破崙趕來將布呂歇爾趕過安納河，但在郎城進攻布呂歇爾受挫。三月十一日拿破崙留一部兵力監視布呂歇爾，自率主力東進，三月二十日於阿爾西與施瓦岑貝格遭遇，因眾寡懸殊戰敗。拿破崙於絕望中向維特里方向前進，企圖威脅聯軍後方。此時布呂歇爾已回到夏龍與施瓦岑貝格靠攏。聯軍決定由施瓦岑貝格和布呂歇爾各率一路主力直取巴黎，由俄國沃東庫爾將軍率一萬騎兵在後方掩護。三月二十六日，拿破崙於聖迪濟埃攻擊聯軍，只見騎兵不見主力，急忙趕回巴黎，但聯軍早在三月三十一日進入巴黎。

上可以利用對事物比較全面的了解，即利用已證明的事情來考慮問題；或者說在什麼時候和什麼場合必須拋開這些東西，完全站在當事者的立場上考慮問題。

　　如果批判者想要讚揚或者指責當事者，他們必須盡可能地完全站到當事者的立場上去，也就是說，一方面必須去蒐集當事者所知道的一切情況和產生行動動機的一切情況，另一方面又必須拋開當事者當時不可能知道和不知道的一切情況。不過，這僅僅是人們努力追求的目標，實際上不可能完全達到，因為產生某一事件的具體情況，在批判者眼裡和在當事者眼裡絕不會完全相同。有一些可能影響當事者決心的細瑣情況已無從查考，有一些主觀的動機也從來沒有提到過。這些主觀動機只能從當事者本人或與他十分親近的人的回憶錄中去了解，但是在回憶錄中關於這方面的問題往往寫得很不詳細，或是有意不寫實情。因此，當事者所了解的必然有許多是批判者不可能知道的。

　　另一方面，批判者比當事者了解得多，這種情況無法避免。如果要忽略偶然發生的事情，即與事件本質沒有聯繫的事情，那還比較容易，但是，要無視一切重大的事情就非常困難了，而且不可能完全做到。

　　我們先談談結果。如果結果不是偶然產生的，那麼知道結果以後再判斷產生結果的事物，就幾乎不可能不受已知結果的影響，因為我們是在知道結果的情況下觀察這些事物，而且其中有的部分只有參照結果才能完全了解並給予評價。戰史的所有現象對批判來說都是教訓的源泉，批判者很自然會用全面考察歷史所得到的知識來闡明事物。因此，他有時雖然想拋開結果，但卻不能完全做到。

　　不僅對結果是如此，對事前發生的情況，也就是對那些決定行動的情況也是如此。這方面的材料在大多數情況下批判者要比當事者知道得多，也許有人認為完全拋開多知道的那些情況很容易，但實際上並非如此。當事者對事前和當時情況的了解不是只靠確實的情報，還要根據大量的推測或假定，即使要了解的情況不完全是偶然的，也幾乎都是先有假定或推測，爾後才有情報，因此在得不到確切的情報時，就只有用推測或假定來代替了。不難理

解，實際上已經知道事前和當時情況的後世批判者，當他在考慮當事者不了解的情況中，哪些情況的可能性較大時，他本來不應該受多知道的情況影響。可是我們認為，要想完全拋開多知道的情況，如同要拋開結果一樣，是不可能的，原因同上。

批判者讚揚或指責某一具體行動時，站到當事者立場上去是有一定限度的。在很多情況下，批判者能夠滿足實際要求，但在有些情況下，卻完全不能滿足，這一點不能不注意到。

但是要求批判者與當事者完全一致，既不必要也不可取。戰爭像其他活動一樣，需要的是經過鍛鍊的稟賦，這樣的稟賦稱為造詣。當事者的造詣有高有低，高的可能比批判者還高，哪個批判者敢說自己具有像腓特烈大帝或拿破崙這類人物的造詣呢？批判一個具有偉大才能的人，批判者比當事者知道得多。所以批判者在批判偉大的統帥，不能像驗證算術例題那樣，用偉大統帥用過的材料檢驗他完成任務的程度，而是必須根據偉大統帥所取得的結果和他對事件的準確估計，來鑒賞他卓越的天才活動，了解他天才眼光所預見到事物本質的聯繫。

即使是面對智力活動最微不足道的展現，批判時也必須站在較高的立足點，以便掌握豐富客觀的判斷根據，盡量避免主觀，避免把批判者自己有所侷限的標準作為批判的尺度。

批判時站在較高的立足點上，根據對問題的全面了解給予讚揚和指責，這本來不致引起人們的反感，但是如果批判者想突出自己，把經過全面了解以後所獲得的高超見解，都說成是自己的天才，那就會使人反感了。儘管這種騙人的做法很容易看穿，但是虛榮心卻很容易誘使人們這樣做，因此很自然地會引起別人的不滿。更為常見的是，批判者完全不是有意要自吹自擂，只是沒有特別注意防範，以致被性急的讀者認為是自誇而立即予以非難，說他不具有批判能力。

當批判者指出像腓特烈大帝或拿破崙這類人物的錯誤時，並不是說批判者本人就不會犯這種錯誤，他甚至可能承認，如果他自己處於這些統帥的地位，也許會犯更大的錯誤；這只是說他根據事物的聯繫發現了這些錯誤，並

指出當事者用自己的智慧本來應該要察覺這些錯誤。

　　這就是根據事物之間的聯繫，並且也同時參照結果進行的判斷。但如果只簡單地用結果來證明某種措施是否正確，結果對判斷就有一種完全不同的作用。這種判斷，我們可以稱為根據結果進行的判斷。初看起來，這種判斷似乎是完全無用的，但實際上並非如此。

　　像一八〇七年弗里德蘭會戰後拿破崙迫使亞歷山大皇帝媾和，[10]以及一八〇五和一八〇九年奧斯特里茨和瓦格拉木會戰後迫使法蘭茲皇帝媾和一樣，[11]一八一二年拿破崙進軍莫斯科時，一切都取決於能否透過占領首都和以戰場上的勝利迫使亞歷山大皇帝媾和。如果他在莫斯科不能迫使亞歷山大皇帝媾和，那麼他除了撤兵以外就沒有別的辦法，這也是說他戰略上的失敗。我們既不想談拿破崙為了到達莫斯科曾做了些什麼，他是否錯過了很多機會可以促使亞歷山大皇帝下決心媾和，我們也不想談拿破崙在撤退時是如何狼狽不堪，產生這種情況的原因也許就在於這次戰役的指揮。[12]但問題依然如故，即

---

10 在一八〇七年第四次反法聯盟戰爭中，俄國本尼格森將軍所部於六月十三日退至弗里德蘭。六月十四日拿破崙發起進攻，俄軍大敗，撤回涅曼河東岸。俄皇亞歷山大一世和普王腓特烈·威廉三世被迫求和。七月七日至九日於提爾西特簽訂和約，根據和約普魯士喪失了大片領土（包括易北河以西全部領土），賠款一億三千萬法郎，常備軍在十年內不得超過四萬二千人。俄國同意參加大陸封鎖，與法國結成同盟，因而得到了過去屬於普魯士的比亞威斯托克。

11 一八〇五年法軍從萊茵河、美茵河以及義大利進攻奧地利。一八〇五年十月，拿破崙於烏爾姆殲滅奧軍一部，十一月擊退奧俄聯軍，十一月十三日進占奧京維也納，十一月十九日渡過多瑙河，十二月二日於奧斯特里茨戰敗奧俄聯軍。迫使奧皇於十二月二十六日簽訂普雷斯堡和約。和約規定，奧國將威尼斯、伊斯的利亞、達爾馬戚亞割讓給義大利王國，並承認拿破崙為義大利王國國王，奧國賠款五千萬法郎。一八〇八年，法軍進攻西班牙，一八〇九年初奧地利乘機向法國發動戰爭。四月二十二日雙方於雷根斯堡進行會戰，五月二十一至二十二日於阿斯波恩進行會戰。七月五至六日奧軍在瓦格拉木會戰中大敗。七月十一日奧皇求和，十月十四日於維也納簽訂和約。和約規定：奧國將薩爾斯堡割讓給巴伐利亞王國，參加大陸封鎖，常備軍不得超過十五萬，賠款八千五百萬法郎。

12 恩格斯在一八五八年一月所著〈博羅迪諾會戰〉一文中寫道：「如果當時拿破崙把近衛軍投入戰鬥，那麼，根據托爾將軍的說法，俄國軍隊無疑會被殲滅。但是拿破崙不敢以其最後的預備隊——他軍隊的核心和支柱來冒險，可能因此而錯過了在莫斯科簽訂和約的機會。」參閱《馬克思恩格斯軍事文選》第一卷，第三四〇頁。

使拿破崙在進軍莫斯科的過程中獲得了更輝煌的戰果，仍然不能肯定亞歷山大皇帝會感到恐懼而媾和，即使撤退時的損失並不那樣慘重，但總是戰略上的一個大失敗。如果一八一二年亞歷山大皇帝簽訂了不利的和約，那麼這次戰役也就可以與奧斯特里茨、弗里德蘭和瓦格拉木會戰相提並論了。相反，如果這幾次會戰沒有簽訂和約，拿破崙可能也會遭到類似一八一二年的慘敗。因此不管這位世界征服者如何努力、如何機敏、如何明智，決定戰爭最終命運的問題依然如故。難道人們根據一八一二年戰役的失敗，就可以否定一八○五、一八○七和一八○九年的戰役，斷言這幾次戰役都是不智之舉，其勝利不是理所當然的？難道人們就可以認為一八一二年的結果才是戰略上理所當然，才是幸運沒有起作用？這種看法恐怕是非常勉強，這種判斷恐怕是非常武斷，可能有一半是沒有根據的吧！因為沿著事件之間的必然聯繫，沒有人能夠看到戰敗君主的決心。

然而我們更不能說，一八一二年戰役本來應該取得與前幾次戰役相同的結果，沒有取得這種結果是某種不合理的原因造成的。我們不能把亞歷山大皇帝的頑強看成是不合理的。

比較恰當的說法是，拿破崙在一八○五、一八○七和一八○九年對敵人的判斷是正確的，而在一八一二年對敵人的判斷是錯誤的，在前幾次戰役中他做對了，而在一八一二年他做錯了。我們之所以這樣說，因為結果是這樣告訴我們的。我們說過，戰爭中一切行動追求的都只是可能的結果，而不是肯定的結果。那些不能肯定得到的東西，就只好依靠命運或者幸運去取得。當然，人們可以要求盡量少依靠幸運，但並不是說不確定性最少的情況總是最好的。假如要這樣說，那就和我們的理論觀點有極大的牴觸。在有些情況，最大的冒險倒表現了最大的智慧。

在當事者不得不依靠機遇的情況下，他個人似乎既沒有任何功勞，也不負任何責任。儘管如此，當我們看到他的希望實現時，就抑制不住內心的興奮，看到他的希望落空時，又會感到不愉快。當我們從成功經驗做出——或更確切地說從中找到——對當事者行事正確與否的判斷，這裡就說明了這種做法的意義。

　　不能否認，當事者的希望實現時所以令人興奮，落空時所以令人不快，是由於存在著一種模模糊糊的感覺，似乎憑幸運得來的結果和當事者的天才之間有一種微妙、不易察覺的聯繫，我們也很樂意設想這種聯繫確實存在。如果一個當事者經常勝利或失敗，我們對他的感覺就會逐漸加深而趨於固定，這就證明了上述見解。從這裡可以看出，為什麼幸運在戰爭中要比在賭博中高貴得多。一個幸運的軍事家只要在其他方面沒有損害我們對他的好感，那麼我們就樂意考察他的事跡。

　　在批判時，當人的智力所能推測和論證的一切都已考慮過以後，凡是深藏於事物之中的神祕聯繫，沒有透過明顯的現象表現出來的那一部分，就只能讓結果來說明了。批判者一方面應該維護這種根據結果進行的判斷，使它不受粗暴意見的非難，另一方面應該反對濫用這種判斷。

　　人的智力所不能確定的東西，必須根據結果進行判斷。在確定精神力量及其作用時就是採用這種判斷，這一方面是因為智力很難可靠地判斷精神力量。另一方面，精神力量與意志的關係很密切，很容易左右意志。如果恐懼或勇氣左右了決心，那麼它們之間就找不出任何客觀的東西，因而在憑智慧和推測來判斷可能的結果時，就沒有任何東西可作根據。

　　現在我們還必須考察批判的工具，即批判時使用的語言，因為批判時使用的語言與戰爭中的行動是一致的。檢驗性的批判無非是一種思考，它和行動以前應該做的思考是一樣的。批判時所使用的語言和戰爭中的思考具有同樣的特點，這一點特別重要，否則，它就會失掉實際意義，不能成為使批判走向現實的橋樑。

　　我們在考察作戰理論這一問題時已經說過，理論不應該給指揮官提供死板的條文和體系，成為他們智力活動使用的工具，理論應該培養戰爭中指揮官的智力，或者更確切地說，在培養過程中起指導作用。如果說在戰爭中判斷某一具體情況時，不需要也不允許像幾何學那樣使用輔助線，如果說在這裡真理不是以體系的形式表現出來，如果說真理不能間接地發現，只能直接地由天賦的洞察力發現，那麼在批判的考察中也應該如此。

　　我們已經看到，凡是事物的性質必須用冗長的道理才能確定時，在批判

時就不得不依靠理論上已經確定的真理。當然在戰爭中當事者遵循這種理論上的真理時，只是領會這些真理的精神，而不把它們看作外在的、僵硬的法則。同樣，在批判中也不應該把這種真理當作外在的法則，或使用時完全不必重新論證的代數公式，而應該領會真理的精神，至於更精確和更詳盡地證明這些真理，那可以由理論去進行。這樣批判時就能避免使用隱晦不明的語言，就可以運用簡潔的語言和清楚明白的觀念。

當然批判者在表達時不是總能完全做到這一點，但他應該努力這樣做。在表達時應該盡量避免運用複雜的詞句和概念，絕不要把輔助線當作萬能的工具來使用，必須讓不受任何體系限制的天賦洞察力來闡明一切。

然而可惜的是，到目前為止，只在極少數的批判考察中能夠看到這種虔誠的努力，而在大多數考察中，卻由於某種虛榮心的驅使，充滿了炫耀自己博學多才的現象。

在批判中常見的第一種弊病是，把某種片面體系當作金科玉律，濫用到令人難以容忍的地步。不難指出這類體系的片面性，而且一經指出，它將永遠失去它那法官判詞般的威嚴。在這裡我們只牽涉到一定的對象，這樣片面的體系畢竟為數不多，因此危害也不大。

另一種較大的弊病是濫用名詞、術語和比喻，它們就像宮廷侍衛一樣尾隨於各種體系之後，又像地痞流氓和散兵游勇一樣，到處晃晃蕩蕩，橫衝直撞。雖然有些批判者對任何一種體系都不滿意，或者沒有完整地學會任何一種體系，因而還不能完整地使用一套體系，但是他們有時仍然想從這些體系中至少抓一鱗半爪，作為根據指出某一統帥行動的缺點。他們大部分人如果不到處從軍事理論中抓住一些片斷當作根據，就根本不能進行批判。這些片斷中最小的就是術語和比喻，只能用作批判論述的點綴品。原屬於某個理論體系的名詞術語，一旦從原來的體系中被抽出來，當作一般的公理，或者當作比普通語言更有說服力的真理小結晶體使用，就會失去原有的正確性。

因此發生了這樣的情況：理論書籍和批判書籍不是運用樸實、簡單的思考方式，在這樣的行文中，作者至少還知道自己說的是什麼，讀者還了解自己讀的是什麼，而是與此相反，充滿了隱晦不明和易生歧義的術語，以致讀

者和作者的理解很不一致。更糟糕的是名詞術語往往像那些無核的殼子一樣空洞無物，甚至連作者自己也不清楚想用它們說明什麼，他們安於模糊的觀念，這些觀念在他們看來是無法用樸實語言來表達的。

在批判中常見的第三種弊病是濫舉史例，炫耀自己博學多才。我們在前面已經講過歷史對軍事藝術起什麼作用，下面我們還想用專門的章節談談戰例和戰史。一個史實如果未經深入研究便加以引用，也可能被人用來證明完全相反的觀點。如果從相隔很遠的時代或國家中，從極不相同的情況中抽出三、四個史例拼湊在一起，往往只能引起判斷上的模糊和混亂，絲毫也沒有說服力。只要仔細地考察一下，就可以看出它們大多沒有用處，只不過是作者用以顯示自己博學多才的道具。

這些模模糊糊、似是而非、混淆不清、隨意杜撰的概念對於實際生活有什麼好處呢？幾乎沒有任何好處。理論只要用了這樣的概念，就始終與實踐對立，往往被能征善戰的將帥嘲笑。

但如果理論能夠切實地考察作戰的各種問題，用簡潔的語言確定並表達能夠確定的東西，摒棄錯誤的念頭，避免濫用科學形式和歷史引證粉飾自己，堅持實事求是的原則，密切關注在戰場上依靠洞察力指揮作戰的人，那麼理論就不致產生上述種種弊病了。

第六章
關於史例

　　史例可以說明一切問題，在經驗科學中，史例最具說服力。尤其在軍事藝術中更是這樣。沙恩霍斯特將軍在他寫的《野戰》手冊中，充分敘述了真正的戰爭，他認為史例在軍事藝術中極為重要，而且他令人欽佩地在手冊中運用了史例。如果他不死於那次戰爭的話，就能把《砲兵手冊》第四部分修改完畢，給我們提供更為出色的證明，說明他是以怎樣的研究精神從經驗中吸取教訓。[1]

　　但一般理論家很少能這樣運用史例，他們運用史例時，多數情況下非但不能幫助讀者，反而會妨礙讀者理解問題。因此正確地運用史例和防止濫用史例是很重要的。

　　軍事藝術基礎的各種知識，無疑都屬於經驗科學。雖然這些知識大部分是透過認識事物性質而獲得，但這些事物性質多半只有透過經驗才能認識。而且這些知識的運用方式在各種具體情況下是有變化的，僅僅根據手段的性質，不可能充分認識其作用。

　　火藥這種現代軍事活動的巨大動力，其作用只有透過經驗才能認識到。人們現在還在不斷地透過試驗做更進一步的研究。子彈由於有了火藥，其速度可以達到每秒一千英尺，可以殺傷它所碰到的任何生物。這是不言而喻、無須再透過經驗就可以知道的事情。但是還有數以百計的其他條件更精確地決定這種作用，其中有些條件只有根據經驗才能認識。而且物質作用並不是

1　《砲兵手冊》共分四卷，沙恩霍斯特生前只完成了三卷，第四卷沒有出版，是後人在他的遺稿中找到的。第一卷談砲兵理論和經驗，第二卷談火砲的結構，第三卷談砲兵的訓練和野戰砲兵的作用。

我們唯一應該注意的問題，我們也應該探討精神作用，要認識精神作用並給予評價，除了根據經驗以外，沒有任何其他方法。在中世紀，火器剛剛發明時，由於構造不夠完善，它的物質作用自然要比現在小得多，但是精神作用卻比現在大得多。要想了解久經鍛鍊、透過多次勝利而對自己有最高要求的軍隊能夠做些什麼，就必須看到拿破崙在東征西戰時所培養和指揮的那些軍隊在持久猛烈的砲火中表現出來的頑強。人們單憑想像是絕不會相信這些的。另一方面，經驗還告訴我們，在歐洲軍隊中現在還有一些幾發砲彈就能打亂的軍隊，如韃靼人、哥薩克人和克羅埃西亞人的軍隊就是這樣。但是任何一種經驗科學，其提出的真理不總是會有史例佐證，軍事藝術的理論也是如此。假如每一個真理都要用史例來佐證，就會過於繁瑣，另一方面也是由於用單一的現象難以論證經驗。如果在戰爭中發現某種手段極為有效，那麼這種手段就會被反覆使用。由於此行彼效，這種手段就可能流行一時。這樣，這種手段就透過經驗得到了廣泛的運用，並在理論中占有了地位，在這種情形下，理論只是一般地引用經驗說明手段的由來，並不加以論證。但如果要引用經驗來否定某種常用的手段，指出值得懷疑的手段，或者介紹一種新的手段，情況就完全不同了。這時必須從歷史中舉出實例來證明。

　　如果我們進一步考察一下史例的運用，那麼很容易發現運用史例要著眼於以下四點：

　　第一，史例可以單純說明某種思想。在一切抽象的考察中，作者的思想很容易被人誤解或者根本不為人們所理解，如果作者擔心發生這種情況，就可以引用史例來說明自己的思想，以保證讀者能正確理解作者的意願。第二，用史例可以幫助說明某種思想的運用，因為引用史例可以指出細瑣問題的處理情況，而在一般敘述思想時不可能把這些情況完全包括進去。這也正是理論和經驗之間的區別。第三，引用史實可以證明自己的觀點。如果只是想證明某種現象或結果的可能性，那麼使用這種方法就足夠了。第四，詳細敘述某一史實或列舉若干史實可以得出教訓，這時史實本身就提供了真正的證明。作第一種使用時，大多只要簡單地提出事例就夠了，因為人們只是使用事例的一個方面，甚至事例的歷史真實性都是次要的，舉一個虛構的例子

也未嘗不可。不過史例總是有優點，它比較實際，能使它所說明的思想更接近實際生活。作第二種使用時，必須比較詳細地敘述事例，不過正確性在這裡也是次要的，理由和第一點相同。作第三種使用時，大多只要舉出確鑿無疑的事實就夠了。如果有人提出一個論點，認為築壘陣地在一定條件下能夠發揮應有的作用，那麼只要舉出邦策爾維茨陣地這個例子就可以證明這個論點了。[2]

但如果敘述某種歷史事實是要證明某種一般的真理，那麼就必須確切而詳盡地闡述與這個論點有關的一切，必須把史實毫無遺漏地展示在讀者的眼前。這一點做得越差，證明力就越小，就越有必要透過許多事實來彌補這一缺點，因為人們相信，無法敘述一個事實的詳細情況時，可以引用其他作用相當的事實來補救。

如果想用經驗證明騎兵配置在步兵後面比配置在翼側為好，那麼只舉幾次會戰為例是不夠的；如果想要證明，在沒有掌握絕對優勢的情況下，無論在會戰中還是在戰區內，也就是說，無論是戰術上還是戰略上，分兵幾路包圍敵人都是非常危險的，只舉利佛里會戰或瓦格拉木會戰的例子，[3]或者只舉一七九六年奧軍進攻義大利戰區或同年法軍進攻德意志戰區為例是不夠的。[4]

....

2　邦策爾維茨築壘陣地在西里西亞附近，是普魯士國王腓特烈大帝於一七六○年命令構築的野戰築城工事。在七年戰爭後期，他的軍隊曾數次藉以抵抗俄國和奧地利的優勢軍隊。

3　一七九七年一月，奧地利阿爾文齊將軍率領軍隊分三路沿北義大利的加爾達湖東側地區南下進攻法軍，企圖救援一七九六年被拿破崙圍困在芒托瓦的烏爾姆塞爾軍隊。拿破崙前來迎擊，一月十四日晨在利佛里進攻奧軍中央縱隊。最初，奧軍兩翼的兩個縱隊迂迴拿破崙的部隊，造成了對拿破崙不利的態勢。但法國援軍攻入東路奧軍的後方，幾乎全殲這一路奧軍。奧軍被迫全線北撤。十五日晨法軍轉入追擊。奧軍的解圍企圖被打破。一八○九年拿破崙占領奧京維也納後，七月初渡過多瑙河，五日至六日與卡爾大公的軍隊於瓦格拉木附近會戰。第一日未分勝負。第二日卡爾大公進行兩翼包圍，右翼（約三分之一兵力）的推進使法軍受到威脅。但由於中央兵力薄弱，被法軍突破，左翼被法軍包圍，援軍沒有趕到，因而失敗。奧地利被迫簽訂維也納和約。

4　一七九六年拿破崙率領的法軍占領北義大利，包圍芒托瓦。奧地利幾次派援軍到北義大利都採用分進合擊的辦法，結果均被拿破崙各個擊破。一七九六年法國對奧地利作戰時，除拿破崙攻入北義大利外，另由朱爾丹和莫羅率兩路軍隊攻入德意志地區。開始時進展順利，後因兩路軍隊相隔太遠（相距達一百四十公里），被奧地利卡爾大公在安堡各個擊破，被迫退回

為了證明這些，還必須敘述當時的一切情況和具體過程，說明上述部署和進攻形式是如何嚴重地造成了不利的結局。這就可以看出，這些形式在多大程度上應該受到否定，這一點必須明確，因為一概加以否定將有損真理。

上面說過，當我們不能詳細敘述一個事實時，可以用若干實例彌補不足，但是不能否認，這是經常會被人濫用的危險辦法。有些人不去詳細地敘述一個事實，只滿足於簡單地提出三、四個事例，這造成了似乎很有說服力的假象。要知道，對有些經常反覆出現的事情，即便舉出一打實例也證明不了任何東西，因為別人同樣也可以很容易地舉出一打結果相反的實例來反駁。如果有人給我們舉出一打多路進攻遭到失敗的戰例，我們也可以給他舉出一打同樣方式獲得勝利的戰例。由此可見，這樣做不可能得出任何結論。

考慮到上述各種不同的情況，就可以知道濫用實例的現象是多麼容易出現。

如果不是從各個方面詳細地敘述一個事件，只是簡單地提示一下，這個事件就好像是從遠處看到的東西，無法分辨它的每一部分，從各方面來看，它的外部形狀都相同。這樣的實例，事實上可以用來證明相互對立的兩方面意見。道恩指揮的幾次戰爭，有些人認為他深謀遠慮、謹慎周到，而另一些人則認為是優柔寡斷、躊躇不前；一七九七年拿破崙越過諾里施阿爾卑斯山的進軍，可以看成是英勇果斷的表現，也可以看成真正輕率魯莽的行為；一八一二年拿破崙在戰略上的失敗，可以說成是過於勇猛的結果，也可以說成是勇猛不足。這些不同意見是由於人們對事物間的聯繫持有不同的看法而產生。但是這些彼此對立的意見不可能都是正確的，其中必然有一方是錯誤的。

我們十分感謝傑出的富基埃爾在他的回憶錄中給我們留下了許多史例，因為他不僅給我們保留下了大量可能湮沒了的歷史材料，而且他第一個透過這些材料使理論觀念（即抽象的觀念）與實際生活有了非常有益的接近，他

萊茵河左岸。

所舉的史例可以看成是對理論觀點的解釋和進一步說明。儘管如此，在沒有成見的現代讀者面前，他很難達到他通常所追求的目的：用歷史事實證明理論上的真理。因為，儘管他對事件有時敘述得比較詳細，可是還遠遠不能說明，他得出的結論都是從事件的內在聯繫中必然產生的。

　　只簡單地提示一下史實還有另一個缺點：如果有些讀者對這個史實不十分熟悉，或者不完全記得，那麼就不能從中領會作者的思想。在這種情況下，讀者要麼是盲目地讚嘆不已，要麼就是根本不信服。

　　就像受到時間和空間的限制一樣，因為受到材料的限制，用史實證明自己的論點而把歷史事件再現或者展示在讀者眼前是件很困難的事情。不過我們認為，要想確立一個新的或不確定的見解，詳盡地敘述一個事件要比簡單地提示十個事件更為有用。粗淺地引用史實，主要弊病不在於作者錯誤地想用這種方法證明某些論點，而在於作者從來沒有認真地了解過這些歷史事件，這樣膚淺而輕率地對待歷史，會產生數以百計的錯誤見解和杜撰理論；如果作者意識到，他提出的新見解和想用歷史證明的一切觀點，都應該自然產生自各種緊密聯繫的事件，就不會出現這些錯誤見解和杜撰的理論了。如果人們認識到運用史例的上述困難，認識到上述要求是必要的，那麼也就會認為，最近的戰史，只要是大家都熟悉和經過研究的，就永遠是選擇史例的最好來源。

　　由於較遠年代的條件不同，作戰方法也不同，因而對我們來說，較遠年代的事件其教育意義和實際意義都比較小。不僅如此，戰史像其他歷史一樣，許多最初清楚細小特徵和情節自然會逐漸湮沒，像圖畫一樣，原來的色彩和生動的形象會逐漸消失，變得色彩暗淡，最後只有偶然遺存的一塊塊顏色和線條，這些顏色和線條卻因此受到過分的重視。

　　如果考察一下現代作戰的情況，我們一定會說，和現代戰爭很相似的，至少在武器方面很相似的，主要是奧地利王位繼承戰爭以來的戰爭。[5]儘管從

5　奧地利王位繼承戰爭（一七四〇至一七四八年）是歐洲封建王朝爭權奪利的戰爭。奧皇卡爾
　　六世逝世後，由女兒瑪麗亞‧特蕾莎繼位。法國、普魯士、巴伐利亞、薩克森、西班牙、薩

那個時期起，戰爭的各個方面都發生了很大變化，但是這些戰爭還是和現代戰爭很相似，我們可以從中吸取教訓。西班牙王位繼承戰爭就完全不同了，[6]當時火器還不太完善，騎兵還是主要兵種。[7]追溯的年代越久遠，戰史內容就越貧乏，記載就越不詳細，用處也就越小，至於古代各民族的歷史，必然是記載最不詳細、用處最小的歷史。

當然，這些史實並不是絕對不能利用，只是在必須詳細說明，或者作戰方法改變的狀況下。不管我們對瑞士人反對奧地利人、勃艮第人和法國人的戰爭過程了解得多麼少，我們仍然能夠看出，在這些會戰中，良好的步兵首度證明自己比最好的騎兵還要優越。[8]只要我們概略地看一看僱傭兵時代就可以知道，作戰的各方面是如何取決於人們具備的條件，在其他任何時代中，軍隊都不像這個時代那樣專業化，都不像這個時代那樣脫離國家和人民的其他生活。在第二次布匿戰爭中，當漢尼拔在義大利還沒有被擊敗時，羅馬人就進攻西班牙和非洲來抵抗迦太基人，這種奇特的方法還很值得我們考察，

丁尼亞、瑞典等結成同盟，藉口不承認特蕾莎的王位繼承權發起戰爭。英國、荷蘭和俄國等則支持奧地利。戰爭前後達八年，普魯士國王腓特烈大帝在西里西亞的軍事行動是這次戰爭的主要事件。一七四八年十月簽訂亞琛和約，奧地利將西里西亞割讓給普魯士，並放棄了在義大利的一些領地，瑪麗亞·特蕾莎的王位得到了承認。

6　西班牙王位繼承戰爭（一七○一至一七一四年）是歐洲封建王朝爭奪領地的戰爭。一七○○年西班牙哈布斯堡王朝最後一個國王死後，法國立路易十四的孫子菲力浦為西班牙王，遭到歐洲列強（英國、奧地利和荷蘭等）的反對，引起了戰爭。最後雙方簽訂了烏德勒支和約和拉什塔特和約。菲力浦的西班牙王位繼承權得到承認，英國從西班牙手中奪得了直布羅陀，從法國手中奪得了北美的許多屬地，奧地利得到了西班牙在義大利和荷蘭的屬地。

7　在西班牙王位繼承戰爭初期，帶刺刀的燧發槍雖然已經用來裝備步兵，但明火槍和長矛尚未完全廢除。當時的燧發槍每分鐘只能發射一至二發子彈（整個會戰中一個兵士只能發射二十四至三十六發子彈），明火槍則每二至三分鐘發射一發。奧地利王位繼承戰爭期間，長矛已完全廢除，步兵武器完成了向火槍的過渡，以騎兵為主已過渡為以步兵為主，縱深隊形已過渡為線式（橫隊）隊形。

8　在中世紀，由騎士組成的騎兵在西歐一直是主要兵種。步兵由於沒有甲冑和適當的戰鬥隊形，只有劍、矛作武器，抵擋不住騎兵的衝殺，被人輕視而衰落。到十四世紀和十五世紀，瑞士步兵使用了便於白刃格鬥的短戟，後來又使用了弩、長矛和火器，他們善於利用地形，巧妙地機動和包圍敵人，屢次擊敗了奧地利和勃艮第的騎士。衰落了數百年的步兵從此又得到復興。

從中得出教訓，是因為我們仍然足夠熟悉當時國家與軍隊的一般狀況，正是這些情況使間接抵抗發揮作用。[9]但是事情越涉及到細節，離一般的情況距離越遠，我們就越不能從遙遠的年代中尋找典型史例和經驗，因為我們既不能對有關事件做適當的評價，也不能用它們來說明現代已經完全改變了的手段。

遺憾的是，各個時代的作家都有援引古代史例的癖好。我們不想談虛榮心和欺騙在這裡面占多大的比重，但也看不到任何幫助別人和說服別人的誠懇願望和努力。我們只能把這樣援引的史例看作是掩蓋缺點和錯誤的裝飾品。

如果能像富基埃爾的願望那樣，完全用史例教別人學習戰爭，那確實是個巨大的功勳。不過，必須先有長期的作戰經驗才能做到這一點，這是需要花費畢生精力的事業。如果有誰甘願從事這樣的事業，但願他像到遠方朝聖一樣，為這一虔誠的計畫做好準備；但願他不惜時間，不怕勞苦，不畏世俗權貴，克服自己的虛榮和自卑，像法國法典上所說的那樣：講真理，只講真理，完全講真理。

9　布匿戰爭（前二六四至前一四六年）是古代兩個最大的奴隸制國家（羅馬和迦太基）爭奪地中海西部的霸權、疆土和奴隸的戰爭，共分三次。第二次戰爭（前二一八至前二〇一年）以迦太基統帥漢尼拔遠征義大利開始。他在特拉西米諾湖戰役和坎尼戰役中屢敗羅馬軍隊。公元前二一一年左右，羅馬統帥西庇阿採取間接抵抗的辦法，進軍西班牙（當時迦太基的領土），占據西班牙東南部，並於公元前二〇四年攻入迦太基本土。漢尼拔被迫從義大利本土救援。公元前二〇二年撒馬戰役中漢尼拔戰敗。次年締結和約，迦太基喪失全部海外領土，交出艦船，不再是一強國。第三次布匿戰爭後，淪為羅馬一行省。

第三篇
戦略概論

第一章
戰略

　　戰略就是為了達到戰爭目的而對戰鬥的運用。戰略雖只直接涉及戰鬥本身，但是因為戰鬥由軍隊實施，所以戰略理論必須同時研究戰鬥的實施者（軍隊本身）以及與軍隊有關的主要問題。戰略理論必須研究戰鬥可能取得的結果和運用戰鬥時具有重要作用的智力和感情力量。

　　戰略是為了達到戰爭目的而運用戰鬥，因此，戰略必須擬制戰爭計畫，為整個軍事行動確定一個符合戰爭目的的目標，並擬制各個戰役的方案和部署各個戰鬥。戰爭計畫大多只能根據那些與實際並不完全相符的預想，許多涉及細節的規定根本不能在事先做好。因此，戰略必須到戰場上去，在現場處理各種細節問題，不斷對整體計畫做必要的修改。所以，戰略在任何時刻都不能停止工作。

　　在擬制計畫時，理論應當為戰略服務，應當闡明事物本身和事物之間的相互關係，突出那些原則和規則。擬定戰略必須具備非凡的洞察力。

　　戰略使用的手段和方式都極為簡單，由於經常反覆運用，已為人們所熟悉，因此，如果評論者頻繁地過分談論它們，在具有一般常識的人聽來，只會覺得可笑。例如，被無數次運用過的迂迴戰法，在這裡被稱為最傑出的天才表現，在那裡被讚為最透徹的洞察力表現，甚至說是最淵博的知識表現，難道這不是評論界最無聊的惡習嗎？

　　更可笑的是，這些評論者根據最庸俗的看法，把一切精神因素都排除在戰略理論之外，只想談物質因素，把一切都侷限在均勢和優勢、時間和空間這幾個數學關係上，侷限在幾個角、幾條線上。這點東西恐怕還不夠用來給小學生出一道數學習題。

　　我們認為，這根本不是什麼科學公式和習題的問題，物質因素的關係

非常簡單，精神力量相對複雜，但只有在戰略的最高範圍，即戰略接近政治和治國之道或者與它合而為一的層次才是錯綜複雜的，它們的種類和關係才是多種多樣的。精神力量對軍事行動規模的影響比對行動方式的影響要大一些。在行動方式占主要地位的地方，例如在戰爭的各個具體行動中，精神力量的影響就減少了。

由此可見，制定戰略非常簡單，但實現戰略並不容易。在戰略計畫確定後，指揮官要堅定不移地沿著這條道路走下去，為把戰略計畫貫徹到底，不僅要有十分堅強的性格，還要有異常清醒和堅定的頭腦。在上千個優秀人物中間，有的可能以智力著稱，有的可能以洞察力見長，有的可能以大膽或意志堅強而出眾，但是也許沒有一個人能兼備所有這些品質，成為非比尋常的統帥。

與戰術相比，指揮官做出重要的戰略決定更需要堅強的意志力，凡是了解戰爭的人不會懷疑這一點。在戰術上，情況變化非常迅速，指揮官好像被捲在漩渦裡一樣，必須冒生命危險與它搏鬥，他只好抑制住不斷產生的種種疑慮，勇敢地冒險前進。在戰略上，一切進行得很緩慢，所有的疑慮、異議和意見，甚至懊悔等都會發生較大的作用。在戰術上，至少有一半的情況是人們親眼所見，但在戰略上一切都必須依靠猜想和揣測，因而信心也就比較小。結果大多數將帥在應該採取行動時卻陷在錯誤的疑慮中。

現在讓我們把目光轉向歷史，看一看腓特烈大帝一七六○年的戰役。[1]這次戰役以出色的行軍和機動而聞名，被評論界稱讚為戰略上的真正傑作。但

1　一七六○年戰役是七年戰爭中第五年進行的戰役，它主要包括里格尼茨會戰和托爾高會戰。一七六○年五月，腓特烈大帝率主力於薩克森與奧地利道恩元帥對峙。七月，西里西亞告急，腓特烈大帝企圖去西里西亞救援，因遭道恩的阻截，遂返回薩克森圍攻德勒斯登，未克。八月，西里西亞再次告急，腓特烈大帝又去西里西亞，被奧軍包圍於里格尼茨，發生里格尼茨會戰，腓特烈大帝突圍成功，獲得勝利。十月，奧俄軍隊進攻柏林，腓特烈大帝從西里西亞回救柏林，中途獲悉聯軍已退出柏林，便進軍薩克森，十一月於托爾高進行會戰，擊敗奧軍。在這一年裡，腓特烈大帝以自己有限的兵力，頻頻進行機動和行軍，與優勢敵人周旋，保持了勢均力敵的狀態。因此，有人把一七六○年戰役稱為行軍機動戰役。

這只是戰術上的成功，腓特烈大帝最大的成功是他在戰略上的英明和智慧。他以有限的力量追求較大的目標時，從不做力不從心的事情，而是採取恰恰足夠達到目的的行動。他這種智慧不僅在這次戰役中可以見到，而且在這位偉大的國王所進行的全部三次戰爭中都有所體現。

他當時的目的是簽訂一個和約來確保占有西里西亞。

腓特烈大帝當時只是一個小國的首腦（這個國家的大部分情況與其他國家相似，只是在行政管理的某些方面較為優越），他不可能成為亞歷山大大帝，如果他想仿效卡爾十二世，也同樣會被擊碎腦袋瓜。[2]所以，他在戰爭中具有一種節制力，能夠始終保持鎮靜，同時又不缺乏衝勁，在危急關頭，能把力量發揮到令人驚異的地步，隨後為了調適政治上哪怕是最微小的變動，還是能繼續保持平靜。不管是虛榮心、榮譽心還是復仇心，都不能使他離開這條道路，正是這條道路引導他走向戰鬥的勝利結局。

這樣幾句話怎麼能夠評價這位偉大統帥在這方面的成就呢！只有仔細觀察這次戰爭所取得的絕妙結局，探討促成這種結局的原因，人們才會深信，正是他敏銳的眼光使他順利地繞過了所有的暗礁。

在一七六〇年戰役中，腓特烈大帝的表現更為突出，因為在任何其他戰役中，都不像在這次戰役中那樣以極少的犧牲與占據絕對優勢的敵人保持了均勢。

使我們欽佩的另一個方面是他克服了策略實行中的困難。從左翼或右翼迂迴敵人，集中自己數量有限的兵力，以便在任何地點都能夠抗擊分散的敵人，用迅速的運動使自己的力量發揮幾倍的作用，這看起來挺簡單。在敵人的眼前行軍，甚至往往在敵軍的砲口下行軍，這是極其危險的，但由於他大膽、果斷和意志堅強，這就絕不輕率。在他那樣的處境下，很少有統帥敢於

2　公元前四世紀，馬其頓國王亞歷山大大帝先後征服波斯、腓尼基、埃及、印度等地，建立了古代最大的帝國——亞歷山大帝國。瑞典國王卡爾十二世在十八世紀初為了爭奪波羅的海霸權和擴張領土，實行窮兵黷武政策，曾多次擊敗俄國、波蘭、薩克森、丹麥等國。一七一八年進攻挪威時，頭部中彈身亡。

使用這樣的戰略手段。

實行中還有另外一個困難，在這次戰役中，腓特烈大帝的軍隊在不斷地運動，還曾兩次在奧國元帥拉西追蹤的情況下尾隨著道恩，沿著難以行走的偏僻道路從易北河向西里西亞行軍（七月初和八月初）。[3]軍隊必須時刻做好戰鬥的準備，由於行軍必須巧妙地進行，軍隊必須忍受極大的勞累。雖然有幾千輛輜重車隨行，甚至妨礙了行軍，但是軍隊的補給仍然極其缺乏。在西里西亞，軍隊在里格尼茨會戰以前，曾連續夜間行軍達八天之久，輾轉在敵人陣地前沿，軍隊得忍受極大的勞累和困苦。[4]

統帥調遣軍隊，不可能像測量員用手轉動等高儀那樣輕而易舉，看到饑渴交加的可憐弟兄們疲憊不堪，指揮官們能不感到揪心嗎？牢騷和怨言能不傳進他的耳朵嗎？一個普通的人能有勇氣提出這樣的犧牲嗎？如果沒有對統帥的偉大和正確有無比的信任，這樣的勞累必然引起士氣低落和紀律鬆弛，破壞軍隊的武德。我們應該尊敬的地方正在這裡，我們應該為之讚嘆的正是這些奇蹟。只有那些親身體驗的人，才能充分領會這一切。那些只從書本上和演習場上了解戰爭的人，是根本不能領會這一切的。

把軍隊部署在某一地點，這只表明在這裡有可能發生戰鬥，並不一定真正會發生戰鬥。這種可能是否可以看作是現實，看作是一種實際的東西呢？當然可以。戰鬥的可能性只要具有效果，就可以看作實際的東西，而戰鬥的可能性總是有效果的，不管效果如何。

....

3　一七六○年戰役中，腓特烈大帝為了救援西里西亞進行兩次行軍。第一次在七月初，當時奧地利的道恩率部搶先進入西里西亞準備阻擊腓特烈大帝。腓特烈大帝於是突然回頭襲擊奧地利的拉西並圍攻德勒斯登。第二次在八月，道恩記取上次教訓，在腓特烈大帝軍隊的右前方，幾乎是平行行軍，並派拉西在普軍後面跟蹤。腓特烈大帝這兩次行軍都是在隨時可能與敵人遭遇的極困難情況下進行。

4　一七六○年，腓特烈大帝從薩克森第二次向西里西亞行軍時，被奧軍阻於里格尼茨。腓特烈大帝頻頻變換陣地，避免會戰。八月十五日，奧軍準備對普軍陣地進行包圍攻擊，勞東部圍攻普軍左翼，不期腓特烈大帝於十四日夜間向東轉移了陣地，所以勞東恰好與普軍主力相遇，被腓特烈大帝擊敗。普軍突圍成功，贏得了會戰。

可能的戰鬥因其效果應該看作是實際的戰鬥

如果派遣一支部隊去截斷逃跑敵人的退路，而敵人沒有進行戰鬥就投降了，那麼正是我們派去的這支部隊準備進行戰鬥，才使敵人做出了投降的決定。

如果我軍占領了敵人一個沒有設防的地區，從而剝奪了敵人大批的補給，那麼，我軍占有這個地區，只是為了使敵人看到：如果他要奪回這個地區，我軍就要和他進行戰鬥。

在上述兩種情況下，戰鬥只是有發生的可能，就已經產生了效果，可能性就成為現實性。假定在這兩種情況敵人以優勢兵力抗擊我軍，迫使我軍不經過戰鬥就放棄自己的目的，那麼，縱然我們沒有達到目的，但我們原定在這裡進行的戰鬥，仍然是有效的，因為它把敵人的兵力吸引來了。即使整個行動失利了，這種部署有一定的效果，只不過這種效果與一次失利的戰鬥效果相似而已。

由此可見，不管戰鬥已實際進行，或者僅僅是做了部署而並未實際發生戰鬥，只有透過戰鬥的效果才能消滅敵人軍隊和打垮敵人。

戰鬥的雙重目的

戰鬥的效果是雙重的，即直接和間接的。如果戰鬥不是直接以消滅敵人軍隊為目的，而是透過其他活動來達到這個目的，儘管有所曲折，但能夠以更大的力量來消滅敵人軍隊，那麼，這種戰鬥效果就是間接的。占領某些地區、城市、要塞、道路、橋樑、倉庫等等，可以是某次戰鬥的直接目的，但絕不是最終目的。它們只是取得更大優勢的手段，目的在於在敵人無力應戰的情況下與他作戰。因此，它們只是中間環節，是通向有效要素的階梯，絕不是有效要素本身。

戰例

一八一四年，拿破崙的首都遭到占領，於是戰爭的目的達到了。從巴

黎開始的政治崩潰局面發生了作用，一條巨大的裂痕使這個皇帝的權勢趨於崩潰。但是，這一切必須按下述觀點來分析：政治上的崩潰急劇地削弱了拿破崙的兵力和抵抗力，聯軍的優勢相對地增長了，拿破崙無法再進行任何抵抗，這樣，才有可能與法國媾和。假如當時聯軍的兵力由於外在原因遭到了同樣的削弱而喪失優勢，那麼，占領巴黎的全部效果和重要性也就消失了。

　　我們應當考慮到敵我雙方在戰爭和戰役中每一時刻發起的大小戰鬥產生的效果，只有這樣，在制定戰役計畫或戰爭計畫時才能確定一開始應該採取哪些措施。

　　如果不這樣看問題，就會對其他活動做出錯誤的評價。

　　戰爭或戰爭中的各個戰役是由相互銜接的一系列戰鬥組成，占領某些地點或未設防的地區只是一系列事件中的一個環節，在戰爭中只有最終的結局才能判斷各次行動的得失。

　　如果指揮官的智力始終集中在一系列戰鬥上，只要能夠事先預見到這些戰鬥，那麼他就始終是在通往目標的筆直道路上行進，這樣，智力就以恰如其分、不受外界影響的速度運作，也就是說，意願和行動就有了一種恰如其分、不受外界影響的動力。

第二章
戰略要素

　　戰略要素可區分為以下幾類：精神要素、物質要素、數學要素、地理要素和統計要素。

　　精神素質及其作用所引起的一切屬於第一類；軍隊的數量、編成、各兵種的比例等等屬於第二類；作戰線構成的角度、向心運動和離心運動（只要它們的幾何數值是有計算價值的）屬於第三類；制高點、山脈、江河、森林、道路等地形的影響屬於第四類；一切補給手段等屬於第五類。這些要素在所有軍事行動中大多是錯綜複雜並且緊密結合在一起的，因此，如果有人想根據這些要素來研究戰略，是一種最不幸的想法。他必然會在脫離實際的分析中迷失方向，就像在夢中從抽象的橋墩向現實世界架橋一樣，必然會徒勞無益。但願上天保佑，不要有哪個理論家做這樣的開端。我們絕不想離開整個現實世界，也絕不想使我們的分析超過讀者對我們的思想所能理解的程度。我們的思想並不是從抽象研究中得來的，而是得自於整個戰爭現象給我們的印象。

第三章
精神要素

精神要素是戰爭中最重要的問題之一。精神要素貫穿於整個戰爭領域，它們與推動和引導整個物質力量的意志緊密地結合在一起，彷彿融合成一體，因為意志本身也是一種精神要素。

軍隊的武德、統帥的才能和政府的智慧以及其他精神素質，作戰地區的民心，勝利或失敗產生的精神作用，這些東西本身各不相同，對戰爭產生極不相同的影響。

這些問題屬於軍事藝術理論的範疇。如果有人墨守成規，把一切精神要素都排除在規則和原則之外，一遇到精神要素，就把它作為例外，那麼這只能是一種可憐的哲學。

戰略理論也不應該把精神要素排斥在外，因為物質力量的作用和精神力量的作用是完全融合在一起的，不可能像用化學方法分析合金那樣把它們分解開。戰略理論為物質力量制定每條規則時，都必須考慮精神要素可能占有的比重，否則，規則就會變成絕對的條文，有時顯得小心翼翼而侷限性很大，有時又超乎尋常的寬泛。即使完全不想涉及精神內容的理論，也必然會不知不覺地觸及精神領域，因為不考慮精神的影響，任何問題都根本得不到說明，例如勝利所產生的作用。本篇論述的大部分問題，既涉及物質的因素和作用，又涉及精神的因素和作用，物質的因素和作用不過是本質的刀柄，精神的因素和作用才是貴重的金屬，才是真正的鋒利的刀刃。

歷史最能證明精神要素的價值和驚人的作用，這正是統帥能夠從歷史中吸取的最寶貴、最純真的精神養料。我們本來可以詳盡地考察戰爭中各種最主要的精神現象，並且像勤勉的講師那樣仔細地探討每一種精神現象的利弊。但是，這樣做就很容易陷入一般和平庸的境地，在分析過程中容易忽視

實質，不知不覺地只注意那些人所共知的東西。因此，我們在這裡寧願採用不全面和不完整的敘述方法，使大家普遍注意到這個問題的重要性，並指出本篇所有論點的精神實質。

第四章
主要的精神力量

　　主要的精神力量指統帥的才能、軍隊的武德和軍隊的民族精神。這幾種主要的精神力量中哪一種價值較大，任何人都不能籠統地加以確定，因為要指出它們各自的價值就已經很困難了，要比較它們價值的大小，那就更加困難了，最好的辦法是對它們中間的任何一種都不要輕視。

　　現代歐洲各國軍隊在技能和訓練方面差不多都達到了相同的程度，作戰方法也基本一致。就目前的情況來看，軍隊的民族精神和戰爭經驗在戰爭中有著更大的作用。

　　軍隊的民族精神（熱情、狂熱、信仰和信念），在山地戰中表現得最為明顯，這時，自上而下直至每個士兵都必須獨立活動。因此，山地是民兵最合適的戰場。

　　軍隊熟練的技能和經過鍛鍊的勇敢精神（它使軍隊緊密地團結在一起，就像一塊熔合的金屬一樣），在開闊的平原上能得到最充分的發揮。

　　統帥的才能在複雜的地形上和丘陵地上最能發揮作用。在山地，統帥很少指揮單獨的部隊，要指揮所有的部隊又力所不及；在開闊的平原上，指揮軍隊過於簡單，不能充分施展他的才能。

　　在擬定作戰計畫時應該考慮上述這些明顯的關係。

第五章
軍隊的武德

　　武德不同於單純的勇敢，更不同於對戰爭事業的熱情。勇敢固然是武德必要的組成部分，但是，軍人的勇敢不同於普通人的勇敢，普通人的勇敢是一種天賦的性格，而軍人的勇敢是透過訓練和習慣養成培養出來的。軍人的勇敢必須擺脫個人勇敢所固有的那種不受控制和隨心所欲地顯示力量的傾向，他們必須服從更高的要求：服從命令、遵規守紀、講究方法。對戰爭事業的熱情，雖然能使武德增添生命力，使武德的火焰燃燒得更旺盛，但並不是武德必要的組成部分。

　　戰爭是一種特殊的事業（不管它涉及的方面多麼廣泛，即使一個民族所有能拿起武器的男子都參加這個事業，它仍然是一種特殊的事業），它與人類生活的其他各種活動是不同的。武德表現在個人身上就是：深刻了解這種事業的精神實質，鍛鍊、激發和吸取那些在戰爭中起作用的力量，把自己的全部智力運用於這個事業，透過訓練，使自己能夠確實而敏捷地行動，全力以赴，從一個普通人變成稱職的軍人。從事戰爭的人只要還在從事戰爭，就永遠會把與自己一起從事戰爭的人看成是一個團體，而戰爭的精神要素，主要是透過這個團體的規章、制度和習慣養成固定起來的。事實上也確實如此。因此，我們絕不能輕視軍隊中的這種團體精神。這種團體精神就如同一種黏合劑，把各種精神力量黏結在一起，組成武德的那些晶體，要依靠這種團體精神才能比較容易地凝結在一起。

　　一支軍隊，如果在極猛烈的砲火下仍能保持正常的秩序，永遠不為想像中的危險所嚇倒，在真正的危險面前也寸步不讓；在勝利時感到自豪，在失敗的困境中仍能服從命令，不喪失對指揮官的尊重和依賴；如果它在困苦和勞累中仍能像運動員鍛鍊肌肉一樣增強自己的體力，把這種勞累看作是致

勝的手段，而不看成是倒楣晦氣；如果它只抱有保持軍人榮譽這樣一個唯一的簡短信條，而不忘上述一切義務和美德，那麼，它就是一支富有武德的軍隊。

但是，即使沒有這種武德，也可以像旺代人那樣出色地戰鬥，像瑞士人、美國人和西班牙人那樣完成偉大的事業，甚至可以像歐根親王和馬爾波羅公爵那樣，率領沒有武德的常備軍而同樣取得勝利。[1]因此不應該說，沒有武德就不可能取得勝利。事實上武德並不是一切。武德是一種可以單獨考慮的特殊精神力量，它的作用是可以估計的，如同一件工具一樣，它的力量是可以計算出來的。

在闡述了武德的特點以後，我們談一談武德的作用以及獲得武德的途徑。

武德與軍隊各部分的關係就像統帥的天才與軍隊的整體的關係一樣。統帥只能指揮軍隊整體，不能指揮軍隊的各個單獨部分。統帥指揮不到的部分，就必須依靠武德。選拔統帥應該依據他的卓越品性所享有的聲譽，而選拔大部隊的主要指揮官則應該經過仔細的考察，指揮官的職位越低，這種考察可以越少，對個人才能的要求也可以相應地降低，由相應的武德來代替。一個武裝起來作戰的民族的勇敢、機智、刻苦和熱情等天賦性格，也可以有同樣的作用。這些性格可以代替武德，反之亦然。從這裡可以看到以下兩點：第一，只有常備軍才具有武德，也只有它最需要武德。第二，民兵天賦的性格，在戰爭時可以代替武德，而且在戰爭時期發展較快。

常備軍在對民兵作戰時，比對常備軍作戰時更需要武德，因為在這種情

1　旺代是法國西部的一個郡，一七九三年，該地農民在反動教會和保皇分子的唆使下進行了反革命暴動，暴動繼續了三年，直至一七九五年才被鎮壓下去。瑞士人，指中世紀瑞士的自由農民和山區牧民組織起來的步兵，他們勇敢並善於利用地形，曾多次戰勝勃艮第和奧地利的貴族騎士。美國人，指美國獨立戰爭時的美國士兵，雖然未受正規訓練，但善於使用散兵隊形作戰，打敗了英國殖民主義者。西班牙人，指拿破崙占領下的西班牙人民，曾展開大規模的游擊戰爭，給法國侵略者以沉重的打擊。十七、十八世紀奧地利統帥歐根和英國統帥馬爾波羅公爵所指揮的軍隊，雖然都是一些雜亂的隊伍，但能夠經常獲得勝利。

況下，兵力比較分散，各部隊更需要依靠自己。而當軍隊能夠集中使用時，統帥的天才就有較大的作用，可以彌補武德的不足。一般說來，戰區和其他情況使戰爭變得越複雜，兵力越分散，軍隊就越需要武德。

由此可見，如果軍隊缺乏武德，就應該盡可能簡單地組織戰爭，或者加倍注意戰爭組織的其他方面，不要指望徒有虛名的常備軍能夠提供真正的常備軍才能提供的東西。

因此，軍隊的武德是戰爭中最重要的精神力量之一。如果缺少這種力量，就應該有其他精神力量，如統帥的卓越才能、民族的熱情等來代替，否則，所做的努力就收不到應有的效果。看一看亞歷山大大帝統率的馬其頓軍隊，凱撒統率的羅馬軍團，亞歷山大‧法爾涅捷統率的西班牙步兵，古斯塔夫‧阿道夫和卡爾十二世統率的瑞典軍隊，腓特烈大帝統率的普魯士軍隊和拿破崙統率的法國軍隊，我們就會知道軍隊的精神力量，這種像從礦石中提煉出的閃閃發光金屬似的優秀品質，促成了多少偉大的事業。這些統帥只是依靠富有精神力量的軍隊才在最困難的情況下取得了驚人的成就，顯示出他們的偉大。如果不承認這一點，就是故意無視歷史事實。

這種精神力量只能產生於兩個來源，而且只有兩者結合起來才能產生這種精神力量。第一個來源是軍隊所經歷的一系列戰爭和取得的勝利，另一個來源是使軍隊不斷經受極度的勞累活動，只有在勞累中軍人才能認識到自己的力量。一個統帥越習慣於向自己的士兵提出要求，就越能保證實現這些要求。士兵克服了勞累，會和克服了種種危險一樣感到驕傲。因此，只有在不間斷的活動和勞累的土壤中，武德的幼芽才能成長，而且只有在勝利的陽光下才能成長。武德的幼芽一旦長成粗壯的大樹，就可以抵禦不幸和失敗的大風暴，甚至可以抵制住和平時期的鬆懈，至少在一定時期內是如此。因此，雖然只有在戰爭和偉大統帥的領導下才能產生這種精神力量，但是，一旦具有了這種精神力量，即使這支軍隊是在平庸統帥領導下和處於很長的和平時期，至少也可以保持好幾代。

一支滿身創傷、久經磨鍊的部隊，其團體精神是單靠條令和操練黏合在一起的常備軍的自負和虛榮心所不能比擬的。嚴厲的要求和嚴格的條令可以

使軍隊的武德保持得長久一些，但不能產生武德，因此，它們雖然總是有價值的，但我們不應該過高地估計它們的價值。良好的秩序、高級的技能、堅定的意志以及一定的自豪感和飽滿的士氣是和平時期訓練出來的軍隊特色，這些都應該珍視，但是它們並不能單獨發揮作用。整體只能依靠整體來維持，就像一塊冷卻得太快的玻璃，一道裂縫就可以使整體完全破裂。這樣的軍隊即使有世界上最飽滿的士氣，一遭到挫折，也很容易變得膽怯，甚至草木皆兵，潰不成軍。這樣的軍隊只有依靠統帥才能有所作為，單靠它自己將一事無成。這樣的軍隊，在它沒有經受勝利和勞累的鍛鍊，沒有適應艱苦的戰鬥以前，統率它就必須加倍謹慎。因此，我們不能把軍隊的武德和士氣相互混淆。

第六章
膽量

　　促使人們在精神上戰勝極大危險這種可貴的幹勁，在戰爭中也應該看成是一種獨特的有效要素。對軍人來說，從輜重兵、鼓手直到統帥，膽量都是最可貴的品德，它就如同使武器鋒利和發光真正的鋼。

　　膽量在戰爭中甚至占有優先地位。在戰爭中，除了對時間、空間和數量的計算以外，膽量也有一定的作用，當一方的膽量超過對方時，他的膽量就因為對方怯懦而發揮了作用。因而膽量是真正創造性的力量。有膽量的人遇到怯懦的人，就必然有獲勝的可能，因為怯懦能夠使人失去鎮靜。而只有遇到深思熟慮謹慎的人時，他才處於不利地位，因為這樣的謹慎同樣可以說是膽量，至少和膽量同樣堅強有力。但這種情況比較少見。在所有謹慎的人當中，有很大一部分人是膽怯的。

　　在軍隊中，大力培養膽量這種力量，絕不至於妨礙其他力量的發揮。軍隊在戰鬥部署和條令的約束和規定下是服從更高的意志，受上級思想的支配。膽量在這裡，就像是壓縮待發的彈簧一樣。

　　指揮官的職位越高，就越需要有深思熟慮的智力來指導膽量，使膽量不至於毫無目的，不至於成為盲目的激情衝動，因為地位越高，涉及個人犧牲的問題就越少，涉及其他人生存和全體安危的問題就越多。如果軍隊已經受到第二天性——條令的束縛，那麼，指揮官就必須受深思熟慮的約束。指揮官在行動中如果只靠膽量，就很容易造成錯誤。但是，這種錯誤還是可嘉的，不應該和其他錯誤等同看待。這好比生長茂盛的雜草，它們正是土壤肥沃的證明。甚至是蠻勇，即毫無目的的膽量，也不能低估它，從根本上說，它跟膽量是同一種感情力量，只是表現為一種不受任何智力支配的激情而已。只有當膽量與服從背道而馳，因而忽視上級明確的意志時，它才是一種

危害。但是，我們把它看作是危害，並不是由於膽量本身的緣故，而是由於拒絕服從，因為在戰爭中沒有比服從更重要的了。

在戰爭中，當指揮官洞察力不變時，因小心怕事而壞事的次數，比大膽而壞事多千百次。按理說，有了合理的目的，就容易有膽量，因而膽量本身的價值就會降低，但事實上卻正好相反。

當有了明確的思想，或者智力占優勢時，一切感情力量就會大大失去威力。因此，指揮官的職位越高，膽量就越小，因為在不同的職位上，即使見解和理智沒有隨職位的上昇而提高，客觀事物、各種情況和考慮也仍然會從外部對他們頻頻施加強大的壓力，他們越是缺乏個人的見解，就越感到壓力的沉重。法國有句成語：「在第二位上光彩耀目，升到第一位時卻黯然失色。」歷史上一些平庸甚至優柔寡斷的統帥，在職位較低時幾乎個個都曾以大膽和果斷而著稱。

有些大膽的行為是由必要性引起的，我們必須區別對待。必要性的程度不同，如果十分迫切，當事者在巨大的危險中追求自己的目的，以避免遭受同樣大的其他危險，那麼值得我們稱讚的就只是他的果斷，而果斷有它自己的價值。一個年輕騎士，為了表現他的騎術而躍過深淵，那是有膽量，假使是在一群土耳其士兵的追殺下躍過深淵，那就只是果斷了。反之，行動的必要性越不迫切，必須要考慮的情況越多，必要性對膽量的影響就越小。一七五六年腓特烈大帝看到戰爭不可避免，只有先發制人才能免於滅亡，所以他發動戰爭是由於有必要性，但同時也是很有膽量的，因為在他那樣的處境下，恐怕只有少數人才能下這樣的決心。[1]

雖然戰略只是統帥或最高指揮官的事情，但其他各級人員的膽量，和他們的其他武德一樣，也與戰略有關。一支來自勇敢民族而又不斷受到大膽精神哺育的軍隊，與缺乏這種武德的軍隊所能從事的活動大不相同。因此，我

1　一七五六年，奧地利和俄國集結軍隊，建造倉庫，徵集馬匹，準備於一七五七年春聯合進攻普魯士。腓特烈大帝估計戰爭不可避免，乘奧地利和俄國尚未準備就緒，於八月二十九日突然先向薩克森進攻。

們也談到了軍隊膽量的問題。而我們的研究對象本來是統帥的膽量，可是當我們盡自己所知闡明了膽量的一般特性以後，關於統帥的膽量也就沒有多少話可說了。

指揮官的職位越高，智力、理解力和洞察力在他的活動中就越具有主導作用，膽量這種感情力量就越被擠到次要位置。在身居高職的人中間，膽量是很少見的，正因為少見，所以，這些人身上的膽量就更值得稱讚。有卓越智力作指導的膽量是英雄的標誌。膽量的表現，不在於敢違反事物的性質和粗暴地違背概然性的規律，而是在於迅速做出準確的判斷和決策並予以有力的支持。智力和洞察力受膽量的鼓舞越大，它們的作用就越大，眼界也就越開闊，得出的結論也就越正確。當然，較大的目的總是和較大的危險聯繫在一起。一個普通人，姑且不談懦弱的人和優柔寡斷的人，至多只有在遠離危險和責任的情況下，在自己的房間裡設想某種活動時，才可以得出那種不需要實際觀察即能得出的正確結論。但是，如果危險和責任從各個方面襲來，他就會喪失全面觀察的能力，即使由於別人幫助沒有失去這種能力，也會失去決斷能力，因為在這方面別人是無法幫忙的。

因此，沒有膽量的人絕不能成為傑出的統帥，膽量是傑出統帥的首要條件。這種天賦的力量隨著教育程度的提高和生活鍛鍊而有所發展和改變，當一個人升到高職位時，它還能剩下多少，這是另外一個問題。當然，這種力量剩得越多，天才的翅膀就越硬，飛得就越高。冒險精神越大，追求的目的也就隨之提高。

一支軍隊所以能夠具有大膽精神，可能是因為這個民族本來就具有這種精神，也可能是因為在有膽量的指揮官指揮下，透過勝利的戰爭培養了這種精神。在我們的時代裡，只有透過依靠膽量進行的戰爭才能培養一個民族的大膽精神。只有依靠膽量進行的戰爭才能抵制住懦弱和貪圖安逸的傾向，防止民族的墮落。

一個民族，只有它的民族性格和戰爭養成不斷地相互促進，才能指望在世界政治舞台上占據鞏固的地位。

第七章
堅忍

　　在戰爭中，事情往往與人們的想像大不相同。建築師可以平靜地望著建築物如何按照他的設計圖逐步建造起來。醫生雖然比建築師要遇到多得多的意外結果和偶然，但他很清楚自己所用手段的作用和用法。而在戰爭中，一個統帥卻經常受到種種情況的衝擊，諸如真假情報，或由於恐懼、疏忽和急躁所造成的錯誤，由正確或錯誤的見解、險惡用心、真的或假的責任感和懈怠或疲勞所引起的違抗行為，以及一些誰也想像不到的偶然事件等等。總之，他陷入成千上萬的感受之中，這些感受絕大多數令人擔憂，只有極少數是令人鼓舞的。長期的戰爭經驗能使他對具體現象迅速做出判斷，高度的勇敢和內心的堅強能使他像岩石抗拒波濤的衝擊一樣抵禦住這些感受。誰在這些感受面前讓步，誰就會一事無成。所以，在實現自己的企圖時，只要還沒有充分的理由可以否定這個企圖，就十分需要有堅忍精神來與這些感受相對抗。何況在戰爭中，任何豐功偉績，幾乎沒有一件不是經過無限的勞累、艱辛和困苦才取得的。在戰爭中，肉體和精神上的弱點常常容易使人們屈服，那麼只有那種偉大的意志力，才能引導人們達到目標，這種意志力就是為世世代代所讚賞的毅力。

第八章
數量上的優勢

　　無論在戰術上還是在戰略上，數量上的優勢都是最普遍的致勝因素。戰略指示於什麼時間、在哪個地點和用多大的兵力進行戰鬥，這三個方面對戰鬥的開始產生十分重大的影響。只要指揮官根據戰術進行戰鬥，並有了結果，不論是勝利還是失敗，他就可以根據戰爭的目的，運用這種結果來籌畫戰略。當然，戰鬥結果與戰爭目的的關係是間接的，很少是直接的。它們之間還有一系列其他目的作為手段而從屬於戰爭目的。這些目的（相對於較高的目的來說又是手段）在實際使用中是多種多樣的，甚至最終目的，即整個戰爭的目標，在每次戰爭中也幾乎都不相同。

　　指揮官根據戰略（在一定程度上也就是決定）指示進行戰鬥時，影響戰鬥的大部分因素都不明確。在戰略上，有各種方法可以指示時間、地點和兵力，而每一種方法對戰鬥的開始和結果都會產生不同的影響。因此我們只能逐步地，即透過進一步的具體研究再來熟悉它們。

　　如果撇開戰鬥的目的和產生戰鬥的條件所引起的一切變化不談，最後再撇開軍隊的質量（因為這是既定的）不談，那麼剩下的就只有戰鬥這一赤裸裸的概念，即抽象的戰鬥了。在這個抽象的戰鬥中，除了作戰雙方的數量以外，就沒有其他東西可以進行比較了。這樣，數量就決定了勝負。在戰鬥中數量上的優勢只是致勝因素之一，還遠遠算不上贏得了一切，也不是獲得了關鍵的要素，而且由於其他同時起作用的條件變化，獲得的東西還可能微不足道。

　　但是，優勢有程度上的不同，它可以是兩倍，也可以是三倍、四倍等等。每個人都懂得，如果照這樣增加上去，數量上的優勢必然會壓倒其他一切。數量上的優勢是決定一次戰鬥結果最重要的因素，只不過這種優勢必須足以抵銷其他同時起作用的因素。由此可以得出一個結論：必須在決定性的

地點把盡可能多的軍隊投入戰鬥。

　　不管投入戰鬥的軍隊是否夠用，我們要做到現有手段所允許做的一切。這是戰略上的首要原則。這個原則具有普遍的意義，既適用於法國人和德國人，也適用於希臘人和波斯人，英國人和馬拉塔人。為了使這個問題能夠更加明確，我們不妨考察一下歐洲的軍事情況。歐洲各國軍隊在武器裝備、編制體制和各種技能技巧方面，彼此是非常相似的，只是在軍隊的武德和統帥的才能方面有時還有一些差別。翻遍現代的歐洲戰史，已經找不出像馬拉松那樣的戰例了。[1]

　　腓特烈大帝在勒登以大約三萬人擊敗了八萬奧軍，在羅斯巴赫用二萬五千人打敗了五萬多聯軍，但這是與擁有兩倍或兩倍以上兵力的強敵作戰而取得勝利的絕無僅有戰例。[2]我們不能引用卡爾十二世在納爾瓦會戰的戰例，因為當時俄國人幾乎還不能被看作是歐洲人，而且這次會戰的主要情況很少有人知道。[3]拿破崙曾經在德勒斯登以十二萬人對抗二十二萬人，對方的兵力優勢還不到一倍。[4]在科林，腓特烈大帝以三萬人對抗五萬奧地利人，但是沒

1　馬拉松之戰是古希臘對波斯戰爭（前五〇〇至前四四九年）中的一次戰役。公元前四九〇年，古希臘統帥米太雅德率步兵一萬一千人於馬拉松平原（在雅典東北）大敗擁有十萬步兵、一萬騎兵（另有資料說為二十萬步兵、一萬騎兵）的波斯入侵者。

2　一七五七年八月，腓特烈大帝率部分軍隊向西迎擊聯軍。十月，奧軍進入柏林，腓特烈大帝回師救援。當奧軍退出柏林後，腓特烈大帝又回到萊比錫迎擊聯軍。十一月五日於扎勒河岸的羅斯巴赫進行會戰。會戰中，聯軍企圖迂迴普軍左翼，腓特烈大帝及時調轉了正面，並派騎兵襲擊聯軍，結果聯軍大敗。同年十二月，腓特烈大帝利用羅斯巴赫會戰勝利的餘威，率部救援西里西亞。十二月五日，在勒登向奧軍進攻。會戰中，腓特烈大帝佯攻奧軍右翼，實際上利用地形將主力轉至奧軍左翼，奧軍被擊潰。這是腓特烈大帝用斜形戰鬥隊形以少勝多的典型會戰。

3　北方戰爭（一七〇〇至一七二一年）的初期，一七〇〇年，俄國四萬軍隊包圍了瑞典占領下的小城納爾瓦（波羅的海芬蘭灣南岸），十一月三十日，瑞典國王卡爾十二世率領八千人迅速趕到，幾乎全殲俄軍。這次失敗後彼得一世開始實行軍隊體制改革，這次改革與他的政治、經濟、文化改革密不可分，都是為了加速當時比西歐遠遠落後俄國的發展。

4　一八一三年八月，施瓦岑貝格指揮的聯軍主力，趁拿破崙東擊布呂歇爾之際，進逼德勒斯登。拿破崙於八月二十六日急速趕回德勒斯登向聯軍反擊。二十七日法軍用正面進攻結合兩翼迂迴的方法擊敗聯軍。

有成功。[5]拿破崙在殊死的萊比錫會戰中，以十六萬人對抗過二十八萬多人，同樣也沒有成功，對方的優勢還遠遠不到一倍。[6]

由此可見，在目前的歐洲，即使最有才能的統帥，也很難戰勝擁有雙倍兵力的敵軍。在一般條件下進行的大小戰鬥中，不論其他方面的條件如何不利，只要有顯著數量上的優勢，而且無須超過一倍，就足以取得勝利了。當然，人們可能想到有些隘口即使用十倍的兵力也難以攻陷，但在這種情況下，就根本談不上是戰鬥了。

決定性地點上的兵力優勢，在歐洲以及類似的地區，是十分重要的，即使在一般情況下，也是最重要的條件之一。在決定性地點上能夠集中多大的兵力，取決於軍隊的絕對數量和使用軍隊的靈活性。因此，首要的規則應該是把盡量多的軍隊投入戰場。

長期以來，人們從未把軍隊的數量看作是重要條件，為了證明這一點，只要指出下列事實就夠了：在大多數戰史中，甚至在十八世紀比較詳盡的戰史中，軍隊的數量或者根本沒有提及，或者僅僅順便談到，而從來沒有被人重視過。滕佩霍夫最早談到這個問題，他在七年戰爭史中曾多次談及，但也談得十分膚淺。馬森巴赫撰寫許多文章評論一七九三年和一七九四年普魯士軍隊在孚日進行的戰役，他經常提到山脈、谷地、道路和小徑，但對雙方的兵力卻隻字未提。[7]

5　一七五七年春，普魯士軍隊突然侵入波希米亞。五月，腓特烈大帝率主力包圍布拉格，但久攻未克。六月中，道恩率奧軍前來解圍。腓特烈大帝率一部軍隊迎擊道恩，六月十八日於科林發生會戰，腓特烈大帝戰敗，率兵退守薩克森。

6　一八一三年德勒斯登會戰後，法軍處於被包圍的狀態，雖然採用了各個擊破的戰法，但沒有效果。十月，終被聯軍包圍於萊比錫。十月十六日開始萊比錫會戰，十月十九日晨，拿破崙向萊茵河撤退。

7　一七九三年第一次反法聯盟對法作戰時，普魯士軍隊主要是在法國的孚日地區作戰。普魯士軍官馬森巴赫參加過這次戰爭，後來寫了不少著作，如《一七九三年戰役概觀》、《一七九二至一七九四年反法戰爭考察及一七九五年戰役的可能結果》、《萊茵河、那埃河、摩澤爾河戰場情況說明及一七九三至一七九四年該區戰事考察》、《評一七九五年戰役中奧軍、法軍的幾次行動》等等。

　　另外一個事實是，某些評論家的頭腦中有種奇異的想法，他們認為軍隊應該有最理想的固定數量，超過這個標準的多餘兵力不但不能帶來益處，反而是累贅。

　　最後，還有許多例子說明，人們所以沒有把一切可以利用的兵力都投入會戰或戰爭，是因為他們不相信數量上的優勢確實是重要的。

　　如果人們確信，集中優勢的兵力可以奪取一切，那麼，這條明確的信念就必然會反映在戰爭的準備上，會把盡量多的兵力投入戰爭，以便自己在兵力上占優勢，或者至少不讓敵人在兵力上占優勢。

　　絕對兵力的數量由政府規定。這種規定代表真正軍事活動的開始，而且是一個非常重要的戰略問題，但在大多數情況下，在戰爭中指揮這支軍隊的統帥，卻必須把絕對兵力的數量看作是既定數，因為他沒有參與決定這個數量，或者環境不允許他把兵力擴大到足夠的程度。在這種情況下，即使不能取得絕對優勢，也要巧妙地使用軍隊，以便在決定性地點上造成相對的優勢。

　　這樣，空間和時間的計算就似乎是最重要的，人們認為這種戰略計算幾乎包括部署軍隊的全部問題。有些人甚至認為，偉大的統帥天生有一種能在戰略和戰術上從事這種計算的器官。

　　如果我們不抱偏見地閱讀戰史，那麼就會發現，由於計算上的錯誤導致重大損失的情況，在戰略上極為少見。一個果斷而又靈活的統帥（如腓特烈大帝和拿破崙），用一支軍隊以急速的行軍擊敗幾個敵人，如果這一切情況，都要用空間和時間的巧妙結合來表明，那麼我們就會陷入公式化語言的迷陣中。為了使概念明確而有用，必須用確切的名稱來稱呼各種事物。

　　腓特烈大帝和拿破崙對敵方（道恩和施瓦岑貝格）的正確判斷，敢於以少量兵力和敵人對峙的冒險精神，進行強行軍的毅力，迅速襲擊的膽量，以及偉大人物在面臨危險時所表現出來的異乎尋常作為，這都是他們取得勝利的原因，這一切與正確計算空間和時間毫不相干。

　　但是，像腓特烈大帝藉著羅斯巴赫勝利的餘威又取得勒登會戰的勝利，和拿破崙在蒙米賴勝利後乘勝又取得蒙特羅勝利那樣回頭攻擊，這種在防禦

戰中經常為偉大統帥所信賴的方法，確切地說來，畢竟只是歷史上罕見的現象。

要取得相對的優勢，也就是在決定性地點上巧妙地集中優勢兵力，往往需要準確地選定決定性地點，使自己的軍隊一開始就有正確的方向，為了主要的東西（即為了大量集中自己的兵力）不惜犧牲次要的東西。例如腓特烈大帝和拿破崙在這方面做得就十分突出。數量上的優勢應該看作是基本原則，不論在什麼地方都應該首先盡量爭取。但是，數量上的優勢並不是取得勝利必不可少的條件。只要能最大限度地集中兵力，那就完全符合這個原則了。至於由於兵力不足是否應該避免戰鬥，那只有根據整體情況才能決定。

第九章
出敵不意

　　要達到相對優勢，就必然要爭取出敵不意。一切行動都建立在出敵不意的基礎之上，否則就不可能在決定性的地點上取得優勢。

　　因此，出敵不意是取得優勢的手段，但就其精神效果來看，它還可以看作是一個獨立的因素。非常成功的出敵不意會造成敵人的混亂，使敵人喪失勇氣，從而成倍地擴大勝利，這可以從許多大小戰例中得到證明。這裡談的出敵不意不是指進攻範圍內的奇襲，而是用各種一般措施，特別是用調配兵力的方法。這種出敵不意在防禦中也同樣可以採用，特別在戰術防禦中更為重要。

　　雖然一切行動都無一例外地要以出敵不意為基礎，但是程度極不相同，因為行動的性質和條件不同。由於軍隊、統帥以至政府的特點不同，這種差別早就已經存在了。

　　保密和迅速是出敵不意的兩個因素，前提是政府和統帥具有巨大的魄力和軍隊能嚴肅地執行任務。軟弱和鬆懈無法達到出敵不意。雖然出敵不意是不可缺少的，而且確實不會毫無效果，但是，非常成功的出敵不意卻很少見，這是因為它本身的性質。因此，如果認為在戰爭中用這種手段一定能獲得很大收穫，那就大錯特錯了。在想像中，出敵不意非常引人入勝，但在實行中，卻多半因為整個機制的摩擦而難以實現。

　　在戰術上，涉及的時間和空間的範圍都比較小，出敵不意自然就比較容易實現。因此在戰略上，越是接近戰術範疇的措施，就越有可能做到出敵不意，越是接近政治範疇的措施，就越難做到出敵不意。

　　準備一次戰爭通常需要幾個月，把軍隊集中到主要的部署地點，多半需要建造一些倉庫和補給站，需要進行大規模的行軍，這些動向很快就會被人

知道。

　　因此，一個國家出敵不意地向另一個國家挑起戰爭，或者出敵不意地針對另一個國家調動大量兵力，這是極為少見的。在以圍攻為主的十七世紀和十八世紀中，人們經常出敵不意地包圍一個要塞，認為這是特殊的軍事藝術，但是，成功的例子仍極為罕見。

　　與此相反，一、兩天內就可以完成的活動，出敵不意的可能就較大。因此，比敵人搶先一步行軍，從而搶先占領某一陣地、某一地點或者某一條道路等等，往往並不困難。但是很明顯，這樣的出敵不意雖然較容易達到，但收效甚微，而較難達到的出敵不意，往往效果較大。小規模的出敵不意往往很難收到很大效果。

　　當然，凡是從歷史上研究這些問題的人，都不應該只注意歷史評論家那些渲染的詞藻、結論和自鳴得意的術語，而必須正視事實本身。例如在一七六一年的西里西亞戰役中，就有過以出敵不意而聞名的一天。那是七月二十二日。那天，腓特烈大帝在向尼斯附近的諾森行軍時，比勞東將軍搶先了一步，據說，這就使奧軍和俄軍不能在上西里西亞會師，因而他贏得了四個星期的時間。但是，誰要是仔細閱讀一下大史學家們關於這一事件的記載，並且不抱偏見地考慮一下，那麼，他就絕不可能認為七月二十二日的行軍有這樣大的意義。一般對這次行軍的看法充滿矛盾，在那個以機動聞名的時代裡，勞東的行動有許多是沒有道理的。[1]在渴望了解真相和獲得確證的今天，人們怎能容忍這種歷史說明呢？

　　要在戰爭過程中利用出敵不意取得巨大的效果，就必須要有出敵不意的手段，如當機立斷、調兵遣將以及強行軍。腓特烈大帝和拿破崙是大家公認在這方面造詣最深的統帥，但是，從他們的戰例中也可以看到，即使充分地做到了這一切，也並非總能取得預期的效果。腓特烈大帝在一七六〇年七月

1　在七年戰爭中，一七六一年七月，奧地利的勞東將軍和俄國的布圖爾林元帥企圖在上西里西亞會師，然後共同與腓特烈大帝決戰。但腓特烈大帝於七月二十二日進至尼斯附近的諾森，插在奧俄兩軍之間，致使奧俄兩軍不得不改變計畫，到八月十九日才在下西里西亞會師。

曾出敵不意地從包岑襲擊拉西將軍，轉而又襲擊德勒斯登，在整個這段插曲中他實際上不僅一無所得，而且丟失了格拉茨要塞，使自己的處境明顯地惡化。[2]

拿破崙在一八一三年曾經兩次突然從德勒斯登襲擊布呂歇爾（至於他從上勞西次突入波希米亞就根本不用提了），[3]兩次都完全沒有收到預期的效果，只不過是竹籃打水一場空，既浪費了時間又損失了兵力，反而使德勒斯登陷於十分危險的境地。[4]

因此，在戰爭中要透過出敵不意取得巨大的成功，只靠指揮官的努力、魄力和果斷是不夠的，還必須具備其他有利條件。

在這方面，這兩位統帥也提供了另外兩個鮮明的例子。一八一四年，當布呂歇爾的軍隊離開主力軍團向馬恩河下游移動時，拿破崙對它進行了一次著名的襲擊，以兩天出敵不意的行軍，取得史無前例的戰果。首尾相隔三日行程的布呂歇爾軍隊被各個擊破了，遭受的損失相當於一次主力會戰失敗。這完全是出敵不意的效果。假使布呂歇爾預料到拿破崙極有可能襲擊他，他就會完全以另外一種方式來組織行軍了。這次奇襲的成功和布呂歇爾組織行軍的錯誤是分不開的。當然拿破崙並不知道這些情況，因此，他的成功中摻雜著幸運。

一七六○年的里格尼茨會戰也是如此。腓特烈大帝在這次會戰中取得了

2　一七六○年六月奧地利軍隊擊敗在西里西亞的普魯士軍隊並包圍格拉茨要塞。七月，腓特烈大帝為了救援西里西亞，從薩克森向西里西亞進軍，受到道恩所率奧軍的阻截，於是在包岑突然回頭襲擊拉西所率的奧軍，拉西退入德勒斯登，腓特烈大帝又襲擊德勒斯登。兩次襲擊都沒有得到好處。七月二十六日格拉茨要塞被奧軍攻陷，腓特烈大帝的處境反而更為惡化。

3　一八一三年八月至九月，拿破崙兩次從德勒斯登出發向東攻擊布呂歇爾。第一次：八月中旬布呂歇爾率普軍西進，於里格尼茨擊敗法國奈伊元帥。拿破崙於是在二十日從德勒斯登出發攻擊布呂歇爾，但施瓦岑貝格率聯軍主力北上，德勒斯登告急，拿破崙只好令麥克唐納繼續追擊普軍，自己星夜趕回德勒斯登主持防務。第二次：布呂歇爾於九月第二次進逼包岑，拿破崙再度向東出擊。布呂歇爾主動後撤，拿破崙怕聯軍乘機再攻德勒斯登，只好退回德勒斯登。

4　一八一三年八月，拿破崙從德勒斯登東征布呂歇爾時，為了牽制波希米亞的施瓦岑貝格指揮的聯軍，曾派波尼亞托夫斯基將軍從上勞西次的齊陶向波希米亞進行佯攻。但是，施瓦岑貝格已越過埃爾次山向德勒斯登進軍，法軍的佯攻沒有起作用。

輝煌的勝利。因為他剛剛占領了一個陣地，在當夜又轉移了，這完全出乎勞東的意料之外，因而使勞東損失了七十門砲和一萬人。雖然當時腓特烈大帝為了避免會戰，或者至少為了打亂敵人的計畫，經常採取忽東忽西運動的原則，但是十四日夜間轉移陣地，卻恰恰不是因為這個原因，而像他自己所說的那樣，是因為他不喜歡十四日的陣地。因此，偶然性在這裡也有著很大的作用。如果勞東的進攻不是偶然地碰上了腓特烈大帝在夜間轉移了陣地，不是偶然地碰上了難以通過的地形，那麼，結果就可能不是這樣了。

　　從較高的戰略範圍來看，也有一些利用出敵不意獲得巨大成功的戰例。大選帝侯與瑞典人作戰時，從法蘭肯到波美拉尼亞以及從馬爾克（今日的布蘭登堡）到普雷哥爾河的兩次輝煌的進軍，[5]一七五七年的戰役；一八〇〇年拿破崙越過阿爾卑斯山的那次著名的行動。[6]在一八〇〇年這個戰例中，一支軍隊投降後交出了整個戰區；在一七五七年的戰役中，另一支軍隊也同樣地交出戰區並投降。最後，腓特烈大帝侵入西里西亞也是完全出敵不意的戰爭例子。上述各例中的戰果都非常巨大。但是，這種情況與國家由於缺乏活動力和毅力而沒有做好戰爭準備（如一七五六年的薩克森和一八一二年的俄國），在歷史上還是容易被混為一談。

　　出敵不意的另一個關鍵問題是：只有能夠左右對方的人才能做到出敵不意，而只有行動正確的人才能左右對方。如果採用了錯誤的措施來奇襲敵人，那麼不但不能取得良好的結果，反而會招致惡果，至少敵人對我們的奇襲不必特別擔心，他會從我們的錯誤中找到防止不幸的對策。由於進攻比防禦包含更多的積極行動，因此，出敵不意自然也就更多地為進攻者所採用，

5　一六七四年布蘭登堡大選帝侯率軍參加神聖羅馬帝國對法國的進攻，一六七五年退回法蘭肯，獲悉瑞典軍隊侵入馬爾克，便率軍隊迅速趕回馬爾克，突然襲擊瑞典軍隊，占領了哈費爾河上的重要渡口，將瑞典軍隊擊敗。瑞典人不甘失敗，於一六七八年侵入東普魯士，大選帝侯率軍隊到達維斯杜拉河，把瑞典軍隊一直追到距離里加不遠的地方。

6　一八〇〇年五月中旬，拿破崙率領一支新組成的軍隊越過歐洲天險阿爾卑斯山，進軍北義大利，突然出現在梅拉斯指揮的奧軍背後。六月十四日於馬倫哥發生會戰，奧軍失敗。梅拉斯與拿破崙達成協議，奧軍退至明喬河東岸。

但這也不是絕對的。進攻者和防禦者也可能同時採取出敵不意的行動，這時候，誰的措施最恰當，誰就必然占上風。

按理應該如此，但實際生活並不如此嚴格地符合這一準則。藉助於出敵不意的精神作用，往往能使最壞的事情變成好事，並使對方無法做出正確的決定。尤其是在這裡，我們所指的不僅僅是對方的高級指揮官，同時還指每一個指揮官，因為出敵不意的特點就是使部隊渙散，因而每個指揮官的個性在這時都很容易表現出來。

在這裡，許多問題都取決於敵我雙方整體情況的對比。如果一方在整體精神方面占有的優勢，能使對方士氣低落和驚慌失措，那麼利用出敵不意就能取得更大的效果，甚至在本來應該失敗時也會取得良好的結果。

　　詭詐是以隱蔽自己的企圖為前提的，它與直率、無所隱諱的，即直接的行動方式相對立，和欺騙很相似，因為欺騙也同樣隱蔽自己的企圖。如果詭詐完全得逞，它本身甚至就是一種欺騙，但是由於它並不是直接的言而無信，因而和一般所謂的欺騙還有所不同。使用詭詐的人要使被欺騙的人在理智上犯錯誤，使他在轉瞬之間看不清事物的真相。因此可以說：如果雙關語是在思想上和概念上變戲法，那麼詭詐就是在行動上變戲法。

　　初看起來，戰略這個名稱來源於詭詐這個詞似乎不是沒有道理的。儘管從希臘時代以來，戰爭在許多方面發生了真正和表面的變化，但戰略這個名稱似乎依然表示它本來具有的詭詐實質。

　　如果人們把暴力行為（即戰鬥本身）歸為戰術，而把戰略是巧妙運用戰鬥的藝術，那麼，除了各種感情力量（像壓縮待發的彈簧一樣熾烈的榮譽心，不易屈服的堅強意志等等）以外，其他稟賦似乎都不能像詭詐那樣適合於指導和鼓舞戰略活動了。上一章談到，人們喜歡用出敵不意的戰術也是如此，因為任何一次出敵不意都是以詭詐（即便是詭詐的程度很小）為基礎。

　　戰略是採取相關的措施來部署戰鬥，它不像生活的其他方面那樣，可以單純在口頭上發表意見，宣布聲明等等。但使用詭詐進行欺騙時，利用的卻主要是這些不需要付出很大代價的活動。

　　戰爭中也有與此類似的活動，例如，故意向敵人透露騙人的方案和命令，洩漏假情報等等。這些活動在戰略範圍內通常不會產生很大的效果，只有在碰巧的情況才合適，因此不能看作是指揮官可以隨意進行的活動。

　　但是要透過部署戰鬥等活動使敵人受騙，就要花費大量的時間和兵力，而且活動的規模越大，花費就越多。人們通常都不願為此付出代價，佯動在

戰略上很少收到預期效果。事實上，在較長時間內把大量兵力單純用來裝模作樣是危險的，很可能不起作用，甚至在決定性地點上無法使用這部分兵力。指揮官在戰爭中時刻都能體會到這個客觀的道理，因此他對狡猾靈活的把戲往往不感興趣。殘酷的戰場經常迫使他不得不採取直接行動，而沒有玩弄這種把戲的餘地。

我們得出的結論是：雖然詭詐在不妨害必要的感情力量（然而往往是會妨害的）下沒有什麼害處，但是對統帥來說，正確而準確的眼光比詭詐更為必要，更為有用。

但是，戰略支配的兵力越少，使用詭詐的可行性就越大。因此，當兵力很弱，任何謹慎和智慧都無濟於事，一切辦法似乎都無能為力的時候，詭詐就成為最後手段了。人們越是在絕望的處境中，就越想孤注一擲，而詭詐也就越能助長他們的膽量。在丟掉一切其他打算，不再考慮一切後果的情況下，膽量和詭詐可以相互幫助，並使希望的微光集中於一點，成為一道也許還可能燃起火焰的光芒。

第十一章
空間上的兵力集中

　　最好的戰略是首先在總兵力方面，然後在決定性的地點上始終保持十分強大的力量。因此除了努力擴充兵員（但這往往不是統帥所能決定的）以外，戰略上最重要而又最簡單的準則是集中兵力。除非為實現迫切的任務，否則任何部隊都不應該脫離主力。我們要嚴格遵守這一準則，並把它看作是一種可靠的行動指南。同時，我們也會看到，上述準則並非在每一次戰爭中都產生同樣的效果，由於目的和手段不同，它可能產生不同的效果。

　　有些人只是糊塗地按照別人的習慣做法把兵力分割和分散了，但並不確切地知道為什麼要這樣做，這種現象聽來好像難以置信，但卻重複過幾百次了。集中全部兵力是一個準則，分散和分割兵力都只是例外。

第十二章
時間上的兵力集中

　　戰爭是方向相反的兩個力量的碰撞，較強的一方不但可以抵銷對方的力量，而且還可以迫使對方做反方向的運動。因此，在戰爭中根本不容許力量陸續（逐次）地發揮作用，必須集中全力。

　　但是，只有在戰爭確實像機械碰撞一樣時，才會產生上述現象。如果戰爭是雙方力量持續不斷地相互抵銷的過程，那麼就應當讓力量陸續發揮。在戰術上就是這樣，這主要是因為火器是一切戰術的重要基礎，但也還有其他原因。如果在火力戰中以一千人對五百人，那麼雙方傷亡的多寡與參戰人數的多少都有關係。一千人發射的子彈比五百人多一倍，而一千人被擊中的可能性也比五百人中彈的可能性大一些（因為一千人的隊形肯定比五百人的隊形更為密集）。假定一千人被擊中的可能性比五百人大一倍，那麼雙方的傷亡就會相同。例如用五百人戰鬥的一方傷亡二百人，那麼用一千人戰鬥的一方也同樣有二百人傷亡。如果用五百人戰鬥的一方後面還有五百人保留在火力範圍以外，那麼，雙方都還有八百個可以戰鬥的人。但是，其中一方的八百人中有五百人是彈藥充足、體力充沛的生力軍，而另一方的八百人卻都是隊形鬆散、彈藥不足和體力受到削弱的士兵。不過，僅僅由於一千人比五百人多一倍，被擊中的可能性就大一倍，這樣的假定當然是不正確的。因此，保留半數兵力的一方也可能在一開始就受到較大的損失。在一般情況下，用一千人戰鬥的一方一開始就擁有把敵人逐出據點和迫使敵人撤退的有利條件。但是，他以後作戰時只有八百名經過戰鬥而處於鬆散狀態的士兵，而對方參戰過的士兵的戰鬥力也不弱多少，而且還有五百名生力軍，這是對他不利的。在一般情況下，優勢掌握在擁有生力軍的一方。由此可見，在戰鬥中使用過大的兵力將會導致多麼大的不利。使用優勢兵力在最初可能帶來

很大的利益，但是在以後卻可能不得不為此付出代價。

　　不過，只有當軍隊秩序混亂、隊形鬆散和體力疲憊時，換句話說，當出現每次戰鬥中都會有的（勝利的一方也會有的）危機時，才有上述危險。當一方的軍隊處於削弱狀態時，對方相當數量的生力軍到來就有決定性的作用。當勝利一方的鬆散狀態已經消失，出現勝利帶來的精神方面優勢時，對方再投入生力軍也無法挽回敗局了，而且，這支新的生力軍也會被捲入失敗的漩渦。一支被擊敗的軍隊，是不可能依靠強大的預備隊在第二天轉敗為勝。從這裡我們可以看到戰術和戰略之間一個十分重要的區別。戰術上的成果，即在戰鬥進行中和在戰鬥結束前取得的成果，絕大部分是在隊形鬆散和體力疲憊的情況下取得，而戰略上的成果，即整體戰鬥的成果或最終的勝利（不論是大是小），卻不是在這種情況下取得，而是在部分戰鬥的成果結合成整體時才產生，這時，危機已不存在，軍隊恢復了原來的狀態，損失的只不過是實際被消滅了的那一部分。

　　從這種區別可以得出這樣的結論：在戰術上兵力可以逐次使用，而在戰略上兵力卻只能同時使用。

　　在戰術上，如果開始階段取得的成果不能解決一切，而必須考慮到下一階段，那麼，自然會得出以下結論：為了取得開始階段的成果，只能使用必要的兵力，而把其餘的兵力配置在火力戰和白刃戰的殺傷範圍以外，以便用來對付敵方的生力軍，或者用來戰勝力量受到削弱的敵人。但在戰略上卻不是這樣。一方面，在戰略上一旦產生了成果，就無須擔心敵人的反擊，因為隨著戰略成果的出現，危機也就不存在了；另一方面，戰略上所使用的兵力並不一定都會受到削弱。只有在戰術上與敵人發生衝突的那部分兵力，即參加戰鬥的那部分兵力，才會被敵方削弱。也就是說，只要在戰術上不無謂地濫用兵力，那麼受到削弱的就只是不得不被削弱的那一部分，而絕不是在戰略上參加戰鬥的全部兵力。在兵力占優勢的情況下，某些參加戰鬥不多甚至根本沒有參加戰鬥的部隊，僅僅由於它們的存在就可以有決定性作用。這些部隊在戰鬥結束後還保持著原來的狀態，就像閒置的部隊一樣，可以用於新的目的。這種用來造成優勢的部隊對整體成果會有多麼大的貢獻，是顯而易

見的。有了這樣的部隊，我方在戰術上參加戰鬥的那部分兵力損失將會大大減少。

因此，如果說，在戰略上使用的兵力增多，損失不但不會增大，甚至往往會有所減少，從而我們的決戰自然會更有保障，那麼，自然可以得出結論：在戰略上使用的兵力越多越好，因此，必須同時使用現有一切可以使用的兵力。

但是，我們還必須從另一方面來對這個原則進行徹底的論證。到目前為止，我們所談的只是戰鬥本身，但是，戰鬥離不開人、時間和空間，必須考慮到這些因素。

戰爭中的疲乏、勞累和物資缺乏，是一種特殊的消極因素，這種因素並不屬於戰鬥本身，但與戰鬥有著一定的關係，特別是與戰略有著密切的關係。在戰術上，固然也有勞累和物資缺乏，而且可能非常嚴重，不過戰術行動的持續時間比較短，可以不必過於考慮它們的影響。但在戰略上，時間和空間的範圍都比較大，這種影響往往不僅十分明顯，而且經常有決定性作用。一支常勝的軍隊，沒有敗於戰鬥卻敗於疾病，這種情況並不少見。

在戰略上是否也可以像在戰術上那樣，應該用盡量少的兵力來爭取開始階段的成果，以便把生力軍留在最後使用？這種觀念在許多情況下好像很有道理，為了確切評價這種觀念，我們必須探討它的各個具體概念。首先，我們絕不能把純粹的兵員增加和原有的生力軍混淆起來。在大多數情況下，當戰役臨近結束時，不論是勝利的一方還是失敗的一方，都迫切希望增加兵員，甚至認為這具有決定性的意義。在這裡卻不是這麼回事，因為，假如一開始就擁有足夠強大的兵力，就沒有必要增加兵員了。有些人認為，新參戰的部隊就其精神價值來說比作戰已久的部隊更值得重視，就像戰術上的預備隊比在戰鬥中受過很大損失的部隊更值得重視，但這種觀念與所有經驗矛盾。失利的戰役固然能挫傷部隊的勇氣和精神力量，但是勝利的戰役也能使勇氣和精神力量得到增強，綜合起來看，兩者得失互相抵銷，而戰爭洗禮則是軍隊純粹的收益。此外，在這裡應該以勝利的戰役為著眼點，而不是以失利的戰役為著眼點，因為，如果預料到失利的可能性較大，這意謂著本來就

兵力不足，不可能設想還把一部分兵力留待以後使用。

這個問題解決以後，還有一個問題：勞累和物資缺乏使軍隊受到的損失，是否像在戰鬥中一樣，會隨著兵力的增加而增加呢？我們對這個問題的回答是否定的。

勞累大多是由危險引起的，而危險總是存在於軍事行動的每一個瞬間。軍隊要想處處應付這種危險，保證確有把握地行動，就必須進行大量的活動，這些活動就是部隊在戰術上和戰略上的勤務。兵力越弱，這種勤務就越繁重，兵力優勢越大，這種勤務就越輕鬆，因此在戰役中對抗比我們兵力小得多的敵人，比對抗兵力相等或大於我們的敵人，勞累要小得多。

物資缺乏主要指兩個方面：部隊補給品的缺乏和宿營條件（不管是舍營還是舒服的野營）的缺乏。集結在同一地點的部隊越多，這兩方面的物資當然也就越缺乏。但是，對於向外擴展、取得更大的空間、取得更多的補給和宿營條件來說，兵力優勢是一種最好的手段。

一八一二年拿破崙進軍俄國時，曾經史無前例地把軍隊大量集中在一條道路上，造成了史無前例的物資缺乏，這不能歸咎於他的那條原則：在決定性的地點上集中的兵力越多越好。如果要避免遭到物資缺乏的困難，只需橫向以較寬的幅面前進就行了。在俄國不缺少空間，出現缺少空間的情況也極少。因此，從這裡找不出任何根據可以證明，兵力上的優勢必然會削弱軍隊的實力。有人認為，把必要時可以使用的多餘兵力都用上去，雖然能減輕整個軍隊的負擔，但大風大雨和作戰時不可避免的勞累不但不能夠減輕負擔，反而會減損它的實力。但是，這種減損總是小於兵力優勢在各方面所能取得的利益。

在部分戰鬥中，很容易確定哪些兵力對於取得某個較大的成果是必要的，哪些兵力是多餘的，但在戰略上要這樣做就幾乎不可能，因為戰略上要獲取的成果並不固定，也沒有明顯的限度。因此，在戰術上過剩的那部分兵力，在戰略上卻是可以用來伺機擴大戰果的手段。利益的百分比是隨戰果的增大而增加，因此，使用優勢兵力很快就可以達到謹小慎微地使用兵力所無法達到的程度。

　　一八一二年，拿破崙依靠自己的巨大優勢，成功地推進到莫斯科，而且占領了這個首都。如果他依靠這一優勢完全粉碎了俄國的軍隊，那麼，他也許可以在莫斯科締結一個透過任何其他途徑都很難得到的和約。這個例子只是用來說明而不是用來證明上述觀點，如果要證明它，就需要詳盡地闡述，在這裡不打算展開。

　　以上論述只是針對逐次使用兵力，而不是針對預備隊這個概念。在這裡要確定一點：在戰術範圍，單是軍隊實際運作的時間延長，其實力就會被削弱，因而時間是削弱軍隊的一個因素。但在戰略範圍，雖然時間對軍隊也有損害，但是這種作用一部分由於兵力眾多而減小了，一部分透過其他途徑得到了補償。因此，在戰略上不能純粹為了時間，就企圖逐次使用兵力使時間對自己有利。

　　我們要闡明的法則是：一切用於某一戰略目的的現有兵力應該同時使用，而且越是把一切兵力集中用於一次行動和一個時刻就越好。但是，在戰略範圍也存在著一個持續發揮影響的問題，即逐步展開生力軍的問題，特別在生力軍是爭取最後勝利的主要手段時，更不能忽視這個問題。

第十三章
戰略預備隊

　　預備隊有兩種不同的用途：第一是延長和恢復戰鬥，第二是應付意外情況。第一個用途以逐次使用兵力能取得利益為前提，因而在戰略範圍內不可能出現。把一個部隊調到即將失守的地點去，這顯然屬於第二個用途的範疇，因為我們沒辦法預見到，戰場會有不得不進行的戰鬥。如果一個部隊僅僅為了延長戰鬥而被留下來，被配置在火力範圍以外，但仍然受這次戰鬥的指揮官指揮和調遣，那麼它就是戰術預備隊，而不是戰略預備隊。

　　但是，在戰略範圍，也可能需要準備一定的兵力以防意外，不過只是在可能出現意外情況下才是這樣。在戰術範圍，人們多半是透過觀察來了解敵人的措施，任何一個小樹林和起伏的地褶都可以把敵人的措施隱蔽起來，因此人們必須一直準備應付意外情況，以便可以隨時加強薄弱的環節，針對敵人的情況調整我方的兵力部署。

　　在戰略範圍必然會出現這種情況，因為戰略和戰術行動有直接聯繫。在戰略上，只有根據觀察，根據每日每時獲得的情報，根據戰鬥產生的實際效果才能確定某些部署方式。因此，根據情況的不確定程度保留一定兵力以備以後使用，也是戰略指揮上的基本要求。在防禦中，特別是在江河、山地這一類地形的防禦中，會不斷出現這種情況。但是，戰略活動離開戰術活動越遠，這種不確定性就越小，當戰略活動接近政治領域時，這種不確定性就幾乎完全不存在了。

　　敵人把縱隊派往什麼地方去進行會戰，這只能透過觀察去了解，敵人將在什麼地方渡河，這可以從他事前暴露的某些準備措施中來了解。至於敵人可能從哪個方向侵入我國，通常還在一槍未發以前，所有的報紙就已透露了。措施的規模越大，就越難做到出敵不意。時間是如此之長，空間是如此

之大，產生行動的各種情況又是如此明顯而很少發生變化，以致人們有足夠的時間來了解它，也可以確切地推斷出來。另一方面，措施越涉及到全局，預備隊（如果有的話）在戰略範圍內的作用也就越小。

部分戰鬥的結局本身沒有什麼意義，只有在整體戰鬥的結局中才能看到其中戰鬥的價值。但是，即使是整體戰鬥的結局，也只有相對的意義，這取決於被擊敗的敵軍在全部兵力中占多大的比重和重要性。一個軍的失利可以用一個軍團的勝利來彌補，一個軍團在會戰中的失利，不僅可以由一個更大軍團的勝利來抵銷，而且還可以轉敗為勝（例如一八一三年在庫爾姆的兩天會戰）。[1]但是，被擊敗的那一部分敵軍越重要，對於勝利的意義（整體戰鬥的勝利）就越重要，敵人挽回失敗的可能性也就越小。

第三方面：如果說在戰術上兵力的逐次使用總是使決定性行動延遲到整個行動的末尾，那麼在戰略上同時使用兵力的法則卻幾乎總是使主力決戰（不一定是最後決戰）在大規模行動開始時就進行。這樣，我們根據這三點結論就有足夠的理由認為：戰略預備隊的用途越廣泛，戰略預備隊的必要性就越小，就越沒有用處，帶來的危險就越大。

在主力決戰中全部兵力必須都使用進去，把現有軍隊組成的任何預備隊留在主力決戰以後使用都是荒謬的。在戰術上預備隊是應付敵人意外調兵的手段，是戰鬥失利時挽救無法預見後果的手段，在戰略上，至少在大規模的決戰中，應該放棄這種手段。在戰略上，某一處的失利通常只能透過別處取得的勝利來挽救，在少數情況下可以把別處的兵力調來挽救敗局，但是絕不應該也不允許有預先保留兵力準備應付失利的思想。

建立一支不參加主力決戰的戰略預備隊，這種思想是錯誤的。有人認為這是戰略上智謀和謹慎的精華，有人則把它連同任何預備隊（因而也連同戰術預備隊）一概否定掉。這種混亂思想也反映在現實生活中。如果人們想看

---

1 德勒斯登會戰後，聯軍向埃爾次山方向撤退。法國凡達姆將軍奉命追擊聯軍，八月二十九日，將一支俄軍追得幾乎無路可逃。但八月三十日凡達姆部卻被俄、普、奧三支軍隊包圍於庫爾姆，凡達姆本人被俘，部隊幾乎全部被殲。

一看這方面突出的例子，那麼可以回憶一下一八〇六年的事件。那時普魯士曾經把符騰堡歐根親王指揮的二萬人的預備隊留在布蘭登堡，結果這支預備隊未能及時趕到薩勒河，另外還把二萬五千人留在東普魯士和南普魯士，作為預備隊以備以後使用。[2]

2　一八〇六年普法戰爭中，普魯士國王將符騰堡歐根親王指揮的薩克森部隊（約二萬人）作為預備隊留在布蘭登堡，並在東普魯士、南普魯士和西里西亞等地保留三十多個步兵營和五十多個騎兵連，這些兵力在耶拿會戰和奧爾斯塔特會戰中都沒有用上。

第十四章
兵力的合理使用

　　人的思路很少僅僅沿著某些原則和觀點直線發展，它總有一定自由活動的餘地。在實際生活的一切藝術中都是如此。用橫坐標和縱坐標描不出美麗的線條，光憑代數公式也做不出圓和橢圓。因此，指揮官有時必須依靠高度準確而迅速的判斷（這來自於天賦的敏感和深入思考的鍛鍊），在不知不覺中就察明真相，有時必須把規律概括成明確的要點作為行動的規則，有時還必須以慣用的方法作為行動的依據。

　　我們認為，使所有兵力都發揮作用，不把任何一部分兵力擱置不用，這就是合理使用兵力的要點。誰在不與敵人打交道的地方配置過多的兵力，誰在敵人攻擊時還讓一部分軍隊在行軍，也就是說，有一部分軍隊沒有發揮作用，誰就是不擅長合理使用兵力。從這個意義上說，存而不用就是浪費，這比用而不當更為糟糕。一旦需要行動，首先就要使所有的軍隊都行動起來，因為即使是最不恰當的活動，也可以牽制或擊敗一部分敵人，而完全擱置不用的軍隊，在這一時刻卻是完全不起作用的。這個觀點和前三章闡述的原則是聯繫在一起的，是同一個真理，我們只不過是從更廣泛的角度進行考察，把它歸納成一個單獨的概念而已。

　　究竟幾何要素或者說兵力配置的形式在多大程度上能夠成為戰爭中的重要因素？在築城防禦中，我們看到幾何學幾乎支配著從大到小的一切問題。在戰術上，幾何學也有著很大的作用。在狹義的戰術中，即在軍隊運動的理論中，幾何學是基礎。在建築野戰工事中，以及關於判定和進攻陣地的學說中，幾何學上的角和線像決定一切的立法者一樣居於統治地位。在這裡，有些幾何要素被濫用了，而另外一些則只是毫無意義的遊戲。但在現代戰術中，每次戰鬥都企圖包圍敵人，這時，幾何要素又重新具有了巨大的作用，它們被簡單卻反覆地應用著。儘管如此，現代戰術比起攻城戰來，一切都更靈活機動，精神力量、個人特性和偶然性都有著較大的作用，因而幾何要素不像在攻城戰中那樣具決定性作用。在戰略範圍，幾何要素的影響就更小了，兵力配置的形式和國土的形狀固然也有很大的影響，但幾何要素不像在築城防禦中那樣具有決定性作用，也遠不像在戰術中那樣重要了。

　　在戰術範圍，時間和空間容易迅速變小。一個部隊如果翼側和背後都受到敵方的攻擊，很快就會陷於無法撤退的困境。這種處境幾乎完全無法繼續戰鬥，必須設法擺脫它，或者預先防止陷入這種境地。這就要求為此而採取的所有行動一開始就具有巨大的作用，主要就是使敵人對後果產生顧慮。因此，兵力配置的幾何形式是產生上述作用一個很重要的因素。

　　但在戰略範圍，空間很大，時間很長，因而這一切只產生微弱的影響。我們不會從一個戰區打完接連著攻擊另一個戰區，實現一個預定的迂迴戰略往往需要幾個星期或幾個月。而且空間是如此廣闊，即使採取最好的措施，要想分毫不差地達到目的的可能性也很小。

　　因此，在戰略範圍，幾何要素的作用要小得多，正因為這樣，在某一地

點實際取得的勝利作用就大得多。在戰略上更為重要的是戰鬥勝利的次數和規模，而不是聯繫這些戰鬥的幾何形式，這是一條既定的真理。

　　但是，與此相反的觀點卻恰恰成為現代理論所喜愛的論題，人們認為，這樣就可以使戰略具有更大的重要性。他們又把戰略看作是更高的智力活動，並且以為這樣就可以使戰爭更為高貴，用一句時髦的話來說，就是使戰爭更加科學化。我們認為，一個完善的理論主要用處就在於揭穿這種迷惑人的謬論。由於這種現代理論常常以幾何要素這個主要概念為出發點，因此我們特別強調了這個問題。

第十六章
軍事行動中的間歇

　　戰爭是相互消滅的行為，戰鬥雙方一般說來都在前進。但就某一時刻來說，只有一方在前進，而另一方在等待。因為雙方的情況絕不可能完全相同，或者不可能永遠相同，隨著時間的推移，情況可能會發生變化，因而當前這個時刻對某一方就會比對另一方有利。假定雙方統帥都完全了解這一點，那麼，一方前進的根據同時也成為另一方等待的根據。因此，在同一個時刻雙方不會都感到前進有利，也不會都感到等待有利。雙方不可能同時抱有同樣目的，原因不是一般的兩極性，因此和第二篇第五章〈批判〉的論點並不矛盾，而是使雙方統帥定下決心的根據是同一回事，也就是他們未來處境是改善還是惡化的可能性。即使雙方的情況可能完全相同，或者由於雙方統帥對對方情況了解不夠，誤認為情況完全相同，仍然不可能產生間歇，因為雙方的政治目的不同。從政治上看，雙方必然有一方是進攻者，雙方的企圖如果都是防守，那就不會發生戰爭了。進攻的一方抱有積極的目的，防禦的一方只有消極的目的；進攻的一方必須採取積極的行動，只有這樣才能達到積極的目的。因此，即使雙方的情況完全相同，積極的目的也會促使進攻的一方採取行動。

　　根據這種想法，軍事行動中的間歇嚴格說來是與戰爭的性質矛盾，因為兩支軍隊是敵對的，任何一方必然努力要消滅對方，就像水和火永遠不能相容，不到一方完全消失，它們之間的相互作用就不會停止。但是，我們又要如何解釋兩個摔跤者長久地扭在一起僵持不動的現象呢？軍事行動本來應該像上緊發條的鐘錶一樣一刻不停地運動。但是，不管戰爭的性質多麼暴烈，它總還受人的弱點的限制，人們一方面在追求危險和製造危險，同時卻又害怕危險，戰爭中存在著這種矛盾。

　　如果我們瀏覽一下戰史，往往可以看到和上述情況相反的現象，在戰爭中為了達到目標並不總是不停頓地前進，很顯然，間歇和停頓是軍隊的基本狀態，而前進卻是例外。這幾乎使我們懷疑上述觀點的正確性。但是，儘管戰史上的大量事實所證明的是這樣，最近的一系列事件卻恰好證明了我們提出的觀點。法國大革命戰爭充分表明了這個觀點的現實性，也充分證明了它的必然性。在革命戰爭中，特別是在拿破崙的各次戰役中，戰爭的進行最大限度地發揮了力量，我們認為這是戰爭的自然規律。

　　事實上，如果不是為了前進，在戰爭中付出許多力量又如何解釋呢？麵包師只是為了要烤麵包才燒熱爐子；人們只是為了要用車才把馬套在車上。如果不是為了使敵方付出同樣大的力量，那又為什麼要做這樣巨大的努力呢？

　　對於這個整體原則的論述，我們就談這麼多，現在再來談談它在現實中的變化。

　　在這裡必須指出引起變化的三個原因，它們是內在的牽制力量，可以阻止戰爭這個鐘錶走得太快或無休止地走下去。

　　第一個原因是人性的怯懦和優柔寡斷。它使行動具有經常趨於停頓，因而是一種抑制因素，它是精神世界中的重力，但不是由引力引起的，而是由斥力引起的，是由於害怕危險和責任。

　　在戰爭的烈火中，人的惰性一般情況下比較大，因此要持續不斷地運動，就必須有更強大的動力不斷地推動他。僅僅有戰爭目的還不足以克服這種重力，如果沒有這種在戰爭中如魚得水的英勇善戰精神作主宰，沒有來自上級的巨大責任的壓力，那麼停頓就會變成常事，前進就會成為例外。

　　第二個原因是人的認知和判斷上的不完善。這在戰爭中比在其他任何地方都顯得更為突出，因為人們很難每時每刻都確切地了解自己的情況，至於敵人的情況，由於是隱蔽的，所以只能根據不多的材料加以推測。因此，常常會發生這樣一種情況：實際上等待只對一方比較有利，但雙方卻都認為對自己有利，每一方都認為等待另一個時刻是明智的。

　　第三個原因是防禦力量的相對增強。它像鐘錶裡的制動裝置一樣，隨時

都會使行動停頓下來。甲方可能覺得自己力量太弱不宜進攻乙方，但不能因此得出結論說，乙方就有足夠的力量進攻甲方。防禦能夠增強力量，因此，如果一方不進行防禦而採取進攻，那麼他不僅會失去這種力量，還會把它轉給對方。具體地說，就是 a＋b 和 a−b 的差等於 2b。因此，不僅雙方自己都覺得無力進攻，而且實際上也是如此。

這樣，人們就在軍事藝術中為謹慎小心和害怕巨大危險找到了合理的立足點，從而抑制戰爭所固有的暴烈性。

但是，這些原因還不足以說明，為什麼過去那些不是由重大利害衝突引起的戰爭會有長時間的間歇，在這些戰爭中，十分之九的時間是在無所作為的休戰狀態中度過的。這種現象主要來自於一方的要求，和另一方的狀況以及士氣對戰爭的影響，關於這一點我們在第一篇〈戰爭中的目的和手段〉那一章中已經談過了。

這一切都可能產生十分巨大的影響，使戰爭成為不倫不類的東西。這樣的戰爭往往只是一種武裝監視，只是為了支持談判而擺出的威脅姿態，只是一種緩和的行動，在自己略占優勢的情況下以便伺機行事，或者並非出於自願，而只是勉強履行同盟義務。

在所有這些情況下，利害衝突不大，敵對因素不強，每一方都不想向對方採取過分的行動，也並不十分害怕對方，沒有很大的利害關係逼迫和驅使他們行動。在這種情況下，雙方政府下的賭注不會很大，於是就出現了這種溫和的戰爭，限制了真正的戰爭所具有的敵對情緒。

戰爭越是這樣不倫不類，必然性就越少，偶然性就越多，就越缺乏必要確定的根據和基礎建立理論。

但是，即使是這樣的戰爭也需要才智，跟其他戰爭比較起來，它的表現形式更為多樣，活動範圍更為廣泛，就像用金幣當賭注的賭博變成拿硬幣來做小買賣。在這裡，作戰的時間都花費在裝腔作勢的小行動上，即半真半假的前哨戰，沒有任何效果的長時間部署，以及被後人稱頌為大有學問的布陣和行軍（所以被稱頌為大有學問，因為這樣做的一些微小原因已經不得而知，而一般人又無法想像出來）。恰好某些理論家發現了真正的軍事藝術，

他們從古代戰爭中運用的虛刺、防刺、防右下刺和防左上刺中找到了所有理論研究的對象，發現智力比物質重要。他們認為最近幾次戰爭是野蠻的搏鬥，沒有什麼值得學習，只能是倒退到野蠻時代。這種觀點與它論及的對象一樣，都是毫無價值的。在缺乏巨大力量和偉大激情的地方，小聰明當然就容易發揮作用。但是，指揮龐大的軍隊作戰，像在狂風駭浪中掌舵一樣，難道不是一種更高的智力活動嗎？難道上述擊劍術式的作戰方法沒有包括在真正的作戰方法之內嗎？前者和後者的關係不就像人在船上的運動和船本身的運動的關係一樣嗎？實際上，這種擊劍術式的作戰方法只有在對方並不強於我方的條件下才能採用。但是，這種條件能保持多久？在我們對於舊式作戰方法穩妥可靠的幻想中，法國大革命戰爭襲擊了我們，把我們從夏龍趕到莫斯科。[1]腓特烈大帝正是用類似的方式使安於老一套戰爭習慣的奧地利人大吃一驚，震撼了奧地利王朝。在對付一個只受內在力量限制而不受其他任何法則約束的野蠻敵人時，政府如果採取不堅決的政策，運用墨守成規的軍事藝術，那就太可憐了！行動和意志上的任何懈怠都會增強敵人的力量。一個只會擺架勢的人要變成真正的運動員不是那麼容易的，他只要被輕輕地一推，就會摔倒在地上。

　　從上述所有的原因中可以看出，一次戰役中的軍事行動不是連續不斷，而是有間歇的；因此，在各次流血行動之間總有一個時期雙方都處於守勢而互相觀望；但一般說來，抱有較高目的的一方採取進攻的原則，處於前進的態勢，因此它的觀望態度稍有不同。

1　一七九二年普魯士和奧地利的聯軍在反對法國革命的戰爭中曾到達法國夏龍附近。以後，歐洲反法聯盟的軍隊就節節敗退，到一八一二年，拿破崙率領法軍曾到達莫斯科。

第十七章
現代戰爭的特點

拿破崙的幸運和大膽使以前通用的一切作戰手段都變得一文不值，許多一流的強國幾乎被他一擊即潰。西班牙人透過他們頑強的戰鬥表明，全民國防和起義儘管在個別方面還有缺點和不夠完善，但整體說來是能起很大作用的。俄國的一八一二年戰役告訴我們：第一，一個幅員遼闊的國家是不可征服的；第二，即使會戰失利、首都淪陷或某些地區失守，仍有可能最後獲勝。當敵人進攻的力量已經枯竭時，在自己的國土上進行防禦的一方往往就成為最強大的，這時，轉守為攻具有十分巨大的力量。一八一三年的普魯士進一步說明，緊急建立民兵可以使軍隊增加到平時兵力的六倍，這些民兵在國外像在國內一樣可以使用。[1] 上述這些情況表明，民心和民意在國家力量、軍事力量和作戰力量中是一個多麼重要的因素。既然各國政府已經知道這些輔助手段，它們在未來戰爭中就會使用這些手段，不管是危險威脅到生存也好，還是強烈的榮譽心驅使它們這樣做也好。

顯而易見，用全民力量進行的戰爭和只依靠常備軍進行的戰爭，是按不同的原則組織起來。以往的常備軍好像是艦隊，陸軍則是像海軍一樣作為國力的象徵，因此陸軍的軍事藝術曾經採用過海軍戰術中的某些原則，而現在卻完全不採用了。

1　一八〇六年普法戰爭後，普魯士的軍隊按條約不得超過四萬二千人。一八一三年戰爭開始前普魯士透過建立後備軍的辦法，將軍隊增加到二十五萬人。

第十八章
緊張與平靜（戰爭的力學定律）

　　我們在本篇第十六章〈軍事行動中的間歇〉中已經談過，在大多數戰役中，間歇和平靜的時間比行動的時間要長得多。我們在第十七章〈現代戰爭的特點〉中又談到現代戰爭完全不同的特點，真正的軍事行動總是被或長或短的間歇所中斷。因此，我們有必要進一步探討這兩種狀態的實質。如果軍事行動中發生了間歇，雙方都不抱積極的目的，那麼就會出現平靜，因而也就出現均勢。當然，這裡指的是最廣義的均勢，不僅指軍隊的物質力量和精神力量，而且還包括一切關係和利害在內的均勢。但是，只要雙方中有一方有了新的積極目的，並且為此進行了活動（即使只是一些準備活動），而對方一旦對此採取對策，那麼雙方之間就會出現緊張。這種緊張狀態將持續到決戰結束時。

　　在雙方決戰結束以後，接著就會出現向這一方向或那一方向的運動。如果這個運動遇到必須克服的困難（如內部摩擦）或新出現的對抗力量而衰竭，那麼，不是再度出現平靜，就是產生新的緊張決戰，然後又會出現一個新的、在大多數的情況下方向相反的運動。

　　在平靜和均勢的狀態下，也可能有某些活動，但這些活動只是由偶然的原因引起，而不是來自於能導致重大變化的目的引起的。這些活動中也可能包括重要的戰鬥，甚至是主力會戰，但是它們的性質完全不同，因而往往產生不同的效果。

　　當出現緊張時，決戰總是具有更大的效果，這一方面是因為在這時人們的意志能發揮更大的力量，環境會產生更大的壓力，另一方面是因為這種大規模的行動已經有了各方面的準備。這樣的決戰猶如密封良好的地雷的爆炸效果，而同樣規模的事件如果在平靜狀態中發生，卻彷彿是散放著的火藥在

燒燒。

　　此外，緊張的程度各不相同，從最緊張的狀態到最不緊張的狀態之間程度不同，最弱的緊張狀態與平靜狀態之間就只有很小的區別了。上述考察中對我們最有益的就是由此得出的結論：同樣的措施在緊張狀態中比在均勢狀態中具有更大的重要性和更好的效果，而在最緊張的狀態中，其重要性也就上升為最大。

　　例如，瓦爾密砲擊[1]比霍克齊會戰[2]更有決定性的意義。

　　在敵人無法防禦而放棄的地區上駐防，和在敵人為了等待更有利的決戰時機而退出的地區上駐防，應該採取完全不同的方式。抗擊敵人的進攻時，一個不合適的陣地，或者一次錯誤的行軍，都會造成嚴重的後果。但在均勢狀態中，這些缺點只有在特別突出的時候才會促使敵人行動。

　　以往大多數戰爭的絕大部分時間是在均勢中度過的，至少是在程度較輕、間歇較長和作用較小的緊張中度過的。在這種狀態下發生的事件很少會產生很大的結果，它們有時只是為了慶祝女皇的誕辰（霍克齊會戰），有時只是為了爭取軍人的榮譽（庫涅斯多夫會戰），[3]有時只是為了滿足統帥的虛榮心（弗萊貝格會戰）。[4]

　　統帥必須清楚地辨別這兩種狀態，並且能針對這兩種狀態合理地行動。但一八〇六年戰役的經驗卻告訴我們，統帥往往離這個要求還很遠。在當時

....

1　一七九二年七月，普奧聯軍在布倫瑞克公爵統率下侵入法國，企圖扼殺法國大革命。九月二十日，杜木里埃率法國革命軍於瓦爾密與聯軍遙遙對峙，雙方進行了砲戰，以後聯軍便退至萊茵河東岸。這次砲戰的勝利具有很大的政治意義，鼓舞了法國革命軍和人民，他們終於把侵略軍趕出法國，挽救了革命。

2　一七五八年十月十四日，道恩率領奧軍於包岑附近的霍克齊村擊敗腓特烈大帝。克勞塞維茨說這次會戰是為了紀念女皇的誕辰。但奧國女皇瑪麗亞・特蕾莎誕生於一七一七年五月十三日，即位於一七四〇年十月二十日，如果說是為了紀念女皇登基而進行的，似乎更合理些。

3　一七五九年八月十二日，腓特烈大帝向庫涅斯多夫的奧俄聯軍的堅固陣地進攻，經過激烈戰鬥奪得了聯軍的左翼陣地。據說由於他不顧部下的反對，令疲憊不堪的士兵向敵人右翼陣地進攻，因而損失慘重而大敗。

4　一七六二年十月二十九日，普魯士亨利親王於弗萊貝格戰勝奧軍。據說這是亨利親王進行的第一個會戰。

那種高度緊張狀態中，一切都集中於主力決戰，統帥本來應該把全部力量都用在這個事關重大的主力決戰上，然而，卻只是建議性地提出了一些措施，即使有一些措施確已付諸行動（例如對法蘭肯地區進行偵察），[5]也不過只能在均勢狀態中引起微弱振動而已。人們只注意了這些引起混亂和占用精力的措施和意見，卻把唯一能夠挽救大局的必要措施遺忘了。

　　這種理論區分對於進一步闡述我們的理論十分必要，因為進攻和防禦的關係以及實施這兩種行動時，一切都與危機狀態（各種力量在緊張和運動時所處的狀態）有關，在危機中才是真正的戰爭，均勢狀態只不過是危機的反射而已。在均勢狀態中進行的一切活動，我們只能看作是力量的派生罷了。

5　指耶拿會戰，普魯士軍隊派繆夫林上尉在提林格山南法蘭肯地區進行的偵察活動。

第四篇

戰鬥

第一章
概要

　　我們在前一篇考察了那些在戰爭中引發作用的要素，現在我們來研究一下真正的軍事活動——戰鬥。這種活動透過物質和精神的效果時而直接時而間接地體現著整個戰爭的目的。因此，在這種活動及其效果中，上述戰略要素必然又會出現。

　　戰鬥本身的部署屬於戰術範疇。在實際運用中，由於戰鬥有各種不同的直接目的，每個戰鬥也就具有其特殊的形式。但是，與戰鬥的一般性質比較起來，戰鬥的特殊形式大不是很重要，因此大部分戰鬥彼此十分相似。為了避免重複論及戰鬥的一般性質，我們認為在談戰鬥的具體運用問題以前，有必要先考察一下戰鬥的一般性質。

　　因此，在下一章中我們先從戰術角度簡單闡述一下現代會戰的特點，因為我們關於戰鬥的概念是以現代會戰為基礎。

第二章
現代會戰的特點

　　根據戰術和戰略的概念，戰術的性質有了變化，戰略必然也會受到影響。戰術具有完全不同的特點，那麼戰略必然也會具有完全不同的特點，只有這樣，才是合乎邏輯和合乎情理。因此，我們在進一步研究戰略上如何運用主力會戰之前，先說明一下現代主力會戰的特點。

　　現代主力會戰一般是怎樣進行的呢？首先是從容地把大批軍隊前後左右配置好，然後按一定的比例展開其中的一小部分，讓它在火力戰中進行幾小時搏鬥，不時地穿插進行一次次小規模的衝鋒、白刃格鬥和騎兵攻擊，而且調來調去形成拉鋸戰。當這一小部分在這個過程中逐漸地把戰鬥力消耗殆盡時，就把它撤回，用另一部分代替。這樣，會戰就像潮濕的火藥慢慢燃燒那樣，有節制地進行著。當黑夜來臨，什麼都看不見了，誰也不想盲目地去碰運氣，於是會戰就會中止。這時，人們就要估計一下，敵我雙方還剩下多少可以使用的兵力，也就是還剩下多少兵力沒有完全像爆發後的火山那樣一蹶不振。再估計一下陣地的得失情況以及背後是否安全。最後，把這些估計的結果與敵我雙方在勇敢和怯懦、聰明和愚蠢等方面的表現綜合起來，形成一個總印象，根據它就可以做出決定：撤出戰場還是明天早晨重新開始戰鬥。

　　上面的描繪並不是現代會戰的全貌，只是勾畫了現代會戰的基本色調，它既適用於進攻者，也適用於防禦者。我們在這幅畫上添上特定的目標、地形等等特殊的色彩，並不會改變它的基本色調。

　　可是，現代會戰具有這種特點並不是偶然的。它所以這樣，是因為敵對雙方在軍事組織和軍事藝術方面的程度大致相當，是因為現代戰爭是由重大的民族利益引起的，戰爭要素突破了種種束縛，已沿著它的自然方向發展。在這兩種情況下，會戰就始終保持著這種特點。

　　我們以後在確定兵力、地形等等各個係數的價值時，這個關於現代會戰的一般概念，在許多地方是有用的。不過，上述情況只適用於一般、規模大的、有決定意義的戰鬥，至於小規模的戰鬥，其特點固然也在朝這個方向變化，但比起大規模的戰鬥來，變化的程度較小。要證明這一點，就屬於戰術的範疇了，不過我們以後還有機會做些補充，把它說得更清楚些。

第三章
戰鬥概論

　　戰鬥是真正的軍事活動，其餘的一切活動都是為它服務。戰鬥就是搏鬥，目的是消滅或制服敵人，而每一次在具體戰鬥中的敵人就是和我們對峙的軍隊。這就是戰鬥的簡單概念。

　　在野蠻民族的簡單觀念中，國家和它的軍事力量是一個整體，自然也就會把戰爭看作是一個大規模的戰鬥。但是，現代戰爭卻是由大大小小的、同時發生或相繼發生的無數戰鬥構成。軍事活動分成這麼多單個行動，是因為現代戰爭產生的情況是異常複雜的。

　　現代戰爭的最後目的，即政治目的，往往比較複雜。即使這個目的十分簡單，由於軍事行動與許多條件和考慮聯繫在一起，因而它不可能透過一次單獨的大規模行動來達到，只有透過一系列大大小小的活動，全部結成一個整體後才能達到。每一個具體活動都是整體的一部分，各有其特殊的目的，並透過這些目的與整體聯繫在一起。

　　戰略行動就是運用軍隊。運用軍隊始終是以戰鬥這個概念為基礎，每個戰略行動都可以歸結到戰鬥這個概念上。因此，在戰略範圍內，我們可以把一切軍事活動都歸結到戰鬥的整體上來，而且只研究戰鬥的一般目的。至於戰鬥的特殊目的，我們將逐步予以闡明。戰鬥不論大小，都有從屬於整體的特殊目的。消滅和制服敵人只是達到這一目的的手段。事實上也確實是這樣。但是，這個結論只是從形式上來看正確，只是為了使各個概念在邏輯上有聯繫才顯得重要。我們指出這一點，正是為了防止這樣看問題。

　　什麼是制服敵人呢？這永遠而且只能是消滅他的軍隊，不論是透過造成敵方傷亡還是其他方式，不論是徹底地消滅它，還是只消滅它的一部分，使它不願意繼續作戰。因此，只要撇開各個戰鬥的一切特殊目的，就可以把全

部或部分地消滅敵人看作一切戰鬥的唯一目的。

　　在大多數情況下，特別是在大規模戰鬥中，戰鬥的特殊目的只不過是一般目的的表現形式，或者只是與一般目的連結在一起的從屬目的。它使戰鬥具有特殊性質，這是重要的，但與一般目的的比較起來，它只是次要的，即使這個從屬目的達到了，也只是完成了戰鬥的次要任務。如果這個論斷正確，那麼不難看出，消滅敵人軍隊只是手段而目的總是別的東西，這種看法只有從形式上來看才正確。戰鬥的特殊目的中也包含著消滅敵人軍隊，特殊目的只是消滅敵人軍隊一種較小的變形。

　　在最近幾次戰爭以前，正是因為人們忘記了這一點，所以出現了一些完全錯誤的見解、傾向和不完整的理論體系，認為理論越不要求使用真正的工具，即越不要求消滅敵人的軍隊，理論越能擺脫手藝的習氣。[1]如果不提出一些錯誤的前提，不用一些誤認為是有效的手段來代替消滅敵人軍隊，當然就不會產生上述那種理論體系了。以後只要有機會，我們還要辯駁這種錯誤。如果我們不強調消滅敵人軍隊的重要性和真正價值，不提防那種純粹形式上的真理所引起的謬論，我們就無法研究戰鬥。

　　但是，怎樣才能證明，在大多數以及最重要的戰鬥中，消滅敵人軍隊是最主要的呢？有人認為用一種特別巧妙的方式直接消滅敵人的少數兵力，就可以間接消滅它更多的兵力，或者運用一些規模不大但卻非常巧妙的攻擊，就可以使敵人陷於癱瘓狀態，就可以控制敵人的意志，並認為這種方法應該是最好的捷徑。我們將如何看待這種美妙的想法呢？不錯，在不同的地點進行戰鬥可能有不同的價值。在戰略上，指揮官巧妙地部署各次戰鬥，戰略無

1　十八世紀歐洲的軍事理論中有一種傾向，認為會戰不但是不必要的，而且是有害的，演習式的作戰比決定勝負的會戰有利。例如英國的軍事理論家勞合認為，掌握了數學和地形學等方面的知識就能夠用幾何學精確地計算出一切作戰行動，戰爭中就不必進行實際的會戰。普魯士的軍事理論家比羅則把會戰稱為「完全絕望中的補救手段」，他認為作戰對象不應該是敵人的軍隊，只要對敵人的補給線造成威脅就能迫使敵人屈服。十八世紀和十九世紀之交，普魯士的軍事領導集團仍受這種思想的支配，畏懼會戰而對演習式的作戰評價過高。作者針對這些情況做了批判。

非是進行這種部署的藝術。我們並不否認戰略部署的價值，但不管在什麼地方，直接消滅敵人軍隊總是最主要的事情。這是頭等重要的原則。

　　同時必須記住，我們談的是戰略而不是戰術，也就是說，並不是談那些在戰術上可能存在、不消耗很大力量就能消滅敵人很多軍隊的手段。我們認為直接消滅敵人是戰術上的成果，因此，只有重大的戰術成果才能導致重大的戰略成果，戰術成果在作戰中具有極其重要的意義。

　　我們覺得要證明這個論點相當簡單，就存在於每種複雜巧妙的行動中。究竟是簡單的攻擊，還是比較複雜、比較巧妙的攻擊有更大的效果呢？如果把敵人看成是被動的對象，就會毫無疑問地認為後者的效果大。但是，任何複雜的攻擊都需要更多的時間，只有在一部分軍隊受到攻擊也不致破壞我們整個軍隊準備工作的效果時，我們才能贏得這樣的時間。如果敵人決定在短期內發動一次比較簡單的攻擊，那麼敵人就會占有優勢，因而使我方的宏大計畫失去作用。因此，我們在衡量複雜的攻擊有多大價值時，必須把準備期間內可能發生的一切危險考慮在內。只有不怕敵人用簡單攻擊來破壞我們的準備，才能採用複雜的攻擊。一旦在準備過程中遭到敵人的簡單攻擊，我們就不得不採用比較簡單的行動，而且必須根據敵人的情況採取盡可能簡單的行動。一個敏捷、勇敢而又果斷的敵人，絕不會讓我們有時間去計畫大規模的巧妙攻擊，對付這樣的敵人，最需要巧妙的本領。簡單和直接行動的效果要比複雜行動的效果更重要。

　　我們並不認為簡單的攻擊是最好的攻擊，而只是說，準備時間不能超出環境許可的範圍，敵人越有尚武精神，就越有必要採用直接的行動。因此，與其在複雜的計畫方面勝過敵人，不如在簡單的行動方面永遠走在敵人的前面。

　　如果我們研究一下這兩種方法的最根本基礎，我們就會發現，一種方法的基礎是智慧，另一種方法的基礎是勇氣。人們很容易受到迷惑而認為，普通的勇氣兼高超的智慧，比普通的智慧兼出眾的勇氣有更大的作用。但是，如果人們不是違反邏輯地考慮這兩種因素，就應該看到，在勇氣起主要作用的危險領域內，智慧不可能比勇氣更重要。在一切武德中，作戰的魄力總是

最能使軍隊獲得榮譽和成功。

　　經過了這些抽象的考察，我們還要指出，實際經驗也證實了我們的信念，不會引向其他的結論，而且實際經驗正是這些思想的根基所在。

　　消滅敵人軍隊不僅在整個戰爭中，而且在各個戰鬥中，都應該看作是主要的事情，這是我們的原則。至於如何貫徹這一原則，以及如何使它與產生戰爭的各種情況所要求的一切形式和條件相適應，我們將在後面加以研究。

　　透過上面的論述，我們只是想充分說明這個原則的重要性，現在，我們根據上述結論再來討論戰鬥。

第四章
戰鬥概論（續）

　　消滅敵人軍隊在戰爭中永遠是最主要的。至於與這個目的混合在一起、有一定重要性的其他目的，我們將在下一章中先做一般的論述，以後再逐步加以闡明。在這裡，我們把戰鬥的其他目的完全撇開，只把消滅敵人看作是戰鬥的唯一的目的。

　　消滅敵人軍隊是什麼呢？應該理解為使敵人軍隊損失的比例比我方大得多。如果我方軍隊在數量上占很大的優勢，那麼，當雙方損失的絕對數量相同時，我方的損失當然就比敵方小，這是對我方有利的。既然我們在這裡撇開戰鬥的其他目的來談戰鬥，那麼，我們就必須把那些間接消滅更多敵人軍隊的目的也排除在外。因此，只能把相互殺傷過程中直接取得的利益看作是目的，因為這種利益是絕對的利益，始終保留在整個戰役的帳本上，而且在最後的結算中總是一種純利。至於其他各種勝利，有的是透過這裡根本不予考慮的其他目的取得，有的只是一種暫時的相對利益，這一點舉一個例子就可以說明。

　　如果我們以巧妙的部署使敵人陷於不利的境地，以致他不冒危險就不能繼續戰鬥，因而稍作抵抗就撤退了，那麼可以說，我們在這一點上把他制服了。但是，如果在這個制服敵人的過程中，敵我雙方軍隊的損失比例相同，那麼這次勝利（如果這樣一個結果可以稱為勝利的話）在戰役的總結算中就沒有留下什麼利益。因此，像這樣制服敵人，就沒有達到消滅敵人的目的。戰鬥的目的就是在相互破壞過程中直接取得利益，這種直接取得的利益不僅包括敵人在戰鬥過程中所受的損失，而且也包括敵人在撤退過程中直接遭受的損失。

　　這裡有個眾所周知的經驗，在戰鬥過程中，勝利者和失敗者在物質損

失方面很少有較大的差別，往往根本沒有差別，有時甚至勝利者的損失還可能大於失敗者。失敗者的決定性損失是在開始撤退以後才出現的（而勝利者卻不會有這種損失）。剩下的驚慌失措的部隊被騎兵衝散，疲憊不堪的士兵累倒在地上，損壞了的火砲和彈藥車被拋棄，剩下的火砲和彈藥車也因道路不好不能迅速撤退，因而被敵人的騎兵追獲。在夜間，零星的部隊迷失了方向，毫無抵抗地落入敵人手中。這種結果多半是在勝負決定之後才出現，如果不做如下的解釋，就會難以理解。

雙方在戰鬥過程中不僅有物質方面的損失，而且精神也會受到震驚、挫傷，甚至一蹶不振。要決定戰鬥是否還能繼續，不僅要考慮人員、馬匹和火砲的損失，而且還要考慮秩序、勇氣、信心、內部聯繫和計畫等方面受到挫折，引發決定作用的主要是這些精神力量，特別在雙方物質損失相等的情況下，引出決定性作用的就只是這些力量。

在戰鬥過程中要比較雙方物質力量的損失無疑是困難的，但要比較精神力量的損失卻並不難。能說明精神力量損失的主要有以下兩點：第一，作戰地區的喪失；第二，敵人預備隊的優勢。我方預備隊比敵人的預備隊減少得越多，就說明我方為了保持均勢使用了更多的兵力。這是敵人在精神方面占優勢的明顯證明，這常常使統帥感到一定的苦惱，使他低估自己部隊的力量。但主要的是，經過長時間作戰的部隊都多少會像燃燒殆盡的煤渣一樣，子彈打完了，隊形打散了，體力和精力都耗盡了，也許連勇氣也大受挫折。像這樣的部隊，且不談人數上的減少，就作為一個有機的整體來看，也和戰鬥以前的情況大不相同了。所以，根據預備隊的消耗程度可以衡量精神力量的損失。

地區的喪失和預備隊的缺乏通常是決定撤退的兩個主要原因，但我們也絕不想否認或者忽視其他原因，例如各部隊的聯繫和整個作戰計畫遭到破壞等等。因此，任何戰鬥都是雙方物質力量和精神力量以流血方式和破壞方式進行的較量。最後誰在這兩方面剩下的力量最多，誰就是勝利者。

在戰鬥過程中，精神力量是決定勝負的主要原因。勝負決定後，精神力量還會繼續損失，到整個行動結束時才達到頂點。因此，使敵人精神力量遭

受損失也是摧毀敵人物質力量的一種手段，這是戰鬥的真正目的。軍隊一旦隊形混亂，行動不能協調，個別部隊的抵抗往往就徒勞無益。整個軍隊的勇氣受到了打擊，原來那種不顧危險力爭得失的意志就會潰散，這時，危險對大多數人來說不但不能激發勇氣，反而像是一種嚴厲的懲罰。因此，軍隊一旦看到敵人取得勝利，力量就被削減，銳氣就會受挫，他們就再也不能依靠危險激發自己的勇氣來解除危險了。

勝利者必須利用這個時機，以便在摧毀對方物質力量方面獲得真正的利益。只有摧毀對方物質力量後得到的利益才是確實可靠的，因為失敗者的精神力量可以逐漸恢復，隊形能夠重新建立，勇氣也能再度高漲。而勝利者在精神方面取得的優勢在大多數情況下卻只有極小一部分能夠保留下來，有時甚至連極小一部分也不能保留下來。在極個別情況下，由於失敗者抱有復仇心和更加強烈的敵愾心，反而可能產生相反的精神效果。與此相反，在殺傷敵人、俘獲敵人和繳獲敵人火砲等方面，勝利者所獲得的利益永遠不會從帳本中勾銷。

會戰過程中的損失主要是人員的傷亡，而會戰後的損失卻主要是火砲的丟失和人員的被俘。前一種損失對勝敗雙方來說都或多或少存在，後一種損失通常只是失敗的一方才有，至少失敗一方的這種損失要大得多。因此，繳獲的火砲和俘獲的人員在任何時候都是真正的戰利品，是衡量勝利的尺度，因為根據這一切可以確實無誤地看出勝利的大小。甚至勝利者精神優勢的大小，從這方面看也比從其他方面看更為明顯，特別是與傷亡人數對比，就更為明顯。因此，繳獲的火砲和俘獲人員的數量也是產生精神效果的一種新的力量。

戰鬥過程中和戰鬥撤退時受挫的精神力量可以逐漸恢復，有時甚至可以完全恢復。但這只是就較小的分隊而言，至於大分隊卻很少能這樣。軍隊的大分隊或許還有這樣的可能，但對軍隊所屬的國家和政府來說，卻極少、甚至根本不會有這樣的可能。在國家和政府裡，人們判斷問題時是從較高的角度出發，很少帶有個人的偏見。根據留給敵人戰利品的數量，以及把這些戰利品與傷亡人數作對比，很容易就可以看出自己軍隊軟弱無力的程度。

　　總之，雖然精神力量的削弱沒有絕對價值，而且也不一定會在最後的戰果中表現出來，但有時可能成為舉足輕重的因素，以不可抗拒之勢壓倒一切。因此，削弱敵人的精神力量也常常可以成為軍事行動的巨大目標，關於這一點我們將在其他的地方論述。但在這裡，我們還必須考察一下它的幾個基本方面。

　　勝利的精神效果隨著被擊敗的軍隊數量增多而增大，但不是以同等的比例，而是以更大的比例，不僅在範圍上增大，而且更為強烈。一個被擊敗的師容易恢復秩序，它只要跟整個軍隊靠在一起，就容易恢復勇氣，就像凍僵的手腳靠在身體上容易溫暖過來。儘管較小勝利的精神效果還沒有完全消失，但對對方來說，這種效果已經有一部分沒有作用了。然而，如果整個軍隊在一次會戰中失敗，那就會導致全軍各個部分相繼崩潰。一堆大火所發出的熱度和幾堆小火所發出的熱度完全不同。此外，勝利的精神效果還取決於交戰雙方的兵力對比。用少數兵力擊敗多數兵力，不僅得到了雙倍的成果，而且還表明勝利者有一種更大、更全面的優勢，使戰敗者永遠不敢捲土重來。然而，實際上這種影響幾乎看不出來。在採取行動的當時，通常我們不是很能準確地掌握敵人的實際兵力，對自己的兵力也估計得不很真實，而且擁有優勢兵力的一方甚至根本不承認兵力上的懸殊，或者不承認兵力占優勢。這樣，他就可以避免由於這一點而可能產生的不利精神影響。那種精神力量在當時一直由對情況的不熟悉、虛榮心或謀略所掩蓋，往往是到了後來人們才從歷史中發現。這時，這支以少勝多的軍隊和它的指揮官立刻光彩倍增，但對久已成為過去的事件來說，這種精神力量已經不能引起什麼作用了。

　　如果說俘虜和繳獲火砲是體現勝利的主要標誌，是勝利的真正結晶，那麼組織戰鬥時也就要特別考慮到這一點，用殺傷的辦法消滅敵人只是一種手段。對此的選擇主要影響的是戰術有不是戰略的部署，但是，這的確會改變戰鬥部署的決定，這主要體現在是要保護自己的背後或者威脅敵人的背後。這一點決定了能俘獲多少敵人和繳獲多少火砲，在許多情況下，當戰略上極為缺乏相應的措施時，單靠戰術往往是做不到這一點。

　　被迫與敵人兩面作戰非常危險，沒有退路就更加危險。這兩種情況都可以癱瘓軍隊的運動和削弱其抵抗力，因而影響勝負。而且，在戰敗時，這兩種危險會增大軍隊的損失，甚至全軍覆沒。因此，背後受到威脅不僅會使失敗的可能性更大，而且使失敗的程度更加嚴重。

　　因此，在全部作戰過程中，特別是在大大小小的戰鬥中，就產生了一種本能的要求，即保障自己的背後和威脅敵人的背後。努力爭取保障自己背後和威脅敵人背後是戰鬥中最緊迫的任務，而且是一個普遍適用的原則。在任何一次戰鬥中，如果除了單純的硬衝以外，不採取上述兩種或者其中的一種措施，那是不可設想的。即使是最小的部隊也不能不考慮自己的退路就去攻擊敵人，而在大多數情況下，人們都會試圖去切斷敵人的退路。

　　至於這種本能的要求在複雜的情況下會經常受到阻礙，因而不能順利地實現，以及在遇到困難時又往往必須服從其他更重要的考慮等等，真的要談起來就會離題太遠，在這裡，我們只要指出這種本能的要求是戰鬥中的一個普遍的自然法則就夠了。

　　這種本能的要求到處都發生作用，到處都使人感到它的壓力，因而成為所有的戰術和戰略機動圍繞的中心法則。勝利的總概念包括三個要素：第一，敵人物質力量的損失大於我方；第二，敵人精神力量的損失大於我方；敵人放棄自己的意圖，公開承認以上兩點。

　　雙方人員傷亡的報導從來不會準確，也很少是真實的，在大多數情況下都是故意歪曲事實，甚至戰利品的數目也很少是完全可靠的。不過，如果對方報導的戰利品數目不多，還是值得懷疑它是否真正獲勝。至於精神力量的損失，除了戰利品以外，就根本沒有適當的尺度可以衡量了。因此，在許多情況下，只有一方放棄戰鬥可以作為另一方獲得勝利唯一確鑿的證明。所以垂下軍旗就等於承認自己的失利，就等於承認敵人在這次戰鬥中占優勢。這種屈服和恥辱與失去均勢引起的精神後果不同，它是構成對方勝利的一個重要部分，因為恰好是這一部分，能夠對軍隊以外的公眾輿論以及對交戰國和盟國的人民和政府產生影響。

　　但是，退出戰場並不等於放棄意圖，甚至經過頑強而持久的戰鬥以後退

出戰場也是如此。如果部隊的前哨經過一番頑強的抵抗後撤退了，恐怕誰也不能說它放棄了自己的意圖。甚至在以消滅敵人軍隊為目的的戰鬥中，也不能總認為退出戰場就意謂著放棄意圖。例如，事先計畫好的撤退，就是一邊撤退一邊還在消滅敵人。在大多數情況下，放棄意圖和退出戰場是難以區分的，退出戰場在軍內和軍外引起的印象是不容忽視的。

對於一些沒有聲譽的統帥和軍隊來說，即使根據實際情況需要撤退，也常常會感到特別為難。因為在一系列戰鬥中連續撤退，給人們造成的印象就是節節敗退，這種印象會帶來非常不利的影響。在這種情況下，撤退者不可能處處表白自己的特殊意圖，藉以避免這種精神影響，因為要想避免這種影響，勢必公開他的全部計畫，顯而易見，這是完全違背他的根本利益。

在索爾會戰中，戰利品並不多（只有幾千名俘虜和二十門火砲）。[1] 當時腓特烈大帝考慮到整個局勢，本來已經決定向西里西亞撤退，但仍然在戰場上停留了五天，並且以此宣告勝利。正如他自己說的，他確信利用這種勝利精神，比較容易地締結和約。儘管他在勞西次的卡托利希—亨內斯多夫戰鬥[2] 和克塞爾斯多夫會戰[3] 中又贏得幾次勝利後才締結了和約，但我們仍然不能說索爾會戰是沒有精神效果的。[4]

....

1　在第二次西里西亞戰爭（一七四四至一七四五年）中，一七四五年八月，腓特烈大帝侵入波希米亞，企圖迫使奧地利簽訂和約。奧地利不聽英國斡旋，命令卡爾親王率領軍隊迎擊腓特烈大帝。當時，普軍處境非常困難，給養急需補充，後方交通線受到奧地利和薩克森聯軍的威脅。九月，腓特烈大帝決定從波希米亞撤退。九月三十日，在索爾附近突遭卡爾親王優勢兵力的襲擊，腓特烈大帝成功地組織了反擊，取得了不大的勝利。到十月六日才撤到特勞滕瑙。
2　一七四五年十一月初，腓特烈大帝獲悉奧地利和薩克森聯軍準備進攻柏林，便於十一月中旬到西里西亞引誘卡爾親王會戰。十一月二十三日，於卡托利希—亨內斯多夫附近擊敗卡爾親王的前衛薩克森軍，卡爾親王退向波希米亞。
3　一七四五年十一月底，腓特烈大帝從西里西亞向薩克森進軍，同時命令安哈爾特—德騷親王從萊比錫向德勒斯登前進，阻截魯托夫斯基率領的薩克森軍隊。十二月十五日，安哈爾特·德騷親王於克塞爾斯多夫附近與薩克森軍發生會戰，薩克森軍大敗。這是第二次西里西亞戰爭的最後一次會戰。
4　一七四五年十二月二十五日，普奧雙方簽訂了德勒斯登和約，結束第二次西里西亞戰爭。和約重申第一次西里西亞戰爭結束時簽訂的布勒斯勞和約的內容，承認普魯士占有西里西亞。

　　如果勝利震撼了敵人的精神，那麼奪得的戰利品就會達到驚人的程度。對對方來說，失利的戰鬥便成為不平常的大敗。失敗者在精神上往往會瓦解，完全喪失抵抗能力，以致全部行動只能是撤退逃跑。耶拿會戰和滑鐵盧會戰就是這樣的大敗，而博羅迪諾會戰卻不是。[5]

　　大敗和一般失敗的區別只是失敗的程度不同，只有書呆子才去尋找為它們劃分界限的標誌。但是，澄清概念是弄清理論觀念的中心環節。至於我們用同一個詞來表達在敵人大敗的情況下和一般失敗的情況下取得的勝利，這是術語上的缺陷。

5　滑鐵盧會戰是拿破崙的最後一次會戰。一八一五年，英、奧、普、俄等國結成第七次反法聯盟。六月十六日拿破崙在林尼會戰中擊敗布呂歇爾後，於十八日向英軍陣地進攻，遭到威靈頓的頑強抵抗。在會戰緊急時刻，布呂歇爾率普軍突然來到滑鐵盧戰場，衝向拿破崙的右翼。聯軍取得了決定性勝利，法軍在撤退中迅速崩潰。六月二十二日，拿破崙被迫退位，後被英國流放到大西洋的聖赫勒拿島。

第五章
戰鬥的意義

我們在前一章中考察了戰鬥的絕對形態，也就是把戰鬥當作整個戰爭的縮影。現在，我們把戰鬥作為較大整體的一部分來研究它與其他部分之間的關係，首先我們要探討一下戰鬥的直接意義。既然戰爭無非是敵對雙方相互消滅的行為，那麼雙方就都要集中自己的全部力量，投入到一次大規模的衝突中，以獲得最終的一切結果。無論在理論上還是在現實中，這看來似乎極為自然。這種看法也確實有許多正確的地方。如果我們堅持這種看法，把最初的一些小戰鬥看作是像刨花一樣不可避免的損耗，那麼，整體看來也是十分有益的。但是，問題絕不是這麼簡單可以解決。

顯然，戰鬥數目所以增多，是兵力區分的緣故，因此各個戰鬥的直接目的和兵力區分要一併討論。但是，這些目的以及具有這些目的的戰鬥，一般是可以分類的，而現在弄清它們的類別，將有助於闡明我們的論點。

消滅敵人軍隊是一切戰鬥的目的，但是，可能有其他一些目的與消滅敵人軍隊結合在一起，甚至還占主要地位。因此，我們必須區分兩種情況：一種是消滅敵人軍隊是主要目的，一種是消滅敵人軍隊主要是手段。除了消滅敵人軍隊以外，占領一個地方和占領一個目標也可能是一次戰鬥的總任務。總任務可能只是三者中的一項，也可能不只一項。在後一種情況下，通常總有一項是主要的。我們不久將要談到進攻和防禦這兩種主要的作戰形式，上述三項中的第一項是相同的，其他兩項卻不相同。因此我們可以條列如下：

進攻戰鬥。第一，消滅敵人軍隊；第二，占領一個地點；第三，占領一個目標。

防禦戰鬥。第一，消滅敵人軍隊；第二，防守一個地點；第三，防守一個目標。

　　但是，如果我們考慮到偵察和佯動，那麼上面這個表並沒有把所有的目的都包括在內，因為上述三項中的任何一項都顯然不是這類戰鬥的目的。實際上，我們不得不承認還有第四種目的存在。仔細考察一下就可以看出，偵察是為了使敵人暴露自己，騷擾是為了疲憊敵人，而佯動是為了使敵人不離開某一地點或者把他從某一地點引到另一地點。所有這些目的只有假借上述三種目的中的一種目的（通常是第二種），才能間接地達到。因為要進行偵察就必須裝出真正進攻、打擊或者驅逐對方的樣子。這種假借的目的並不是真正的目的，我們所要討論的只是真正的目的。因此，我們必須在進攻者的那三種目的以外再加上第四種目的——誘使敵人採取錯誤的措施，就是進行佯攻。這個目的只能屬於進攻的範疇。

　　防守一個地點可以有兩種方式。一種是絕對的，就是絕對不允許放棄那個地點，另一種是相對的，就是只需要防守一段時間。後一種情況在前哨戰和後衛戰中屢見不鮮。

　　戰鬥任務的不同，對戰鬥本身的部署具有重大的影響。只想把敵人的哨兵從他們的崗位趕走，與要全部消滅他們時所使用的方法不同；不惜一切代價堅守一個地點，與暫時阻擊敵人時使用的方法也不同。在前一種情況下，很少考慮到撤退，在後一種情況下，撤退是主要的事情。

　　這些問題都屬於戰術範疇，在這裡列舉它們，不過是為了更清楚地說明問題。至於在戰略上如何看待戰鬥各種不同的目的，將在談到這些目的的章節中予以論述。這裡只作幾點一般的說明：

　　第一，這些目的的重要性大致是按上面表中所列的次序依次遞減；第二，在主力會戰中占首要地位的是第一種目的；第三，防禦戰鬥的後兩種目的不能帶來真正的利益，這兩種目的完全是消極的，只在有利於達到其他積極目的之情況下，才間接地帶來利益。因此，如果這樣的戰鬥過於頻繁，就是戰略局勢惡化的徵兆。

第六章
戰鬥的持續時間

　　如果我們不再就戰鬥本身，而是就它與其他軍隊的關係來研究戰鬥，那麼戰鬥的持續時間就具有了獨特的意義。

　　戰鬥的持續時間可以看作戰鬥次要、從屬的成果。對勝利的一方來說，決出勝負越快越好，對失敗的一方來說，戰鬥時間拖得越長越好。對勝利的一方來說，勝利來得越快，效果也就越大；對失敗的一方來說，失敗來得越遲，損失也就越小。但是，只有在防禦戰鬥中，這一點才具有實際的重要性。在防禦戰中，成果只取決於戰鬥的持續時間。這就是我們把戰鬥的持續時間列為戰略要素的原因。戰鬥的持續時間和戰鬥的基本條件之間有必然的聯繫。這些條件是：兵力的絕對數量、對方兵力和兵種的比例以及地形的性質。例如二萬人不會像二千人那樣很快地消耗掉；抵抗比自己兵力多一兩倍的敵人不能像抵抗兵力相等的敵人那樣長久；騎兵戰比步兵戰勝負決定得快些，單用步兵作戰的戰鬥比有砲兵參加的戰鬥勝負決定得快些；在山地和森林地作戰，前進的速度就不能像在平原上那樣快。

　　由此可見，想透過戰鬥的持續時間來達到某一目的，就必須考慮到兵力、兵種和配置的情況。但是我們在這一問題的專門探討中，重要的不是得出這條規則，而是把經驗在這方面所提供的主要結論和這條規則聯繫起來。

　　一個由各兵種組成的八千人至一萬人的師，即使在不十分有利的地形上對抗具有很大優勢的敵人，也可以抵抗數小時；如果敵人的優勢不太大，或者根本不占優勢，也許能夠抵抗半天。一個由三、四個師編成的軍抵抗時間能夠比一個師的抵抗時間延長一倍，一個八萬至十萬人的軍團抵抗時間大約可以延長兩、三倍。這就是說，這些軍隊在上述的時間內可以單獨作戰。如果在這一段時間內能夠調來其他軍隊，而他們發揮的作用能夠與已經進行的

戰鬥合而為一，那麼這仍然算是同一個戰鬥。

上述數字是我們從經驗中得來的。但是，對我們來說，進一步闡明決定勝負的時刻，從而闡明結束戰鬥的時刻，同樣是重要的。

第七章
決定戰鬥勝負的時刻

在任何一次戰鬥中都有一些非常重要的時刻，對勝負的決定具有主要的作用，但是任何戰鬥的勝負都不只是在某一個時刻決定的。一次戰鬥的失敗如同天平的秤盤下降一樣，是逐漸形成的。但是，在任何戰鬥中都有一個時刻，可以看作是這次戰鬥勝負已定的時刻，此後再進行的戰鬥，是一個新的戰鬥而不是原來那次戰鬥的延續。對這個時刻有個明確的概念是很重要的，尤其是要決定是否可以利用援軍進行有效的戰鬥。

人們常常在一些無法挽回的戰鬥中無謂地犧牲了生力軍，在還可以扭轉局勢的戰鬥中，卻常常錯過了機會。下面兩個例子最能說明這一點。

一八○六年，霍恩洛厄侯爵在耶拿附近以三萬五千人與拿破崙所統率的六、七萬人進行會戰，結果遭到慘敗，可以說幾乎全軍覆沒，這時布呂歇爾將軍企圖以大約一萬二千人的兵力重新恢復會戰，結果在轉瞬之間同樣一敗塗地。

與此相反，在同一天，大約二萬五千普軍在奧爾斯塔特附近與達武率領的二萬八千法軍一直戰鬥到中午，雖然失敗了，但是軍隊並沒有瓦解，也沒有比完全沒有騎兵的對方遭受更大的損失。而普軍卻錯過機會，沒有利用卡爾克洛伊特將軍率領的一萬八千名預備隊來扭轉局勢。如果當時利用了預備隊，那麼這次會戰就絕不會失敗了。

每個戰鬥都是一個整體，各個部分戰鬥匯合成總結果，並以此決定了戰鬥的勝負。這個總結果不一定恰好是我們在第六章〈戰鬥的持續時間〉中所說的那種勝利。因為有時可能並沒有做出計畫足以取得勝利，有時則由於敵人過早地撤退了，沒有機會取得那樣的勝利。即使在敵人頑強抵抗的戰鬥中，決定勝負的時刻往往出現得較早，當時條件經常還不足以達到勝利的概

念。

　　於是我們要問：通常什麼時刻是決定勝負的時刻，從什麼時刻起，即使用一支相當強大的生力軍也不能扭轉戰鬥的不利局面？

　　如果撇開本來就無所謂勝負的佯攻不談，那就是：

　　第一，如果戰鬥的目的是奪取一個目標，那麼對方丟失這個目標就是決定勝負的時刻。

　　第二，如果戰鬥的目的是占領一個地點，那麼對方喪失這個地點多半是勝負已定的時刻。但也並非總是這樣，只有在這個地點特別難以攻克時才是這樣。如果是一個容易攻占的地點，那麼不管它多麼重要，敵人也可以不冒很大危險把它重新奪回去。

　　第三，在不能以上述兩種情況決定戰鬥勝負的其他一切情況，特別是以消滅敵人軍隊為主要目的的情況，勝利的一方不再處於鬆散狀態，不再處於某種軟弱無力的狀態，而失敗的一方逐次使用兵力（這一點已經在第三篇第十二章〈時間上的兵力集中〉中談過）也已經沒有益處，這一時刻就是決定勝負的時刻。我們在戰略上是根據這一時刻來劃分戰鬥單位的。

　　在戰鬥中，如果進攻的敵人完全沒有或者只有一小部分發生秩序混亂和失去作戰能力，或是敵人的作戰能力又重新恢復了，而防守方卻處於渙散狀態，那麼戰鬥是無法恢復的。因此，實際參加戰鬥的兵力越小，留作預備隊的兵力越大，對方使用生力軍奪回勝利的可能性就越小，因為我方預備隊的存在就可以對勝負具有決定性的作用。任何統帥和軍隊，只要在戰鬥中善於合理地使用兵力，處處都能充分利用強大預備隊的精神效果，就能最有把握地取得勝利。現代法國軍隊，特別是在拿破崙親自統率下作戰時，在這方面是非常出色的。

　　此外，勝利的一方參加戰鬥的兵力越小，解除戰鬥的危機狀態和恢復作戰能力的時刻就來得越早。一支騎兵小分隊在快速追擊敵人以後，幾分鐘內就可以恢復原來的隊形，危機也不會持續得更長。整個騎兵團要恢復秩序卻需要較長的時間。成散兵線的步兵恢復隊形所需要的時間還會更長。由各兵種組成的部隊，它各個部分的前進方向可能不同，發生戰鬥時隊形就會發生

混亂，由於相互間都不明確知道對方的位置，隊形會更加混亂，恢復隊形就需要更長的時間。勝利的一方要把投入到戰鬥中的分散軍隊以及一部分隊形混亂的部隊重新集合起來，稍加整頓，配置到適當的地點，也就是說恢復戰場秩序，需要很長的時間。軍隊越大，恢復秩序的時刻來得就越遲。此外，當勝利者還處於危機狀態時，黑夜的到來會延遲恢復秩序的時刻，地形的複雜和隱蔽也一樣。但夜暗也是一種有效的掩護手段，因為夜襲很少取得良好的結果，像一八一四年三月十日約克在郎城夜襲馬爾蒙而成功的例子，是不多見的。[1]同樣，隱蔽和複雜的地形對長時間處於危機狀態的勝利者也具有掩護作用，使他不致受到反擊。因此，黑夜和隱蔽而複雜的地形，會使恢復戰鬥變得更加困難。

　　以上我們所談的失敗者的援軍，只是指單純增加的兵力，也就是說僅僅從自己後方來的援軍，這是一般常見的情況。但是，如果援軍從對方的翼側或背後上來，情況就完全不同了。

　　屬於戰略範圍內的翼側攻擊和背後攻擊的效果，我們將在其他地方討論。我們在這裡討論的為恢復戰鬥而進行的翼側攻擊和背後攻擊主要屬於戰術範疇。

　　軍隊向敵人翼側和背後攻擊，可以大大提高攻擊的效果，但有時也可能削弱攻擊的效果。這個問題和其他任何問題一樣，都是由戰鬥的各種條件決定，我們在這裡不去深入討論。但下面兩點對我們當前研究的問題很重要。

　　第一，翼側攻擊和背後攻擊對勝負決定後的影響，通常比對決定勝負本身的影響要大。一般人認為，在恢復戰鬥時，首先應該爭取的是勝利，而不是計較勝負後的成果。所以一支趕來恢復戰鬥的援軍，不同原來的軍隊會合而去攻擊敵人的翼側和背後，還不如直接與它會合更為有利。在許多情況下確實是這樣，但是，我們也必須承認，在更多的情況下並不是這樣，因為在

1　一八一四年三月初，拿破崙將布呂歇爾趕過安納河，布呂歇爾退守郎城。三月九日傍晚，馬爾蒙率一部法軍在郎城附近的阿提擊敗普軍約克部，並攻占阿提。但在夜間遭到約克奇襲，馬爾蒙敗退。當時，布呂歇爾正在患病，雙目發炎，不能指揮，因而沒有進行猛烈的追擊。

這裡下述第二點具有很重要的作用。

　　第二，趕來恢復戰鬥的援軍一般都會帶來出敵不意的精神效果。出敵不意地攻擊敵人的翼側和背後，效果總是很大的，因為正處於危機狀態中的敵人是分散和混亂的，很難擋住這種攻擊。在戰鬥初期，敵人的兵力集中，對翼側攻擊和背後攻擊總是有防備的，所以這種攻擊不會具有多大作用，但是到了戰鬥的末尾就完全不同了，這一點不是很清楚的嗎！

　　因此，在大多數情況下，一支援軍攻擊敵人翼側或背後，能產生更大的效果。在槓桿上同樣的力作用於力臂較長的一端時能發揮更大的作用，一支從正面進攻不足以恢復戰鬥的軍隊，如果攻擊敵人翼側或背後，用這樣的力量就能把戰鬥恢復起來。精神力量在這裡具有主要作用，它的效果幾乎是無法估計的，因此大膽和冒險在這裡就有了用武之地。

　　在難以確定能否挽回一個失利的戰鬥時，必須注意到上述這一切，必須考慮上述各種相互影響的力量的作用。如果戰鬥還不能認為已經結束，那麼，援軍所開始的新戰鬥就會跟原來的戰鬥合而為一，取得共同的結果。原來的失利就從帳本中一筆勾銷了。如果戰鬥的勝負已定，情形就不同了，這時就產生兩個互相獨立的結果：如果援軍兵力有限，不能和敵軍相抗衡，那就很難指望新開始的戰鬥會獲得有利的結果。如果援軍相當強大，可以不考慮前一個戰鬥的結果就能進行下一個戰鬥，那麼它便能夠以勝利的結果來補償前一個戰鬥的失利，甚至還有更大的收穫，但絕不能把前一個戰鬥的失利從帳本中勾銷。

　　在庫涅斯多夫會戰中，腓特烈大帝在第一次攻擊時占領了俄軍左翼陣地，繳獲了七十門火砲，但在會戰終了時又都丟了，所以前一部分戰鬥的全部成果就從帳本中勾銷了，假使他適可而止，把會戰的後一部分延遲到第二天進行，那麼即使失利了，第一次戰鬥的收穫也可以抵銷這個失利。

　　但是，如果在戰鬥還未結束時已經預先看到戰鬥的不利情況，並且把它扭轉了過來，那麼它的不利結果不但可以從我們的帳本上一筆勾銷，而且還可以成為更大勝利的基礎。在戰鬥結束以前，各個部分戰鬥的一切結果都是暫時的，在總結果中不僅可能被抵銷掉，甚至還可能向相反的方向轉化。

我方的軍隊被擊潰的越多，敵人消耗的兵力也就越大，因而敵人的危機狀態也就越嚴重，我方生力軍的優勢也就越大。如果這時總結果轉化為對我方有利，我們從敵人手中奪回了戰場和戰利品，那麼敵人在奪取戰場和戰利品時所耗費掉的一切力量都成為我們的純利，而我們以前的失敗卻成為走向勝利的階梯。這時，敵人的輝煌戰勛就化為烏有，剩下的只是對犧牲兵力的懊悔心情了。勝利的魅力和失敗的懲罰就是這樣變幻莫測。因此，如果我們占有決定性的優勢，能夠以更大的勝利來抵銷敵人所取得的勝利並報復他們，那麼，最好是在這次戰鬥（如果它是相當重要的話）尚未結束以前就扭轉不利的局勢，而不是發動第二次戰鬥。

一七六〇年勞東將軍在里格尼茨進行戰鬥時，道恩元帥曾企圖前往援助他。但是當勞東戰鬥失敗時，道恩雖然有足夠的兵力，卻沒有設法在第二天進攻腓特烈大帝。由此可見，在會戰以前進行浴血的前哨戰，只能看作是不得已而採取的下策，如果不是萬不得已，那就應該盡量避免。

我們還要研究一下另一個問題。

如果一次戰鬥已經完結，那麼它就不能成為進行新戰鬥的理由。決定進行新的戰鬥，必然是以其他情況為根據。但是，這個結論與我們必須考慮的精神力量相互牴觸，這就是復仇心。上自最高統帥，下至地位最低的鼓手都不缺乏這種感情，再沒有什麼比復仇心更能激起軍隊的鬥志了。不過，前提是，被擊潰的只是整個軍隊中不太大的一部分。否則，復仇心就會由於整個軍隊感到自己無能為力而消失了。

因此，為了立即挽回損失，特別是在其他條件允許的情況下發動第二次戰鬥時，利用上述精神力量是很自然的。在大多數情況下第二次戰鬥必然是進攻。

在大量次要的戰鬥中，可以找到很多這種復仇的例子。但是，大規模的會戰通常都是由許多其他原因決定，而很少是由這種較弱的精神力量促成。

可敬的布呂歇爾在他兩個軍於蒙米賴被擊敗以後三天，在一八一四年二月十四日率領第三個軍走上了同一個戰場，毫無疑問，這是復仇心的驅使。如果他知道可能與拿破崙本人相遇，那他當然暫時不去復仇。但他當時是希

望找馬爾蒙報仇，結果他那種高貴的復仇心不但沒有帶來什麼好處，反而帶來了失敗。

　　負有共同作戰任務的幾個部隊，它們之間的距離取決於戰鬥的持續時間和決定勝負的時刻。這種配置只要是為了進行同一場戰鬥，那就是戰術部署。但是，只有當它們距離很近，不可能進行兩個獨立的戰鬥，也就是說它們所占的空間在戰略上是一個點的時候，才能看作是戰術部署。然而，在戰爭中常常可以看到，甚至負有共同作戰任務的部隊之間，也不得不保持相當的距離，儘管它們的主要意圖是共同進行一場戰鬥，但也不排除分別作戰的可能。因此，這種配置是戰略部署。

　　屬於這一類部署的有：分成幾個部分和縱隊的行軍，派出前哨部隊和側翼部隊，調遣預備隊，支援多個戰略點，集中分散舍營的軍隊，等等。這類戰略部署不斷出現，在戰略上好比是輔幣，而主力會戰以及具有同等重要性的一切則是金幣和銀幣。

第八章
戰鬥是否須經雙方同意

「不經雙方同意，戰鬥是不會發生的。」搏鬥就是完全建立在這個思想。一些歷史著作家，正是根據這一思想，提出了一系列妙論，得出了許多模糊和錯誤的觀念。這些著作家在論述中總離不開這樣一種想法：一個統帥向另一個統帥提出挑戰，而後者卻未應戰。

但是，戰鬥是一種極大變化的搏鬥，構成戰鬥基礎的不僅有雙方對鬥爭的欲望（即雙方同意戰鬥），而且還有與戰鬥聯繫在一起的目的。這些目的永遠從屬於更大的整體，即使把整個戰爭看作是一次搏鬥時，它的政治目的和條件也是從屬於更大的整體。因此，要求戰勝對方的這一渴望處於從屬的地位，不能獨立存在，它只是更高的意志賴以活動的膽魄。

「叫戰落空了」這句話，在古代民族，以及在常備軍出現的初期，比起現代來還有一些意義。古代各民族是在沒有任何障礙的開闊戰場上進行戰鬥，這是一切部署的根據，因此當時的全部軍事藝術都表現在軍隊的部署和編組上，也就是表現在戰鬥隊形上。那時，軍隊通常都駐紮在營寨裡，因此營寨中的陣地是難以侵犯的，只有當敵人離開營寨，像進入比武場一樣，來到開闊的地方，才可能進行會戰。

如果有人說，漢尼拔向費邊叫戰落空了，那麼，對費邊來說，這句話無非是表明這一會戰不在他的計畫之內，這句話本身不能證明漢尼拔在物質方面或精神方面占有優勢；但是對漢尼拔來說，這種說法是正確的，因為它表明漢尼拔真的希望進行會戰。

常備軍出現初期進行的大規模戰鬥和會戰與古代戰爭相似。一支龐大的軍隊必須編成戰鬥隊形才能投入戰鬥，才能在戰鬥中指揮它。這樣的軍隊是一個龐大笨拙的整體，總是要在平原上才能作戰，在複雜隱蔽的地帶、或

者在山地裡，既不適於進攻也不適於防禦。因此，防禦者從這裡找到了避免會戰的手段。這樣的情況雖然逐漸減少，但卻一直保持到第一次西里西亞戰爭。到了七年戰爭時期，才開始在難以通行的地形上進攻，而且逐漸普遍起來。到了現代，對那些想利用地形的人來說，地形雖然還可以增強其力量，但已經不再像魔法那樣可以束縛戰爭的自然力量了。

三十年來，戰爭發展得更不受地形束縛了，對於真正想透過戰鬥決定勝負的人來說，沒有什麼可以阻礙他找到敵人和進攻敵人。如果他不這樣做，就不是真的想進行戰鬥。因此，向敵人叫戰而敵人沒有應戰這種說法，在今天只不過意味著他認為戰鬥的時機不十分有利。這就等於承認這種說法不恰當，他只不過是想藉此掩飾一下而已。

當然，即使在今天，雖然防禦者已經不可能拒絕戰鬥，但是，他只要放棄防守陣地的任務，仍然可以避免戰鬥。這樣，進攻者取得的成果就是半個勝利，只能承認他暫時占了優勢。

因此，現在再也不能用向對方叫戰但對方沒有應戰這種口頭上的勝利，來掩飾進攻者本應前進但卻停滯不前的狀態了。只要防禦者沒有撤退，就代表他希望會戰，就算進攻者還沒有攻擊他，也可以看作他正準備戰鬥。

從另一方面看，在現代，凡是希望逃避戰鬥的人，不會被迫進行戰鬥。然而進攻者往往不滿足於從敵人逃避中得到的利益，而迫切要求獲得一次真正的勝利，因此他有時就會透過特別巧妙的辦法去尋找和運用為數不多、但是可能的手段，迫使敵人也進行戰鬥。

要做到這一點，最主要的手段有兩種：第一種是包圍，使敵人不能撤退，或者撤退十分困難，因而寧願接受戰鬥；第二種是奇襲。第二種手段適用於以前各種運動都不方便的時代，但是現在已經不起作用了。現代的軍隊具有很大的靈活性和機動性，甚至在敵人的眼前也敢於撤退，只有極其不利的地形，才會給撤退造成很大的困難。

在這裡，內雷斯海姆會戰可以看作一個例子。[1]這次會戰是卡爾大公於一七九六年八月十一日在勞埃阿布山對莫羅發起的，他的目標是使自己退兵更順利。儘管如此，我們還是承認，直到現在我們還沒有完全理解這位著名

統帥和軍事學者當時的想法。在羅斯巴赫會戰中，如果聯軍的統帥確實沒有進攻腓特烈大帝的意圖，那麼就會是另一個例子。關於索爾會戰，腓特烈大帝自己說過，他所以接受會戰，是因為他感到在敵人面前撤退是危險的。

同時，腓特烈大帝也還舉出了接受這次會戰的其他理由。

整體說來，除了真正的夜襲以外，上述情形總是少見的。而用包圍的方法迫使敵人接受戰鬥，主要只能是針對單獨的軍隊，例如在馬克森會戰中道恩對芬克率領的普魯士軍就採用了這種方法。

....

1　一七九六年五月底，萊茵地區休戰協定期滿，卡爾大公正計畫進攻阿爾薩斯地區。六月，法軍左翼軍朱爾丹部渡萊茵河東進，被卡爾大公阻回。卡爾大公留一部兵力監視朱爾丹，自率主力溯萊茵河指向莫羅率領的法國中路軍，但在莫羅優勢兵力壓迫下，卡爾大公只得東撤。八月十一日，卡爾大公於內雷斯海姆向莫羅發起攻擊，未見顯著效果，仍繼續向東撤退。卡爾大公在《就德國一七九六年戰役論戰略原則》一書中曾對自己的這次行動進行了批判，他寫道：「難道只有透過會戰才能達到目的（保障撤退安全）嗎？其實，進行一些佯動，爭取幾日行程的距離，或者，最多犧牲一個強大的後衛就肯定可以達到目的。」

第九章
主力會戰（主力會戰的決戰）

什麼是主力會戰？主力會戰是雙方主力之間的戰鬥，它不是為了一個次要目的而進行的不重要戰鬥，不是一旦發現難以達到目的就可以放棄的嘗試性活動，而是為了勝利而進行的全力以赴戰鬥。

在一次主力會戰中，可能有一些次要目的與主要目的混雜在一起。主力會戰由於產生它的各種情況不同，也可能具有某些特色，因為一次主力會戰也是與更大的整體聯繫在一起，它只是其中的一部分。然而，因為戰爭的實質是戰鬥，而主力會戰是雙方主力之間的戰鬥，所以，永遠必須把主力會戰看作是戰爭真正的重心。因此，主力會戰的顯著特點，就在於它的獨立性比任何其他戰鬥都大。

這一點對主力會戰的決戰形式以及勝利的效果都有影響，並且決定著戰略理論應該如何評價主力會戰這一為了達到目的而使用的手段。因此，我們在這裡把主力會戰作為專門研究的對象，然後再談和它有聯繫的特殊目的，因為只要它是一次名副其實的主力會戰，那些特殊目的不會對它的性質有根本上的改變。

既然主力會戰基本上具有獨立性，它的勝負就必然取決於它本身，只要還有獲勝的可能，就應該在主力會戰中尋求勝利，除非兵力十分不足，絕不應該由於個別原因而放棄主力會戰。

怎樣才能比較明確地判定決定勝利的時刻呢？

現代軍事藝術在很長一段時期認為，軍隊某種巧妙的隊形和編組是軍隊能夠發揮勇敢精神和奪取勝利的主要條件，那麼，這種隊形被破壞的時候就是勝負已定的時刻。只要一翼被擊潰，就決定了還在戰鬥的其他部隊的命運。如果像在另外一個時期那樣，防禦的實質在於軍隊與地形以及地面的障

礙緊密結合，軍隊和陣地彷彿成為一體，那麼，占領這個陣地的主要地點就是決定勝負的時刻。因此人們常說：陣地的制要點丟失了，整個陣地就守不住，會戰就不能繼續了。在上述兩種情況下，被擊敗的軍隊就像斷了弦的樂器一樣，不能履行自己的使命了。

不論是前一種幾何學原理還是後一種地理學原理，都必然使作戰的軍隊像結晶體一樣，無法將現有兵力用到最後一個人。這兩種原理的影響現在已經大大減少，不再起主導作用了。儘管現代軍隊也以一定的隊形進入戰鬥，但隊形不再起決定性作用。儘管現在地形障礙還可以用來加強抵抗力，但已經不再是唯一的靠山了。戰鬥隊形只是便於使用兵力的一種配置，而會戰過程就是一方逐漸消耗對方兵力的過程，最後看誰先使對方兵力耗盡。

與其他戰鬥相比較，在主力會戰中下定決心放棄戰鬥，取決於雙方剩下的預備隊兵力，因為只有預備隊還保留著全部的精神力量，而那些被戰火燃燒得像煤渣一樣的部隊，是無法與它相提並論。地區的喪失也是衡量精神力量損失的尺度，因此也在我們的考察範圍之內，不過它是損失的標誌，而不是損失本身。因此，尚未投入戰鬥的預備隊人數始終是雙方統帥最關心的問題。

會戰的發展趨勢在一開始雖然不怎麼明顯，但通常已經確定。甚至在會戰的部署中這種趨勢就已經在很大程度上確定了。一個統帥看不到這種趨勢而在十分不利的條件下開始了會戰，那就說明他缺乏這種認識能力。這種趨勢即使暫時沒有確定，在會戰過程中，均勢自然而然地會緩慢地發生變化，這種變化最初並不明顯，隨著時間的推移，變化越來越大，越來越明顯，並不像有人根據對戰鬥的不真實描寫所想像的那樣，時而這樣時而那樣地變化不定。

儘管均勢可能在長時間內很少受到破壞，或者一方失利後還能恢復，反而使對方陷入失利，但在大多數情況下，戰敗的統帥在撤退以前早就覺察到了這一點。如果有人說，個別情況出乎意外地對整個會戰的進程發生了強大的影響，這多半是戰敗者掩飾自己會戰失利的藉口。

在這裡我們只能求助於那些沒有偏見而又富有經驗的人，他們一定會同

意我們的觀點，並且在沒有親身經歷過戰爭的讀者面前為我們辯護。如果要論證為什麼會戰過程是必然的，那就會深入這個問題的戰術領域。在這裡我們關心的只是這個問題的結論。

　　儘管戰敗的統帥在決定放棄會戰以前，通常早就看到這種不利的結局，但是也有相反的情況，否則我們的論點就會自相矛盾。如果由於會戰已出現失敗的趨勢，就認為這場會戰的敗局已定，那就不會再拿出兵力去扭轉敗局，也就不會在失敗趨勢出現以後很長一段時間才開始撤退了。然而也有這樣的情況：一方的失敗趨勢已定，但結果卻是另一方失敗了。這種情況極其罕見。可是，時運不佳的統帥總把希望寄託在這種很罕見的情況上，只要還有一點挽回敗局的可能性，他就必然指望出現這種情況。只要勇氣和理智不相矛盾，他總是希望忍受更人的勞累、發揮剩餘的精神力量，創造奇蹟或者藉助幸運的偶然機會扭轉敗局。關於這一點我們還想多說幾句，但在此以前先要說明什麼是均勢變化的徵兆。整體戰鬥的結果是由各個部分戰鬥的結果組成，而各個部分戰鬥的結果則體現在以下三個不同的方面：

　　第一，指揮官內心受到的精神影響。如果一個師長看到他各個營是如何失敗的，這就會影響他的行動和報告，他的報告又將影響到統帥的措施。因此，失利的部分戰鬥，即使看來可以補救，也會造成不良的影響，而由此形成的印象總是很容易、甚至不可抗拒地湧進統帥的心裡。

　　第二，我方部隊比對方更快地被消耗。這種消耗在緩慢而有秩序的現代會戰過程中很容易估計出來。

　　第三，地區的喪失。

　　所有這一切就好像一個羅盤，統帥根據它就可以辨別會戰這艘船的航向，他必須從這些情況中看出這次會戰的趨勢：自己損失了全部砲兵，卻沒有奪得敵人的火砲；自己的步兵營被敵人的騎兵衝垮，而敵方的步兵營卻堅不可摧；自己戰鬥隊形的火力線不得不從一個地點退到另一個地點；為了占領某些地點而白白地消耗了力量，而且向前推進的步兵營每次都被敵人雨點般的槍林彈雨打散；在砲戰中我方的砲火開始減弱；大批沒有受傷的士兵隨著傷員後撤，火線上的步兵異常迅速地減少；會戰計畫被破壞，一部分部隊

被截斷和被俘；退路開始受到威脅。這些趨勢持續得越久，就越具有決定性，要挽回敗局就越困難，放棄會戰的時刻也就越來越近。

現在我們來談談這個時刻。戰鬥雙方預備隊的對比，往往是最終決定勝負的主要根據。統帥如果看到在預備隊的對比上對方占有決定性優勢，那麼他就要下決心撤退。現代會戰的特點是，會戰過程中的一切不幸和損失都可以透過生力軍來補救，因為，現代戰鬥隊形的編組方法和部隊投入戰鬥的方式使人們幾乎在任何地方、在任何情況下都能使用預備隊。一個看來將要遭到不利結局的統帥，只要還有具備優勢的預備隊，他就不會放棄會戰。但是，一旦他的預備隊比敵方的預備隊少了，那就可以認為勝負已定。至於他還可能採取什麼措施，一方面要看當時的具體情況，另一方面要看他的勇氣和毅力的大小，不過，這種勇氣和毅力有時也可能變成不明智的頑固。統帥怎樣才能正確地估計雙方預備隊的對比，這是技術上的問題，這裡還不打算談。我們這裡只談由他的判斷而得出的結論。不過，得出結論的時候還不是決定勝負的時刻，因為一個只是逐漸形成的結論還不足以促使統帥定下決心，它只是統帥定下決心的一般根據，要下決心還需要一些特殊的因素。這裡主要有兩個經常引發作用的因素，即撤退的危險和黑夜的到來。

隨著會戰的進展，如果撤退受到的威脅越來越大，而且預備隊已經大大消耗，已經不足以打開新局面，那麼，除了聽天由命和有秩序地撤退以外，就沒有別的出路了。在這種情況下，長時間地耽擱就有可能陷入潰敗、甚至覆滅的危險之中。

一切戰鬥，通常隨著黑夜的到來而結束，因為夜間戰鬥只有在特殊的條件下才有利。黑夜比白晝更利於撤退，凡是必須撤退或者很可能要撤退的人，都願意利用黑夜撤退。

除了這兩種常見的最主要因素以外，還可能有許多比較小、比較特殊，但又不容忽視的其他因素，會戰越是臨近均勢驟變的時刻，每個部分戰鬥的影響就越顯著。因此，損失一個砲兵連，敵人兩三個騎兵團順利地突入陣地等等，都能促使人們下定決心撤退。

在結束這個論題的時候，我們還必須談一下統帥的勇氣與理智之間的掙

扎。

　　一方面，屢戰屢勝的驕傲情緒，天生倔強帶來的不屈不撓意志，由高尚激情引起的頑強抵抗精神，都要求統帥不退出戰場，而應該把榮譽留在那裡；另一方面，理智卻在勸阻他不要把力量用完，不要孤注一擲，要保存必要的力量，以便有秩序地撤退。在戰爭中，儘管勇氣和頑強應該得到很高的評價，儘管沒有決心竭盡全力爭取勝利的人很少有獲勝的希望，但這總有一個限度，超過這個限度頑固地堅持下去，就只能是絕望的掙扎、愚蠢的行動。拿破崙在他最著名的滑鐵盧會戰中使出了最後的兵力，企圖挽回一場已經不可挽回的會戰，他拿出了最後一文錢，最終像乞丐一樣逃出了戰場，逃出了他的祖國。

第十章
主力會戰（勝利的影響）

由於立足點不同，人們可能會驚訝，某些大會戰獲得特大的效果，而另一些大會戰沒有獲得什麼效果。現在我們談談一次大勝利的影響。

我們很容易區分以下三種影響：一、勝利對戰爭工具本身，即對統帥及其軍隊的影響；二、勝利對參戰國的影響；三、上述兩種影響在以後的戰爭過程中所引起的真正作用。

勝利者和失敗者在戰場上的傷亡、被俘人數和火砲損失方面的差別，往往是不顯著的。要是只看到這種微不足道的差別，就會感到這個差別所產生的後果完全不可理解。實際上，這是極其自然的事。

我們在第四章〈戰爭概論（續）〉中曾經講過，一方的勝利不僅隨另一方被擊敗的軍隊數量增多而增大，而且以更大的比例增大。相對於物質力量的得失，一場大規模戰鬥的結局給失敗者和勝利者帶來的精神影響更大。這種影響會促使物質力量受到更大的損失，而物質力量的損失又反過來影響精神力量，兩者交互作用。因此，人們應該特別重視精神影響，它對勝利者和失敗者所引起的作用是相反的：它能夠削弱失敗者的各種力量，同時加強勝利者的力量和活動。但是，精神影響主要對失敗者發生作用，因為對失敗者來說，它是造成新損失的直接原因。此外，這種影響與危險、勞累和艱難——總之與戰爭中的一切困難因素結合起來，並在它們的影響下不斷增大。

對勝利者來說，這一切都能夠進一步激發他的勇氣。失敗者從原來均勢下降的程度比勝利者上升的程度大得多，這就是為什麼當我們談到勝利的影響時，主要是指失敗者所受的影響。如果說這種影響在大規模的戰鬥中比在小規模的戰鬥中強烈，那麼，在主力會戰中肯定比在次要的戰鬥中更要強烈

得多。主力會戰不尋求自身以外的目的，雙方以最大的努力爭取勝利。主力會戰的意圖是在這個地點、時刻戰勝敵人，它體現著全部戰爭計畫和一切措施以及對未來的一切遙遠希望和朦朧想像。面對這個艱困的問題，攸關全體的命運。這就會引起精神上的緊張，不僅統帥如此，他整個軍隊直到最低一級的輜重兵都是如此。當然，職位越低，緊張的程度就越小，產生的影響也越小。不論在哪個時代，主力會戰絕不是一種不需準備、突發、盲目的日常活動，而是一種規模宏大的軍事行動。不論就其本身的性質還是就指揮官的意圖來說，這種行動都比一般的戰鬥活動更能增強所有人的緊張情緒。人們越是緊張地關注著會戰的結局，其影響也就越大。

在現代會戰中，勝利精神的影響比在早期要大得多。既然現代會戰是雙方力量的真正較量，那麼引發決定性作用的當然是物質力量和精神力量的總和，而不是個別的措施，更不是偶然性。

人們犯了錯誤，下次可以改正，如果遇到幸運和偶然的機會，也可能在下一次得到更多的好處。但是，精神力量和物質力量的總和卻不是很快就可以改變。因此，一次勝利在這方面引起的變化對整個未來都會有更為重大的意義。在所有參加會戰的人中（不管是軍人還是非軍人），雖然只有極少數的人考慮到這種變化，但會戰過程會使每個參加會戰的人感覺到這種變化。在公開的報告中，儘管可以用一些牽強附會的個別情況來粉飾會戰過程的真相，但別人也能從中或多或少地看出：勝負主要取決於整體情況，而不取決於個別情況。

從來沒有親身經歷過失敗大會戰的人，很難對它有一個活生生、完全真實的概念。這一次或那一次小失敗的抽象概念不能構成一次失敗大會戰的真正概念。現在讓我們來看一看一次失敗大會戰的情景吧。

在一次失敗的會戰中，能夠左右人的思考（也可以說左右人的智力）的，首先是兵力的消耗，其次是地區的喪失（這種現象經常出現，即使是進攻者，在不順利時也會喪失地區），再次是隊形的破壞，各部隊的混亂和撤退的危險（除了少數例外的情況以外，撤退總是危險的），最後是撤退（往往在夜間開始，或者至少持續在夜間還在進行）。撤退一開始，我們就不得

不丟下大批疲憊不堪和跑散了的士兵，他們往往正是衝得最遠和堅持得最久的勇士。本來只有高級軍官才有失敗的感覺，這時就波及到各級軍官，一直到普通的小兵。特別是當他們想到在這次會戰中有許多為大家所敬愛的勇敢戰友落在敵人手裡時，失敗的感覺就更加強烈。同時，每個人多少都會認為，由於上級指揮官的過錯使自己的努力徒勞無益，因而對上級指揮官產生不信任感，於是失敗的感覺更加強烈。這種失敗的感覺並不是人們隨便產生的想像，而是證明敵人占優勢。這一事實最初可能被某些原因所掩蓋，不易被人們發現，但到會戰結束時，總會明顯地顯露出來。也許人們早已看到了這一事實，但在缺乏確鑿根據的情況下，必然會希望出現偶然情況，相信幸運和天意，或者進行大膽的冒險。最後，當這一切都證明已經無濟於事時，嚴峻的事實就冷酷無情地擺在了人們的面前。

這些情況還不能說是驚慌失措。由於會戰失敗而導致驚慌失措，不僅在有武德的軍隊中不會出現，就是在其他的軍隊中，也只在個別情況下才會出現。但是，上述那些情況，卻是在最優秀的軍隊中也會產生。長期的戰爭鍛鍊和勝利的傳統，以及對統帥的極大信任，有時可以減少這些情況，但在失敗的最初時刻卻不可能完全避免這些情況，這並不是僅僅由於敵人獲得了戰利品（這種情況通常是到後一階段才會出現，而且大家也不會很快知道）。因此，即使是在均勢逐漸而又緩慢的變化中，也會產生這些情況，它們構成了勝利的影響。戰利品的數量可以加強這種影響。

處在上述情況下，軍隊這個戰爭工具將會被嚴重地削弱力量，處在這種狀態下的軍隊，連很普通的困難都會感到難以對付，怎麼還能夠期待它做出新的努力，重新奪回已經失去了的東西呢？在會戰之前，交戰雙方之間有一種真正的或者想像的均勢，這個均勢一旦遭到破壞，要想重新恢復它，就必須有外因的幫助。如果缺乏這樣的外援，任何新的努力都只會導致新的損失。

在這種情況下，主力取得的哪怕是最微小的勝利，也會使均勢像天平一樣不斷向一邊下降，直到新的外在條件使它改變為止。如果沒有新的外在條件，而勝利者又是一個有強烈榮譽心、不斷追求遠大目的的人，那麼，要想

使他高漲的優勢不致像洪水一樣泛濫成災，要想透過許多小規模的抵抗使這股洪流緩和下來，直到勝利的影響沿著一定的管道消失，對方就必須有一位傑出的統帥，就必須有一支久經戰爭鍛鍊而具備高度武德的軍隊。

現在我們來談談勝利對民眾和政府的影響。對方一旦獲得勝利，我們的民眾和政府的迫切希望就會突然變成泡影，自尊心也會遭到徹底的打擊，恐懼情緒就會以可怕的膨脹力蔓延到任何一個地方，最後使他們完全陷於癱瘓狀態。這是一種真正精神上的打擊，使交戰的一方遭受電擊般的打擊。這種影響，儘管打擊程度會有所不同，但絕不可能完全沒有。在這種情況下，人們不但不會積極地去發揮自己的作用以扭轉敗局，反而懼怕自己的努力會徒勞無益，於是在應該前進的時候躊躇不前，或者甚至束手待斃，聽天由命。

這種勝利的影響在戰爭過程中產生的成果，一部分是取決於勝利一方統帥的性格和才能，但更多取決於促成勝利以及勝利所帶來的各種條件。當然，統帥如果沒有膽量和敢做敢為的精神，即使是最輝煌的勝利也不會帶來很大的成果。但是，即使統帥具有膽量和敢做敢為的精神，但卻受到各種條件的限制，那麼這些精神力量也會很快地枯竭。如果利用科林會戰勝利的不是道恩元帥而是腓特烈大帝，如果進行勒登會戰的不是普魯士而是法國，那麼結果將會多麼不同啊！

促使巨大勝利產生巨大成果的各種條件，我們在討論與此有關的問題時再研究。那時才能解釋清楚，為什麼勝利與它的成果之間有不一致的現象，為什麼人們總是喜歡把它歸咎於勝利者缺乏魄力。在這裡我們只研究主力會戰本身，我們不想離開這個題目，所以只想指出：勝利必然產生上述影響，而且會隨著勝利的增大而增強。一次會戰若成為主力會戰，指揮官就越會集中全部作戰力量，把全部軍事力量變成作戰力量，把全國力量變成軍事力量，那麼勝利的影響也就越大。

然而，就理論上而言，勝利的影響是完全不可避免的嗎？難道不應該竭力尋求有效的手段來消除這種影響嗎？我們很自然會對這個問題做出肯定的答覆，但是，願上帝保佑我們，不要像大多數學者那樣走上既贊成又反對的自相矛盾的歧路。

　　實際上，上述影響是必然存在的，這是事物的性質決定的。即使我們找到了抵制它的方法，它仍然存在，猶如一顆砲彈，即使我們從東向西發射它，雖然它隨地球自轉的運動速度會有所減小，但它仍然隨著地球的自轉在運動。

　　整個戰爭的進行離不開人的弱點，戰爭也正是針對著人的弱點。

　　我們以後在別的地方還要談到主力會戰失敗後應該怎麼辦，還要研究在絕望的處境中剩下的手段，以及是否有可能把失去的一切重新奪回來，但這並不等於說，這次失敗的影響就逐漸消失歸零了，因為人們用來挽回敗局的力量和手段本來可以用到一些積極的目的，這裡不僅指物質力量，還包括精神力量。

　　另一個問題是，一次主力會戰的失敗可能喚起一些在其他情況下根本不可能產生的力量。這種情況是可以想像的，在許多民族中也的確出現過。但是，怎樣才能激起這種強烈的反作用，這已不屬於軍事研究的範疇。只在假定會出現這種作用的前提下，軍事學者才會研究它。

　　勝利給勝利者帶來的結果，可能由於勝利的反作用，即喚起了失敗者的其他力量而變得有害了。這種情況極少，但是既然有這種情況，那就有理由認為，由於戰敗的民族或國家其特性不同，同樣的勝利所產生的結果也有差別。

第十一章
主力會戰（會戰的運用）

　　無論戰爭在具體情況下是多麼繁複多樣，我們只要從戰爭這個概念出發，仍可以肯定以下幾點：

第一，消滅敵人軍隊是戰爭的主要原則，對採取積極行動的一方來說，這是達到目標的主要途徑。

第二，消滅敵人的軍隊主要是在戰鬥中實現的。

第三，大規模的戰鬥才能產生大的結果。

第四，若干戰鬥匯合成為一次大會戰，才會產生最大的結果。

第五，只有在主力會戰中統帥才親自指揮，在這種情況下他寧願把戰事交付給自己。

　　根據上述五點可以得出一個雙重法則，它包含相輔相成的兩個方面：消滅敵人軍隊主要是透過大會戰及其結果實現的，大會戰又必須以消滅敵人軍隊為主要目的。

　　當然，在其他手段中也可能或多或少地包含消滅敵人軍隊這個因素。也有這樣的情況：由於各種條件有利，一次小戰鬥中也可能異乎尋常地消滅了敵人數量很多的軍隊（如馬克森會戰）；而另一方面，有時在一次主力會戰中，主要目的卻不過是占領或堅守一個陣地。但整體來說，主力會戰只是為了消滅敵人的軍隊，也只有透過主力會戰才能達到這個目的。

　　主力會戰是戰爭的集中表現，是整個戰爭或戰役的重點，如同太陽光聚在凹鏡的焦點上一樣，戰爭的各種力量和條件也都集中在主力會戰中，產生高度集中的效果。

　　不管是哪種戰爭，指揮官都要把軍隊集中成為一個大的整體。這表明，不管是進攻者還是防禦者，都企圖利用這個整體進行一次大的戰鬥。如果這

樣的大戰鬥沒有發生，那就說明在敵對感情（即戰爭的最初動機）引發作用的同時，還有其他緩和與抑制因素在削弱、改變或者阻止這種作用。但是，即使雙方都不採取行動（這是過去許多戰爭的基調），在他們的思想中，主力會戰仍然是未來的目標，是他們計畫的焦點。戰爭越是白熱化，越是成為發洩仇恨感情以及互相制服的手段，一切活動就越集中在流血的戰爭中，主力會戰也就越加重要。

凡是抱有積極目的的人，也就是以嚴重損害對方利益為目的的人，就必然採取主力會戰這一手段。主力會戰是最好的手段。誰害怕大的決戰而逃避主力會戰，通常誰就得自食其果。

只有進攻者才有積極的目的，所以主力會戰主要是進攻者的手段。儘管我們在這裡還不能更詳細地說明進攻和防禦的概念，但也必須指出，即使是防禦者，要想配合防禦的需要，完成自己的任務，大多也只有採用主力會戰這個唯一有效的手段。

主力會戰是解決問題最殘酷的方法。雖然主力會戰不等於單純的相互殘殺，不在於殺死敵人的士兵，它的效果更多是摧毀敵人的勇氣，但是流血永遠是它的代價，而「屠殺」這個詞既表示了會戰的名稱，又說明了它的性質。作為一個人，統帥對於這一點也會感到不寒而慄。一旦想到將要透過一次戰鬥決定勝負，他精神上的壓力會更大。在主力會戰中，一切行動都集中在空間和時間的某一點上，在這種情況下，人們會有一種模糊的感覺，彷彿他們的兵力在這個狹小的空間裡無法展開活動，彷彿只要有時間，就可能贏得很大的好處，但實際上時間對我們毫無益處。這種感覺只是一種錯覺，但是這種錯覺也是不容忽視的。人們在做任何重要決定時都會受這種錯覺的影響，當一個統帥要做出這樣一種重大決定時，他的這種感覺就會更強烈。

因此各個時代都有一些政府和統帥，設法迴避決定性的會戰，希望不透過會戰也可以達到目的，或者悄悄地放棄自己的目的。於是，那些歷史學家和學者們，就竭盡全力地想從以其他方式進行的戰役和戰爭中，找到可以代替決定性會戰的手段，甚至從中找到更高超的藝術。現在就有人根據戰爭中合理使用兵力的原則，把主力會戰看作是錯誤和禍害，正常、慎重的戰爭絕

不應該出現這種病態行動。在他們看來，只有那些用不流血方式進行戰爭的統帥才有資格戴上桂冠，而戰爭理論是一種高貴的學科，恰好就是傳授這種藝術。

　　現代歷史已經粉碎了這種謬論，但是誰也不能保證這種謬論不再重新出現，不再誘惑當權人物相信這種看法，它顛倒黑白，符合人的弱點，因而容易為人們接受。也許在不久以後就會有人認為，拿破崙進行的幾次戰役和會戰是野蠻而近乎愚蠢，並自滿地再次推崇那種過時、裝模作樣的舊式部署和作戰方式。如果人們聽從理論的忠告，警惕這些觀念，這就是理論的重大貢獻。但願這對我們可愛祖國的那些軍事領域權威能有所幫助，指引、督促他們認真考察這些問題。戰爭的概念和經驗也證實了這一點。

　　自古以來，只有巨大的勝利才能導致巨大的成就，對進攻者來說必然是這樣，對防禦者來說或多或少也是這樣。拿破崙如果害怕流血，恐怕也不會獲得烏爾姆會戰勝利（這樣的勝利在他所有的戰爭中也是唯一的一次），這可以看作是他前幾次戰役勝利的第二次收割。[1]因此，不僅那些大膽、富有冒險精神或者倔強的統帥力圖用決定性會戰這一重要的冒險手段來完成自己的事業，就連那些幸運的統帥，也同樣如此。

　　我們不想聽那些不經流血而獲得勝利的統帥的故事。血腥的屠殺是殘酷可怕的，這使我們更加嚴肅地對待戰爭，但我們不該出於感情讓佩劍逐漸變鈍，以至於敵人用利劍把我們的手臂砍掉。一次大的會戰是主要的決戰，但不一定是戰爭或戰役中必不可少、唯一的一次決戰。一次大會戰能夠決定整

1　在第三次歐洲反法聯盟戰爭中，拿破崙打算於一八〇五年在萊茵河畔進行決戰，然後全力進逼盟軍的中心維也納。一八〇五年九月初，萊貝里希率領奧地利軍隊，沒等俄國聯軍到達就向巴伐利亞進軍，於九月十八日至二十日到達烏爾姆，萊貝里希欲在此迎戰法軍。拿破崙先後在巴黎（九月十七日）和史特拉斯堡（九月二十七日）就掌握了奧軍的動向，他充分利用這個訊息，他派大部隊從奧軍右翼進行大規模的迂迴，行動極為迅速，九月二十七日渡過萊茵河，十月九日十日已經到達魏森堡－安斯巴，直到十月初，萊貝里希對法軍的動向還不清楚，因而沒有採取措施擺脫危險。等奧軍於十月八日、九日、十一日、十三日分別向北、向東突圍時，已經太晚了，均未成功；遭受重大損失後又退回烏爾姆，完全陷入法軍的包圍之中，十月十七日萊貝里希率兵二萬三千人投降。這樣，拿破崙並未進行決戰就大獲全勝。

個戰役的勝負，這種情況是在現代常見的，至於能夠決定整個戰爭的勝負，就極為罕見了。

　　一次大會戰所產生的決定意義，不僅僅取決於大會戰本身，即集中到會戰中的軍隊數量和勝利的成果大小，還取決於雙方國家及其軍事方面的其他情況。但是，由現有軍隊的主力進行大規模搏鬥，也會形成一次主要的決戰，勝負的規模在某些方面是可以預測的。這樣的勝負，即使不是唯一的一次，但作為第一個勝負，對以後的決戰也會發生影響。因此，周密計畫後的主力會戰是當前整個軍事行動的中心和重心。統帥越是具有真正的戰爭精神（即戰鬥精神），越是具備能打垮敵人的態度和觀念（即信念），他就越會把一切都放到第一次會戰，希望在第一次會戰中奪取一切。拿破崙在他所從事的戰爭中，沒有一次不是想在第一次會戰中就打垮敵人。腓特烈大帝進行的戰爭雖然規模較小，危機也較少，但當他率領一支兵力不大的軍隊從背後攻擊俄國人或神聖羅馬帝國軍隊而想打開新的局面時，也同樣是這樣想的。

　　會戰的成果，更確切地說，勝利的大小，主要取決於下列四個條件：會戰採取的戰術；地形特點；各兵種的比例；兵力的對比。

　　正面交鋒很少能收到很大的成果，還不如迂迴敵人或者迫使對方改變正面交鋒。在複雜的地形或者在山地上進行的會戰成果同樣也比較小，因為在這裡進攻力量處處都受到限制。

　　如果失敗者的騎兵和勝利者的騎兵同樣多或者更多，那麼勝利者追擊的效果就會減小，會失去很大一部分勝利成果。

　　在採取迂迴敵人或者迫使敵人改變正面作戰的條件下，以優勢兵力取得的勝利，要比以劣勢兵力取得的勝利有更大的成果。勒登會戰可能會使人們懷疑這個原則的正確性，在這裡請允許我們說一句我們平常不大愛說的話：沒有無例外的規則。

　　因此，統帥利用上述四種條件可以使會戰具有決定性的意義。固然，他冒的危險也會因此而增大，不過，他的全部活動本來就免不了要受精神層面的力學定律支配。

　　在戰爭中沒有什麼比主力會戰更重要的了。戰略上最大的智慧就表現

在為主力會戰提供手段，巧妙地確定主力會戰的時間、地點和使用兵力的方向，以及利用主力會戰的結果。

上述這些都很重要，但是並不能因此就認為它們很複雜、不容易捉摸。恰恰相反，這一切都很簡單，並不需要很多巧妙的技藝，只需要有敏銳的判斷力、魄力和貫徹始終的精神，以及朝氣蓬勃、敢做敢為的精神，總之要有英雄氣概。在這方面，統帥很少需要書本上的知識，他更多地要透過書本以外的其他途徑學到知識。

要想進行主力會戰，要想在主力會戰中主動而有把握地行動，就必須對自己的力量有信心，並明確認識它的必要性。他必須有天生的勇氣，並在豐富的生活經歷中鍛鍊出銳敏的洞察力。

光輝的戰例是最好的教師，但是，一旦讓理論上的偏見像烏雲一樣遮蔽住這些戰例，情況就糟糕了。因為，烏雲能使陽光產生折射和變色。這些偏見有時會像瘴氣那樣擴散開來，理論的迫切任務就是粉碎這些偏見。理智上產生的錯誤，只能用理智來消除。

第十二章
利用勝利的戰略手段

戰略沒沒無聞地為贏得勝利做好準備，這是一件困難的工作，幾乎得不到任何讚揚，只有取得勝利後，戰略才顯得光彩和榮耀。

會戰可能有什麼樣的特殊目的，它對整個軍事行動會產生什麼樣的影響，在各種情況下如何取得勝利以及勝利的頂點在什麼地方，所有這些問題我們將在以後討論。但是，如果取得了勝利而不進行追擊，那就很難產生巨大的效果；不論勝利的發展是怎樣地短促，它也總有個初步追擊的時間。為了避免到處重複這一點，我們想概括地談一談勝利必然帶來的這個附屬任務。

追擊戰敗敵人，開始的時刻是從他放棄戰鬥撤出陣地。在這之前雙方所出現一切前進和後退的運動，都不能算是追擊，只屬於會戰過程。在對方放棄戰鬥撤出陣地的瞬間，勝利雖然已經確定，但規模通常還很小，效果也不大。如果不在當天進行追擊，那麼透過勝利所獲得的利益就不會很大。在大多數情況下，體現勝利的那些戰利品是透過追擊獲得。我們首先就來談談這種追擊。

會戰前夕的各種活動都很緊迫，交戰雙方軍隊的體力通常在會戰以前就已經嚴重被削弱。在長時間的搏鬥中，體力消耗很大，軍隊可能會精疲力竭。此外，勝利者在部隊分散和隊形混亂方面並不比失敗者好多少。因此，有必要進行整頓，召集失散人員、補充彈藥，這一切使勝利者自己也處於危機狀態。如果被擊敗的只是敵軍的一個從屬部分，它們可能被主力收編，或者得到強大的增援，那麼，勝利者就很容易喪失勝利。勝利者考慮到這種危險，就會立刻停止追擊，或者嚴格地限制追擊的程度。即使不必擔心失敗者會得到較大的增援，但在上述危機狀態中，勝利者追擊的衝力也會受到很大

的限制。即使不必擔心勝利會被奪走，仍然可能發生不利的戰鬥，減少既得的利益。此外，人們生理上的需要和弱點也必然對統帥的意志施加全部壓力。統帥指揮的成千上萬士兵，都需要休息和恢復體力，會要求暫時避免危險和停止活動。只有少數人可以例外，只有他們還能看到和想到比眼前更遠的東西，只有他們還有發揮勇氣的餘地，在完成了必要的任務以後，還能想到其他成果，這些成果在別人看來是美化勝利的奢侈品。但是，統帥身邊的人會將成千上萬人的呼聲反應給他，士兵們的疲憊會透過一級級指揮官一直傳到統帥那裡。統帥本身精神也很緊張，身體也很疲勞，他的精力也會變得微弱。由於人的常情，人們所做到的往往比能夠做到的要少得多，而且做到的也只是最高統帥的榮譽心、魄力和嚴酷所要求的。這樣才能解釋，為什麼有許多統帥在以優勢兵力取得了勝利以後，在擴大勝利的成果時卻遲疑不決。勝利後的初步追擊，一般只限於當天，最遲到當天夜間，因為在這個時間以後，由於自己也需要休整，在任何情況下都要中止追擊。

初步追擊就其程度來說可分以下幾種：

第一，單獨用騎兵追擊。這種追擊主要是威脅和監視敵人，而不是真正緊逼敵人，在這種情況下，即便是很小的地形障礙往往也可以妨礙追擊者前進。騎兵雖然能攻擊零星隊伍，但追擊敵人整個軍隊時，它始終只是輔助兵種，因為敵人可以用預備隊來掩護撤退，就近利用地形障礙進行有效的抵抗。唯一的例外是真正逃竄、完全瓦解的軍隊。

第二，各兵種組成的強有力的先鋒進行追擊。這裡邊包括大部分的騎兵。這種追擊可以迫使敵人一直退到他的後衛、或者下一個陣地。通常失敗者不會馬上機會有利用下一個陣地，因此勝利者可以繼續追擊，但多半不超過一小時的行程，至多不過幾個小時的行程，否則，前鋒就可能得不到充分支援。

第三，也是最強有力的一種，勝利者傾其所有軍隊的力量向前推進追擊。在這種情況下，即使失敗者可以利用地形所提供的陣地，但只要覺察到追擊者準備進攻或者迂迴，就會放棄大部分陣地，至於他的後衛，就更不敢進行頑強的抵抗了。

在這三種情況下，如果黑夜到來，通常都會使尚未結束的追擊行動停止下來。而少數情況下可以徹夜不停地進行追擊，這是極其猛烈的追擊。

夜間戰鬥或多或少都要依靠偶然性，而且在會戰臨近尾聲時，各部隊之間的正常聯繫和會戰的正常步驟已受到嚴重破壞，所以雙方統帥都害怕在夜間繼續戰鬥。除非失敗者已經完全瓦解，或者勝利者的軍隊具有非比尋常的武德，能夠確有把握地取得成果，否則，在夜戰中幾乎一切都只能靠運氣，任何人、甚至最魯莽的統帥也不願意去嘗試。因此，即使雙方在天黑前不久才決出勝負，勝方也會在黑夜來臨時停止追擊。黑夜給失敗者一個喘息和集合部隊的機會，如果他想在夜間繼續撤退，夜暗可以幫助他擺脫敵人。黑夜一過，失敗者的處境會顯著地好轉。大部分潰散的士兵重新歸隊，彈藥得到補充，整個部隊會重新恢復秩序。在這種情況下，如果他還要繼續與勝利者作戰，那麼這個戰鬥就是一個新的戰鬥，並不是上一次戰鬥的延續。即使在這一次戰鬥中失敗者沒有取得一個絕對良好的結局，也仍然是一次新的戰鬥，而不是勝利者收拾上次戰鬥的殘局。

因此，在勝利者可以徹夜追擊的情況下，即使只用各兵種組成的強有力的前鋒進行追擊，也能顯著地擴大勝利的效果。勒登會戰和滑鐵盧會戰就是例證。[1]

追擊基本上是戰術活動，我們談到它，只是為了更清楚地認識到：透過追擊所獲得的效果是不同於其他勝利的效果。

在初步追擊中將敵人追到他的下一個陣地，這是每個勝利者的權利，它幾乎不受以後計畫和情況的任何限制。這些計畫和情況雖然可能大大減小主力獲得的勝利成果，但是卻不會妨礙利用勝利的初步成果。即使有這樣的

1　一七五七年十二月五日，普奧兩軍在勒登進行的會戰於下午五時左右結束，奧軍失敗。腓特烈大帝親自率領三個近衛營追擊奧軍，結果驅逐了奧軍後衛，擴大了戰果。在一八一五年六月十八日的滑鐵盧會戰中，拿破崙於傍晚時投入最後一支預備隊，但未能扭轉敗局。普軍攻擊法軍右側和背後，法軍被迫向後撤退。這時，普軍比羅、格奈森瑙立即進行猛烈追擊，因而法軍的撤退變成了毫無秩序的潰退。

情況，也是極為罕見，不能對我們理論產生顯著的影響。現代戰爭為人的魄力開闢了一個嶄新的活動領域。在過去那些規模較小、侷限性很大的戰爭中，追擊如同其他許多活動一樣，受到一種不必要習慣上的限制。在當時的統帥看來，勝利的概念和榮譽十分重要，以致他們在勝利時很少真正想到要消滅敵人軍隊。在他們看來，消滅敵人軍隊只不過是戰爭許多手段中的一個而已，從來就不是主要的手段，更談不上是唯一的手段了。一旦敵人把劍垂下，他們便樂於把自己的劍插入鞘中。在他們看來，勝負一見分曉，戰鬥就可以停止，繼續流血就是無謂的殘忍。儘管這種錯誤的觀念不是人們做出決定的唯一依據，但它卻會容易導致一些想法，自認為力量已經耗盡，軍隊不可能再繼續進行戰鬥，這些想法極易為人們所接受並發揮影響力。如果一個統帥只有一支軍隊，而且估計不久將會遇到無力完成的任務，就像在進攻中每前進一步都會遇到的那樣，那麼他當然要十分珍惜這個奪取勝利的工具。但這種估計是錯誤的，因為追擊時自己兵力遭受的損失要比對方小得多。因為人們沒有把消滅敵人軍隊看作是主要目的，這種看法才一再產生。因此，在過去的戰爭中，只有像瑞典的卡爾十二世、英國的馬爾波羅公爵、歐根親王、腓特烈大帝這些真正的英雄人物，才在勝負決定以後立即進行有力的追擊，而其他統帥大多是占領了戰場就滿足了。到了現代，由於導致戰爭的情況更為複雜，作戰更加激烈，才打破了這種因循守舊的限制，追擊成了勝利者的主要關切事項，戰利品的數量因此大大增加。如果在現代會戰中看到不進行追擊的情況，那只是例外，往往是由一些特殊原因造成的。

　　例如在格爾申會戰[2]和包岑會戰中[3]，聯軍由於騎兵占有優勢才避免了徹底的失敗。在格羅斯貝倫和登納維茨會戰中，由於瑞典王儲不願意而沒有追

2　格爾申會戰即呂岑會戰。一八一三年五月二日，聯軍趁拿破崙向萊比錫進軍時，在大霧中渡過埃爾斯特爾河突然襲擊法軍的行軍縱隊。拿破崙急令前縱隊和後縱隊展開，夾擊聯軍。聯軍向包岑撤退，法軍由於騎兵較少而未進行追擊。
3　包岑會戰。一八一三年五月十八日，拿破崙從德勒斯登向包岑進軍。五月二十日，拿破崙命烏迪諾攻擊聯軍左翼陣地，奈伊元帥攻擊聯軍右翼陣地，自率主力從正面攻擊。二十一日聯軍大敗，法軍因騎兵不足而未進行追擊。

擊。[4]在郎城會戰中，由於年老的布呂歇爾身體不適，才沒有進行追擊。

博羅迪諾會戰也是屬於這方面的例子，關於這個例子，我們還要多講幾句，一方面因為我們並不認為單單責備一下拿破崙就可以完事，另一方面我們認為這種情況以及許多類似的情況（即會戰一開始統帥就被整體形勢所限）是極其罕見的。有些法國作家和拿破崙的崇拜者（例如沃東庫爾、尚布雷、塞居爾）嚴厲地責備拿破崙，怪他沒有把俄軍全部逐出戰場，沒有用他最後的兵力粉碎俄軍，否則就可以使俄軍由會戰失利變成徹底的失敗。在這裡詳盡地說明雙方軍隊當時的情況會離題太遠，但有一點是很清楚的，當拿破崙渡過俄國邊境尼曼河時，他統率準備參加博羅迪諾會戰的軍隊共有三十萬人，而到博羅迪諾進行會戰時，卻只剩下十二萬人了。他可能擔心這些兵力不足以向莫斯科進軍，而莫斯科是決定一切問題的關鍵。取得這次勝利後，他確信可以占領這個首都，因為看來俄國人絕不可能在八天內再發起第二次會戰。拿破崙希望在莫斯科締結和約。假使能把俄軍打垮，締結和約的把握當然更大，但無論如何一定要到達莫斯科：率領一支兵力雄厚的軍隊到達莫斯科，就可以依靠這支軍隊控制首都，從而控制整個俄國及其政府。後來的事實表明，他帶到莫斯科的兵力不足以完成這個任務。但是，如果為了打垮俄軍而把自己的軍隊也消耗殆盡，那就更難完成這個任務了。拿破崙深深感覺到了這一點。在我們看來，他做得完全正確。

因此，這種情況不能算作是統帥不在勝利後進行初步追擊的例子，這不是單純追擊的問題。當天下午四時，勝負已經決定，可是俄軍仍然占據著絕大部分戰場，還不打算放棄。他們準備在拿破崙重新發起攻擊時進行頑強的抵抗，儘管這種抵抗一定徹底失敗，但也會使對方付出很大的代價。因此我們只能把博羅迪諾會戰列入包岑會戰一類沒有進行到底的會戰。但包岑會戰

4　一八一三年八月二十三日，烏迪諾率一部法軍於格羅斯貝倫被伯納陀特擊敗。拿破崙復命奈伊北征，九月六日，於登納維茨也被伯納陀特擊敗。在兩次會戰後，伯納陀特都沒有進行追擊。有人認為，伯納陀特所以沒有進行追擊，是因為他過於謹慎，也有人認為是因為他別有用心，不願意得罪拿破崙。

中的失敗者願意早一些離開戰場，而博羅迪諾會戰的勝利者卻寧願滿足於半個勝利，這不是因為他懷疑勝局是否已定，而是因為他的兵力不足以獲取全勝。

我們對初步追擊的結論如下：勝利的大小主要取決於追擊時的猛烈程度；追擊是取得勝利的第二個步驟，在許多情況下甚至比第一個步驟更為重要；在這裡，戰略開始處理戰術問題，利用戰術取得的完整成果，要求在展示威力的第一個步驟中就獲得全勝。

但是，初步追擊只是發揮勝利潛力的第一步，只有在極少數的情況下，勝利的效果才僅僅表現在這種初步追擊上。勝利潛力的作用是由其他條件決定的。我們不準備在這裡談這些條件，但是我們不妨談談追擊的一般情況，以免在可能涉及到它的場合一再重複。

繼續追擊就其程度來說又可分為三種：單純的追蹤、真正的緊逼和以截斷敵人退路為目的的平行追擊。

第一種方法，單純的追蹤可以使敵人繼續撤退，一直退到他認為可以再度發動一次戰鬥的地點。因此，單純的追蹤能夠充分發揮已得優勢，可以得到失敗者所不能帶走的一切，如傷病員、疲憊不堪的士兵、行李和各種車輛等。但是，這種單純的追蹤不能像另外兩種追擊那樣使敵方軍隊進一步瓦解。

第二種方法，如果我們不滿足於把敵人追到原來的營地和占領敵人放棄的地區，而是要索取更多的東西，也就是說，每當敵人的後衛要占據陣地時，我們就用前鋒發起攻擊，這就可以促使敵人加速運動，使敵人加速瓦解。敵人的瓦解主要是由於敵人在撤退中毫無休止地逃竄。對士兵來說，在強行軍後正想休息時又聽到敵人的砲聲，沒有什麼比這更令人苦惱。如果在一段時間內天天遇到這種情況，就可能引起驚慌失措。在這種情況下，失利的一方就不能不承認，自己已無力抵抗，只能服從對方的意志。這樣一種意識會嚴重削弱軍隊的精神力量。如果能迫使敵人在夜間撤退，那麼，緊逼追擊就將達到最好的效果。因為，假如失敗者在傍晚時被迫離開選定的營地（不論這個營地是整個軍隊用的還是後衛用的），他們就只能進行夜行軍，

或者至少在夜間繼續後撤另找宿營地，這兩種情況差不多，但勝利者卻可以安然度過一夜。

在這種情況下，部署行軍和選擇營地還取決於許多其他條件，特別是取決於軍隊的食宿、較大的地形障礙、大城市等。因此，企圖利用幾何學的分析來說明追擊者如何擺布撤退者，迫使他在夜間行軍，而自己在夜間卻可以休息，這是可笑的書呆子做法。儘管如此，在部署追擊時，採用緊逼追擊的方法仍然是正確適用的，而且可以大大提高追擊的效果。實際上這種追擊方法人們很少採用，因為就追擊的軍隊來說，確定宿營地和支配時間方面比通常情況要困難得多。拂曉時出發，中午到達宿營地，剩下的時間籌措生活之需並在夜間休息，這比完全根據敵人的運動來確定自己的運動要輕鬆得多。在後一種情況下，總是得在極短的時間內做出相關決定，有時清晨出發，有時傍晚出發，一天之中總要與敵人接觸上幾個小時，進行小規模的遭遇戰，打上一陣砲戰，部署迂迴作戰，簡單地說，要採取各種必須的戰術措施。對追擊的軍隊來說，這當然是相當沉重的負擔，而戰爭的負擔本來就夠多了，人們總想擺脫不必要的負擔。上述考察是正確的，它適用於整個軍隊，通常也適用於強大的先鋒部隊。出於這些原因，第二種追擊，即緊逼撤退者的追擊，是相當少見的。甚至拿破崙在一八一二年對俄戰役中也很少使用這種方法。原因很明顯，在戰役尚未達到目的之前，戰事的艱難困苦就已經使他的軍隊有全軍覆沒的危險。然而，在其他的戰役中，法國人在緊逼追擊方面卻出色地發揮了他們的力量。

第三種方法，此種方法也是最有效的一種追擊方法，就是向失敗者撤退的最近的目的地進行平行追擊。

任何失敗的軍隊在身後總有一個他撤退時首先渴望達到的目的地。這個目的地可能是山口關隘，不預先占領它繼續撤退就會受到威脅；或者是大城市、倉庫等，搶先敵人到達那裡具有重要意義；或者是堅固的陣地、和友軍的會合點等，到達那裡就能夠重新獲得抵抗能力。

如果勝利者沿著與撤退者平行的道路向這一地點追擊，這將使得撤退者更加急劇地加速撤退，最後可能變成逃竄。在這種情況下撤退者只有三種應

付的對策。第一種對策是迎擊敵人，發動出敵不意的攻擊，爭取獲勝的可能性。不過，從失敗者的處境來看，這種可能性不大。只有英勇果敢的統帥和雖敗不潰的優秀軍隊，才有獲得成功的可能性。因此，只有在極少的情況下失敗者才會採用這種辦法。

　　第二種對策是加速撤退。這恰好是勝利者所期待的，因為這很容易使部隊過度勞累，使大批人員掉隊，使火砲和各種車輛損壞，造成巨大的損失。

　　第三種對策是避開敵人，繞過容易被對方截斷的地點，離敵人盡量遠一些，比較輕鬆地撤退，從而避免匆忙撤退時的不利情況。這是三種對策中的下策，它通常像一個無力償還債務的人又欠下一筆新債一樣，只會導致更為狼狽的局面。但是在有些情況下，這個辦法還是有效的，甚至有時還是唯一的對策，而且也有成功的先例。然而，人們採用這種辦法大多不是藉此達到目的，更多是由於其他令人難以容忍的理由，就是害怕與敵人進行真正的戰鬥！害怕與敵人進行真正戰鬥的統帥多麼可憐啊！不論軍隊的精神力量受到多大的挫折，不論遭遇敵人時將處於何種劣勢，膽小怕事、迴避與敵人戰鬥，只會對自己更加不利。假使拿破崙在一八一三年迴避哈瑙會戰而在曼海姆或科布倫茨渡過萊茵河，那麼，他甚至不能像在哈瑙會戰後那樣把三、四萬人帶過萊茵河了。[5]這說明，失敗者完全可以利用有利的防禦地形，周密地準備一些小規模的戰鬥。透過這些戰鬥才能重新振作軍隊的精神力量。這時，哪怕取得一點點成功也會產生令人難以置信的有利效果。但是，對大多數的指揮官來說，做這種嘗試必須克服自己的疑慮，避開敵人初看起來似乎容易得多，因而人們往往願意採用這種方法。然而通常情況下，失敗者避開敵人恰好最能促使勝利者達到目的，而使自己徹底失敗。但這是指整個軍隊，至於一支被截斷的部隊企圖繞開敵人重新與其他部隊會合，那是另一回事。這種情況下形勢有所不同，而且獲得成功的例子也不少見。這種奔向同一目標的賽跑之條件是：追擊者要有一支部隊緊跟在撤退者的後面，收集一

5　一八一三年十月，萊比錫會戰後，拿破崙在撤退途中於哈瑙遭到巴伐利亞軍的攔阻。十月三十日，拿破崙率剩下的三萬五千餘軍隊擊敗巴伐利亞軍，確保了退路的安全。

切被遺棄的東西，使撤退者一直感到無法擺脫掉敵人。布呂歇爾從滑鐵盧追擊法軍到巴黎的過程中，其他方面都可以稱作典範，唯有這一點沒有做到。

　　這樣的追擊同時也會削弱追擊者本身的力量。如果撤退的敵軍可能會被收編至另一支強大的軍隊，或者率領它的是一位傑出的統帥，而追擊者尚未做好消滅敵人的充分準備，那就不宜採用這種追擊方法。如果情況允許，這種手段能夠發揮巨大的作用，失敗軍隊的損失會隨著傷員和掉隊士兵的增多而增大，士兵時刻擔心被消滅，精神力量因而受到極大削弱，以致最後幾乎無法再進行真正的抵抗。每天都會有成千上萬的人不戰被俘。在這種萬分幸運的時刻，勝利者無須擔心分散兵力，可以盡可能地把他的軍隊都投入這個漩渦之中，截擊敵人小分隊，攻占敵人未及防守的要塞，占領大城市等等。在出現新的情況以前，他可以為所欲為，他越是敢做敢為，新的情況就出現得越遲。

　　在拿破崙的戰爭中，有不少輝煌戰果就是透過巨大的勝利和出色的追擊而取得。我們只要回憶一下耶拿會戰、雷根斯堡會戰、萊比錫會戰和滑鐵盧會戰就夠了。[6]

6　一八〇九年四月，拿破崙率法軍進攻南德意志。達武攻雷根斯堡，馬塞納攻奧格斯堡，拿破崙率主力居中策應。卡爾大公企圖各個擊破法軍，命西勒率一部軍隊向蘭茨胡特迎擊馬塞納所率法軍，自率主力向雷根斯堡挺進。四月二十一日西勒所率奧軍於蘭茨胡特被法軍擊敗。四月二十二日，拿破崙率主力從蘭茨胡特迂迴到雷根斯堡卡爾大公的背後，與達武夾擊奧軍。卡爾大公大敗，渡過多瑙河向維也納撤退。

第十三章
會戰失敗後的撤退

　　在失敗的會戰中，軍隊的力量受到了破壞，而精神力量受到的破壞比物質力量更大。在新的有利情況出現以前進行第二次會戰，必將招致徹底的失敗甚至全軍覆滅。這是軍事上的公理。撤退應該進行到重新恢復均勢狀態，均勢恢復是由於得到了增援，或者是由於有堅固的要塞作掩護，或者是由於有較大的地形障礙可以利用，也可能是由於敵方兵力過於分散。均勢恢復的遲早取決於損失的程度和失敗的大小，但更多取決於自己的對手是什麼樣的敵人。戰敗軍隊的處境在會戰後沒有絲毫改變，在撤退後不久就重新整頓就緒，這樣的例子難道還少嗎！其原因或者是勝利者精神力量比較弱，或者是會戰中所獲得的優勢不足以進行強有力的追擊。

　　為了利用敵人的這些弱點或錯誤，為了不在形勢所要求的範圍以外多退一步，更重要的是為了盡可能保持自己的精神力量，撤退必須緩慢地進行，必須且退且戰，一旦追擊者在利用優勢時超過了限度，就予以大膽而勇敢的反擊。偉大統帥和善戰軍隊的撤退，往往像一隻受傷的獅子撤退一樣。這是形容撤退最好的說法。

　　實際上，人們在擺脫危險處境的時候，往往不是迅速地擺脫危險，而是喜歡玩弄一些無用的形式，無謂地浪費時間，這樣做確實很危險。久經鍛鍊的指揮官認為迅速擺脫危險這一原則是十分重要的。但是，不能將擺脫危險與會戰失敗後的總撤退混為一談。誰認為在撤退中透過幾次急行軍就可以擺脫敵人，很容易站穩腳跟，那個人就大錯特錯了。一開始必須盡可能緩慢地撤退，一般說來，以不受敵人的擺布為原則。要堅持這個原則，就必須和緊追不捨的敵人浴血奮戰，為此做出犧牲是值得的。不遵守這一原則，就會加速自己的撤退，不久就會潰不成軍。在這種情況下，光掉隊的士兵就會比

進行後衛戰時犧牲的人還要多，而且，連最後僅剩下的一點勇氣也會喪失殆盡。

用最優秀的部隊組成一支強大的後衛，由最勇敢的將軍率領，在關鍵時刻全軍予以支援，小心謹慎地利用地形，在敵人前衛行動輕率和地形對我有利時設下強有力的埋伏，準備和策畫一系列真正的小規模會戰，這都是貫徹上述原則的手段。

各次會戰的有利條件和會戰的持續時間不盡相同，因此失敗後撤退時的困難自然也不盡相同。從耶拿會戰和滑鐵盧會戰中，我們可以看到，竭盡全力抵抗優勢敵人後的撤退會混亂到什麼程度。

時常有一種分兵撤退的論調，主張軍隊分成幾個部分，甚至進行離心式方向的撤退。如果分成幾個部分只是為了便於撤退，共同作戰依然是可能的，而且始終具有共同作戰的意圖，那就不是這裡要談的問題了。任何其他做法，都是極其危險而違背事物的性質的。任何一次失敗的會戰都是一個削弱和瓦解的因素，這時，最迫切需要的是集中兵力，並在過程中恢復秩序、勇氣和信心。在敵人乘勝追擊的時刻，撤退者把軍隊分開，從兩側去騷擾敵人，這種想法完全是荒謬的。如果敵人是一個膽小怕事的書呆子，那麼這種辦法也許能引起作用和收到效果；如果不能肯定敵人有這種弱點，那就不應該採用這種辦法。如果會戰後的戰略形勢要求用單獨分開的部隊掩護自己的兩翼，那也只能限於當時的需要而不要過分地分開。即便如此，這也只是不得已的下策，而且，在會戰結束的當天也很少能夠做到這一點。

腓特烈大帝在科林會戰後，放棄圍攻布拉格，並分三路撤退，這並不是他自己的選擇，而是因為他的兵力部署和掩護薩克森的任務不容許他採用其他辦法。拿破崙在布里昂會戰後命令馬爾蒙向奧布河方向撤退，而自己卻渡過塞納河轉向特魯瓦。[1]這樣撤退之所以沒有給他帶來什麼不利，只是因為

1　一八一四年一月二十九日，拿破崙於布里昂擊敗布呂歇爾。此時，施瓦岑貝格率聯軍主力逼近布里昂，二月一日，於布里昂附近的拉羅提埃與拿破崙會戰，法軍寡不敵眾，退向特魯瓦。聯軍不但沒有猛烈追擊，反而兵分兩路前進。許多評論家認為，如果聯軍集中兵力挺進巴黎，

聯軍不但沒有追擊，反而同樣也分散了兵力，一部分（布呂歇爾）轉向馬恩河，另一部分（施瓦岑貝格）則擔心兵力太弱，因而推進得十分緩慢。

....

那麼，拿破崙就無法挽回敗局。

第十四章
夜間戰鬥

　　夜間戰鬥怎樣進行，它的特徵是什麼，這都屬於戰術研究。在這裡，我們只是把它作為一個特殊的手段從整體上來進行考察。

　　任何夜間攻擊都只是程度稍強的奇襲。初看起來，這種奇襲似乎十分有效，因為在人們的想像中，防禦者出乎意料地遭到攻擊，而進攻者對於所要發生的一切卻早有準備。他們把夜間戰鬥想像成：一方面防禦者處於極其混亂的狀態，另一方面攻擊者只要從中收取果實就行了。所以，那些不指揮軍隊、不必承擔任何責任的人常常主張進行夜襲，然而在現實中夜襲是很少見的。

　　上述那種想像都是在下面的前提下產生的：攻擊者了解防禦者的措施，因為那些措施都是事前採取而且很明顯，攻擊者透過偵察和研究一定可以掌握敵方；與此相反，攻擊者的措施是在進攻時刻才實施的，對方一定無法了解。但實際上，攻擊者的措施並不是完全無法知道的，防禦者的措施也不是完全能夠了解到的。如果我們距離敵人不是像霍克齊會戰前奧國軍隊與腓特烈大帝那樣近，可以直接看到對方，那麼我們只能透過偵察和巡邏以及從俘虜和密探那裡了解敵人的配置情況。這樣了解到的情況並不完全，難以達到確實可靠，這些情報或多或少有些過時，敵人的配置可能已經有所變動。不過，在過去軍隊所採用的舊戰術和野營方法下，要了解敵人的配置比現在容易得多。帳棚比小屋或野戰營地容易識別，部隊有規則地展開成橫隊的野營也比目前常用的各師成縱隊的野營易於識別。即使我們能夠完整看到敵人某個師成縱隊地野營，也無法想像其中的配置情況。而且，我們不僅要了解配置情況，還要了解防禦者在戰鬥過程中採取的措施。正是這些措施使得現代戰爭中的夜襲比在以往的戰爭中要困難得多，因為在現代戰爭中，這些措施

比戰鬥前採取的措施多得多。

在現代的戰鬥中，防禦者的配置多半是臨時的，而不是固定的，因此防禦者比過去更能出敵不意地反擊敵人。

因此，除了直接觀察以外，攻擊者在夜襲時很少或者根本不能了解到防禦者更多的情況。

但是，從防禦者的角度來看，他還有一個小小的有利條件，他對自己陣地內的地形比攻擊者熟悉，就好像一個人在他自己的家裡，即使是在黑暗中，也比陌生人更容易辨明方向。與攻擊者比較起來，他能清楚地知道他軍隊的各個部分在什麼地方，也比較容易地到達那裡。

在夜間戰鬥中，攻擊者需要像防禦者一樣了解情況，因此，只有特殊的原因才能進行夜間攻擊。這些特殊的原因多半只和軍隊的某一部分有關係，很少關係到軍隊的整體。因此，夜襲通常只是出現在從屬性的戰鬥中，在大會戰中很少進行夜襲。

如果其他情況有利，我們就可以用巨大的優勢兵力攻擊敵軍的一個從屬部分，把它包圍起來，全部殲滅，或者使它蒙受重大的損失。但是，我們必須出敵不意地行動，否則不可能實現這種意圖，因為敵人的任何一個部隊都不會自願投入這樣一次不利的戰鬥，而會迴避這種戰鬥。除了利用隱蔽地形這種少數情況以外，只有在夜間才能達到高度的出敵不意。因此，如果打算利用敵軍某一從屬部分配置方面的缺點來實現上述意圖，就必須利用黑夜，即使正式的戰鬥要在拂曉開始，至少也要在夜間預先做好戰鬥部署。對敵軍的前哨或小部隊的小規模夜襲就是這樣進行的，其關鍵在於用優勢兵力，進行迂迴，出敵不意地使敵人陷入一次不利的戰鬥，使他不遭受極大損失就無法脫身。

被攻擊的部隊越大，就越難對它進行這樣的夜襲，因為兵力較大的部隊擁有較多的手段，在援軍到來以前，能夠進行長時間的抵抗。

由於上述原因，一般情況下根本不能把敵人整個軍隊作為夜間攻擊的對象，因為，即使沒有外來的援軍，它本身也有足夠的手段可以對付多面攻擊。特別是在現代，任何人對這種普通的攻擊一開始就有所戒備。多面攻擊

能否有效地擊敗敵人，並不取決於出敵不意，而完全取決於其他條件。在這裡我們暫不研究這些條件，而只想指出：迂迴固然可以收到很大的效果，但也帶有很大的危險性。除個別情況外，要想迂迴就必須具備優勢兵力，攻擊敵軍的某一從屬部分。

但是，包圍或迂迴敵軍的一支小部隊，特別是在漆黑的夜間，還是比較可行。因為我們的部隊不管對敵人有多大的優勢，畢竟是自己軍隊的一個從屬部分。在這種巨大危險的賭博中，人們只會拿一部分兵力作賭注，而不會投入整個軍隊。此外，大部分的軍隊通常都可以支援和收容前去冒險的這一支部隊，從而減少這次行動的危險。

因為夜襲是在冒險，而且實行起來也困難重重，所以只能由較小的部隊來進行。既然出敵不意是夜襲的基礎，那麼隱蔽行動就成為夜襲的基本條件。小部隊比大部隊容易隱蔽行動，而整個軍隊的縱隊卻很少能做到這點。因此，夜襲通常只能針對敵軍的個別前哨，至於較大的部隊，只有當它沒有足夠的前哨時，才能對它進行夜襲。例如腓特烈大帝在霍克齊會戰中就是由於沒有足夠的前哨才受到夜襲。整個軍隊遭到夜襲的情況與小分隊相比是極其罕見的。

在現代，戰爭比以前進行得更加迅速、更加激烈，雙方始終處於勝負決定之前的緊張狀態中，因此，雖然雙方軍隊經常相距很近，而且不設強大的前哨體系，但雙方都有很充分的戰鬥準備。與此相反，以前戰爭卻往往有一種習慣，即使除了相互牽制以外沒有任何其他企圖，雙方軍隊還是要面對面地安營紮寨，相持很久的時間。腓特烈大帝就經常和奧軍在近到可以進行砲戰的距離上相持幾個星期。

但是，這種便於進行夜襲的設營方法在現代戰爭中已經不用了。現代軍隊已不再攜帶全部補給和野營必需品，因此，通常有必要在敵我之間保持一日行程的距離。如果我們還想特別考察一下整個軍隊進行夜襲的問題，那麼可以看出，足以促使這種夜襲的原因很少，可以歸納如下：

第一，敵人特別粗心或者魯莽，但這種情況不常見；即使有這種情況，
　　　　敵人精神方面的巨大優勢也將彌補這一缺點。

第二，敵軍驚慌失措，或者我軍精神力量的優勢足以在行動中代替指揮
　　　者的命令。

第三，要突破敵軍優勢兵力的包圍，因為這時一切都有賴於出敵不意，
　　　而且只有這個意圖才能有效地集中兵力。

第四，敵我雙方兵力懸殊，我方處於十分絕望的處境，只有冒極大的危
　　　險才有成功的希望。

　　此外還需具備一個條件，就是敵軍就在我們眼前，而且沒有前哨掩護。
大多數的夜間戰鬥是隨著日出而告終，接近敵人和發起首次攻擊都必須在黑
夜中進行，這樣，進攻者就能利用敵人的混亂。相反，如果只利用黑夜接近
敵人而戰鬥要在拂曉才能開始，那就不能算是夜間戰鬥了。

第五篇
軍隊

第一章
概要

　　本篇從以下四個方面研究軍隊：

　　第一，軍隊的兵力和編成；第二，軍隊在非戰鬥時的狀態；第三，軍隊的物資；第四，軍隊和地區、地形的關係。

　　本篇要研究軍隊的幾個面向，探討它們的本質和特點。但這些面向只是戰鬥的必要條件，而不是戰鬥本身。它們與戰鬥緊密聯繫、相互作用。

第二章
兵團、戰區和戰役

　　這三個不同的事物表示戰爭的數量、空間和時間，我們不可能下一個精確的定義。但為了避免誤解，我們盡可能地明確說明這三個概念。

一、戰區

　　所謂戰區，是戰爭空間的一部分，四面都有掩護，具有一定的獨立性，周圍有要塞或大的地形障礙，或是與其餘的戰爭空間有較大的距離。它不僅是一個組成部分，而且它本身就是一個小的整體，其他部分發生的變化對這一部分不致產生直接的影響，只能產生間接的影響。它的明確特點是：在這一部分空間裡，軍隊在前進，而在另一部分空間裡，軍隊卻可能在後退；在這一部分空間裡軍隊在防禦，而在另一部分空間裡軍隊卻可能在進攻。當然，我們並不能把這種嚴格的區分應用於任何地方，我們只是指出重點而已。

二、兵團

　　所謂兵團，就是指同一戰區內的所有軍隊。當然，這並沒有說明這個慣用術語的全部涵義。一八一五年，布呂歇爾和威靈頓雖然在同一個戰區，但他們統率的卻是兩個兵團。[1]因此，總司令是兵團這個概念的另一個特點，與上述特點的關係很密切，因為在恰當的情況下，同一個戰區內只應該有一個

1　一八一五年三月，英、俄、普、奧等國結成第七次反法聯盟。聯軍從比利時、中萊茵地區、下萊茵地區以及義大利等方向進攻法國。其中，威靈頓指揮的英國兵團和布呂歇爾指揮的普魯士兵團均配置在比利時南部地區，後在滑鐵盧會戰中共同擊敗了拿破崙。

總司令，而且他必須有一定程度的獨立性。

　　兵團的名稱並不僅僅由軍隊的數量所決定。有時，當幾個兵團在同一個戰區內受同一個總司令指揮，卻還各自保留自己兵團的名稱，不是因為士兵人數多，而是因為要保留過去的歷史（如一八一三年的西里西亞兵團，北方兵團等）。[2]一個戰區內的大量軍隊可以分為幾個軍，但絕不能分為幾個兵團，否則就不符合兵團這個慣用術語的實際涵義。另一方面，把每一個單獨在遙遠地區的分遣部隊都叫做兵團，固然是書呆子式的做法，但法國大革命戰爭時期旺代人的軍隊被稱為兵團，卻沒有任何人感到奇怪，儘管它的兵力並不很多。因此，兵團和戰區這兩個概念，通常是互相聯繫、互為補充。

三、戰役

　　人們往往把一年中所有戰區內發生的軍事活動叫作戰役，但更常見和更確切的說法是，戰役是指一個戰區內發生的軍事活動。如果以一年作為這個概念的範圍，那就更不妥當了，因為每年固定的冬季駐紮不能作為劃分戰役的標準。一個戰區內的軍事活動可以自然地分為幾個較大的階段。當重大的危機消失，而新的衝突即將展開時，我們必須考慮這些自然階段，把某一年的全部軍事活動都劃歸這一年。沒有人會認為一八一二年的戰役結束於默麥爾河畔，因為軍隊於一八一三年一月一日還停留在那裡。法軍從一月一日以後撤退，直到渡過易北河，沒人會把這個撤退歸到一八一三年的戰役，因為這一撤退是從莫斯科開始，是整個撤退的一部分。[3]

　　這幾個概念即使定義得不夠精確，也不會帶來什麼害處，因為它們不像

2　一八一三年秋季戰役中，第六次反法聯盟的聯軍共分三個兵團：主力兵團，亦稱波希米亞兵團，奧地利元帥施瓦岑貝格為司令（兼聯軍總司令），配置在波希米亞；北方兵團，瑞典王儲伯納陀特為司令，配置在柏林附近；西里西亞兵團，普魯士將軍布呂歇爾為司令，配置在西里西亞。一八一四年聯軍轉入法國境內作戰時，仍保留這些兵團的名稱。

3　一八一二年十月十九日拿破崙率法軍從莫斯科開始撤退，十二月底退至涅曼河畔（在東普魯士境內稱默麥爾河），一八一三年一月渡過維斯杜拉河，三月退至易北河西岸，至此一八一二年戰役才全部結束。

哲學定義那樣，會作為其他定義的依據。這些概念只要能使我們的論述更加
清楚明瞭就夠了。

第三章
兵力對比

在第三篇第八章〈數量上的優勢〉中，我們已經說明了數量的優勢在戰鬥中的價值，從而也說明了它在戰略上的價值，從中可以看出數量的重要性。在此我們必須進一步研究這個問題。

從現代戰爭史中，我們可以發現，數量上的優勢越來越具有決定性的意義。在決定性的戰鬥中，要盡可能地集中兵力，這個原則現在比過去更為重要。

從過去的歷史看來，軍隊的勇氣和武德會使軍隊的物質力量成倍地增強，今後仍會這樣。但是，在歷史上也有過一些時期，組織和裝備上的巨大優勢造成了精神上顯著的優勢。在另外一些時期，機動性的巨大優勢造成了精神上顯著的優勢。有時新的戰術體系造成了精神上顯著的優勢。有時軍事藝術又著重於根據概括性的原則巧妙地利用地形，有的統帥在這方面能夠取得卓越的成果。但是這種做法現在已經過時，不得不讓位給自然而簡單的作戰方法了。從最近幾次戰爭的經驗看，無論是在整個戰役還是在決定性的戰鬥中，特別是在主力會戰中，這種現象已經很少見了，關於這一點可以參閱上一篇的第二章〈現代會戰的特點〉。

現在，各國軍隊在武器裝備和訓練方面都很接近，最好的軍隊和最差的軍隊沒有十分明顯的差別。當然，各國軍隊的科學水準可能還存在著顯著的差別，但在大多數情況下，這種差別只在於某些國家是先進裝備的發明者和首先使用者，而另一些國家則是模仿者。甚至像軍長和師長這類一級指揮官，他們從事軍事活動時，也都抱有大致相同的見解並採用大致相同的方法，除了最高統帥的才能以外（統帥的才能很難說與民族的文明程度和軍隊的教育程度有什麼固定的關係，它的出現完全是偶然的），只有軍隊的實戰

經驗還可能造成顯著的優勢。因此，雙方在上述各方面越是處於均勢，軍隊數量就越具有決定意義。

現代會戰的特點是由上述均勢造成的。讓我們不抱成見地讀一讀博羅迪諾會戰史吧！在這次會戰中，世界上第一流的法國軍隊與俄國軍隊進行較量，後者的組織裝備以及部隊的各個環節都遠遠落後前者。在整個會戰中，雙方指揮官沒有表現出任何高超的技藝和智謀。雙方實力幾乎相等，結果優勢漸漸傾向指揮官毅力較大和實戰經驗較好的一方。在這次會戰中雙方兵力處於均勢狀態，而在其他會戰中很少出現這種情況。

並不是所有的會戰都必然如此，但大多數會戰基本上都是這樣的。

在一次會戰中，如果雙方緩慢而又有步驟地進行較量，那麼兵力多的一方獲勝的把握肯定要大得多。戰勝雙倍兵力的敵人過去很常見，但在現代戰爭史中已經很難找到了。拿破崙這位現代最偉大的統帥，除了一八一三年的德勒斯登會戰以外，在歷次勝利的主力會戰中，總是善於集中優勢兵力，或者至少集中的兵力不比敵人少很多。每當他做不到這一點時（如在萊比錫、布里昂、郎城和滑鐵盧會戰中），他就會失敗。[1]

不過，兵力的總量在戰略上大多是既定的，統帥無法改變。我們研究的結果並不是要說明，兵力顯著弱於敵人時就不可能進行戰爭了。戰爭並不總是出於政治上的自願，尤其在雙方力量相差懸殊時更是如此。因此，在戰爭中任何兵力對比都是可能的，某個戰爭理論在最需要的時候卻不能夠發揮作用，那它只是一種奇怪的戰爭理論。儘管戰爭理論比較能處理雙方兵力相當的情況，但絕不能說兵力很不相當時理論就用不上了，在這個問題上無法確定界限。

兵力越小，目的就應該越小，戰爭持續的時間也就越短。因此，兵力較小的一方在這兩方面就有迴旋的餘地。在作戰時，兵力的大小到底會引起哪

1　拿破崙在德勒斯登會戰中以十二萬人對聯軍二十二萬人，結果獲勝。但在萊比錫會戰中以十六萬對聯軍二十八萬，在布里昂會戰中以四萬對十三萬，在朗城會戰中以五萬對十二萬，在滑鐵盧會戰中以十三萬對二十二萬，結果都失敗了。

些變化，我們以後遇到這類問題時再加以說明。在這裡只要說明我們的整體觀點就足夠了。但是，為了使這整體觀點更為完整，還需要做一點補充。

　　被捲入一場力量懸殊的戰爭中，越是缺乏兵力，越是面對危險，就應該在壓力下集中精神、展現活力。如果不表現出視死如歸的英雄氣概，而是喪失了勇氣，那麼，任何軍事藝術都無濟於事。以這種精神上的努力，加上行動時審慎評估、朝向確定的目標，那麼，就會出現既輝煌又有效率的攻擊行動，這就是腓特烈大帝所指揮的幾次戰爭令人欽佩的地方。

　　但是，謹慎行動所引發的作用越小，精神力量和活力就必然越占主要地位。如果兵力相差極為懸殊，無論怎樣限縮自己的目的也不能保證免於失敗。若是危險持續的時間很長，即使最節省地使用兵力也不能達到目的，那麼就應該把力量盡可能地集中到一次殊死之戰中去。一個陷入絕境的人，當他幾乎不可能獲得任何援助時，就會把他全部的和最後的希望寄託在精神力量，因為精神力量可以使每個勇敢的人奮不顧身。於是他就把無比的大膽看作是最高的智慧，在必要時，還會冒險採取詭詐的行動。最後，即使這些努力都沒有取得成效，至少能在光榮的失敗中得到東山再起的資格。

第四章
各兵種的比例

本章從戰術角度討論三個主要兵種：步兵、騎兵和砲兵。

戰鬥是由兩個根本不同的部分組成：砲戰和白刃戰（或單兵作戰）。後者可能是進攻也可能是防禦（進攻和防禦應該嚴格區分，在這裡我們只是採用最廣義的涵義）。砲兵只透過砲戰發揮作用，騎兵只透過單兵作戰發揮作用，步兵則透過上述兩個途徑發揮作用。

在進行單兵作戰時，防禦就是固守原地，進攻就是移動。騎兵完全不具備前一種功能，但充分具備後一種功能，因而騎兵只適用於進攻。步兵主要具備固守原地的功能，但也並非完全沒有移動的能力。從各兵種的基本戰鬥性能來看，步兵比其他兩個兵種更為優越和全面，因為步兵是唯一兼備三種基本戰鬥性能的兵種。其次，聯合三個兵種在戰爭中可以更充分地發揮力量，可以加強步兵所固有的戰鬥性能。

在現代戰爭中，砲戰具有重大的作用，但是，個人對個人的單兵作戰應該是戰鬥真正的基礎。因此，僅僅由砲兵組成的軍隊是不可思議的。一支僅僅由騎兵組成的軍隊雖然可行，但它的作戰力量很弱。僅僅由步兵組成的一支軍隊，不僅是可行的，而且作戰力量也很強。因此，就單獨作戰的能力來看，三個兵種的次序應該是：步兵、騎兵、砲兵。

但當三個兵種聯合作戰的時候，每個兵種的重要性就不是按照這個順序來排列了。砲火比移動引發的作用更大，所以一支軍隊可以沒有騎兵，但沒有砲兵就會損失很多力量。

僅由步兵和砲兵組成的軍隊，與由三個兵種組成的軍隊作戰，雖然會處於不利的地位，但是，如果有相當數量的步兵代替缺少的騎兵，並在作戰方法上稍做改變，仍然可以完成戰術任務。當然，它的前衛會比較弱，永遠

無法猛烈地追擊潰敗的敵人，而且撤退時更為艱苦。但是，這些困難還不足以使這支軍隊完全退出戰場。這樣的軍隊與只由步兵和騎兵組成的軍隊作戰時，卻能發揮很好的作用。後者要抵抗三個兵種組成的軍隊，簡直是難以想像的。

關於每個兵種的重要性，是從戰爭的一般情況歸納出來的，而且我們並不打算把這個理論運用於所有戰鬥的具體情況。擔任第一線或正在撤退的步兵營，也許寧願配備一個騎兵連，而不願意帶幾門火砲。在迅速追擊或者迂迴潰逃的敵人時，騎兵和砲兵可以完全不需要步兵，等等。

我們把這些考察的結果概括起來，那就是：

第一，步兵是各兵種中單獨作戰能力最強的兵種；
第二，砲兵是完全沒有單獨作戰能力的兵種；
第三，多兵種聯合作戰時，步兵是最重要的兵種；
第四，多兵種聯合作戰時，缺少騎兵影響最小；
第五，三個兵種聯合作戰能夠發揮最大的威力。

既然三個兵種聯合作戰能夠發揮最大的威力，那麼人們自然要問，什麼樣的比例才是最恰當的呢？這個問題不好回答。

比較一下建立和維持各兵種所需要的代價，然後再比較一下每個兵種在戰爭中的作用，那麼也許可以得出一個肯定的結論，抽象地表示各兵種最恰當的比例。然而，這不過是一種概念遊戲。這個比例的第一部分就很難確定，雖然財力消耗不難算出來，但是另一個因素——人的生命的價值，卻是誰也不願意用數字來表示的。

此外，每一個兵種都要以國家某一方面的資源為基礎，例如步兵以人口為基礎，騎兵以馬匹為基礎，砲兵以現有的財力為基礎，這些都是外在的決定性因素。我們從各個民族和各個時期的歷史概況中，可以清楚地看到這些因素的主導作用。

但我們必須有一個可以用來比較的標準，我們用可以計算的因素——錢

財，來作為這個比例的第一部分。在這方面，我們可以相當精確地指出：根據一般經驗，一個一百五十匹馬的騎兵連，一個八百人的步兵營和一個有八門六磅火砲的砲兵連，其裝備費用和維持費用是差不多的。[1]

　　至於這個比例的另一部分，即各個兵種的破壞力相差多少，就更難得出確定的數值了。如果這個數值只取決於火力的大小，那麼也許還有可能得出。但是，每個兵種都有自己專門的任務，都有自己固定的活動範圍。然而，這樣的活動範圍絕非固定不變，而是可以擴大或者縮小的；活動範圍的大小只會影響作戰形式，不會造成決定性的錯誤。

　　人們常常談到經驗，認為從戰史中可以找到足夠的數據來確定各兵種的比例。但這只是一種空談，沒有任何基本、可信服的依據，所以在考察時可以不考慮它。

　　理論上，我們可以設想出最恰當的兵種比例，但這樣做只不過是玩概念遊戲，實際上它也只是一個無法求出的未知數。儘管如此，我們還是可以說明，同一個兵種在數量上比敵軍占很大優勢或處於很大劣勢時將會產生怎樣的影響。

　　砲兵可以增強火力，是各兵種中最可怕的。軍隊缺乏它就會減弱自己的威力。另一方面，它也是最難移動的兵種，它使軍隊變得不靈活。它總是需要部隊掩護，因為砲兵不能進行單兵作戰。所以，如果砲兵過多，指派的掩護部隊又無法抵擋敵軍的所有攻擊，砲兵就會落到敵人手中，帶來不利的後果（三個兵種中唯有砲兵有這種缺點）：砲兵的主要裝備（即火砲和彈藥）可能會立刻被敵人用來對付我們。

　　騎兵可以加強軍隊的移動能力。如果騎兵過少，一切行動就會變慢（步行），各種行動就必須更加謹慎地組織，戰爭的進展速度就會變慢。這樣，就只能用小鐮刀來收割勝利的果實了。

　　騎兵過多，不會嚴重減損軍隊的力量，也不算是內部比例失調，但是會

1　在滑膛砲時期和使用線膛砲的初期，歐洲各國火砲的大小是以砲彈的重量區分：使用六磅重砲彈的火砲稱作六磅砲。

造成補給方面的困難，軍隊的力量自然間接受到影響。少用一萬名騎兵，就可以多用五萬名步兵。

兵種比例不當而產生的各種狀況，對於狹義的軍事藝術來說更為重要，因為狹義的軍事藝術是研究運用現有軍隊。現有軍隊交給一個統帥指揮時，通常各兵種的比例已定，統帥對此也沒有太多的決定權。

兵種比例不當會使作戰發生以下變化：

砲兵過多，必然得加強防禦，整體的被動性也會增加。這時，必須多加利用堅固的陣地、較大的地形障礙，甚至是山地陣地，以便利用地形障礙來防衛和保護大量砲兵，讓敵軍前來自取滅亡。整個戰爭就將以莊重而又緩慢的小步舞節奏進行。

砲兵不足時，我們得積極進攻，並頻繁移動。行軍、吃苦耐勞就成了我們的特殊武器。於是，戰爭變得更複雜、更活躍、更曲折。大的軍事行動將轉化為許多小的軍事行動。

在騎兵特別多的情況下，適合在廣闊平原採取大規模的運動，而且可與敵人保持較遠的距離，得到更多和更舒適的休息，並適時威脅敵人。我們控制著空間，因此敢於進行更為大膽的迂迴和冒險行動。我們可以很輕鬆地運用佯攻和襲擊。

騎兵嚴重缺乏與砲兵過多都會減弱軍隊的運動能力，但砲兵過多至少能增強軍隊的火力。在這種情況下，小心謹慎和擅用策略就成了戰爭的主要重點。接近敵人、時刻監視敵人；避免迅速、尤其是倉促的運動；總是以大量集中的兵力緩慢前進；寧可進行防禦和選擇複雜的地形；必須進攻時就直搗敵軍的重心。這些都是缺少騎兵時的自然傾向。

某一兵種過多所發生的變化會影響整個行動的方向，但其影響力很少是如此全面和徹底，以致完全決定了整個行動的方向。採取進攻還是防禦，在這個戰區還是在那個戰區，進行主力會戰還是採取其他作戰手段，這些都取決於其他更重要的條件。如果有人認為不是這樣，那麼他們恐怕是把次要問題當成主要問題了。但是，儘管主要問題是由其他原因決定，某一兵種過多總還會產生一定的影響。在戰爭的各個階段和具體活動中，就算進攻也要小

心和慎重，而在防禦時也要果斷和勇敢。

　　戰爭的性質也能對兵種的比例產生顯著的影響。

　　第一，依靠後備軍和民兵進行的戰爭，只能建立大量的步兵。因為在這
　　　　種戰爭中，缺乏的往往是裝備而不是人員，而且也只限於一些最
　　　　必須的東西，一般來說，建立一個擁有八門火砲的砲兵連所需要
　　　　的費用可以用來建立兩個或三個步兵營。

　　第二，兵力弱的一方與兵力強大的一方作戰時，如果不能從民兵或後備
　　　　軍中尋求出路，那麼，增加砲兵就是兵力弱的一方謀求均勢最簡
　　　　捷的手段，這樣既可以節省人力，又可以加強軍隊的最關鍵要
　　　　素——火力。而且，兵力弱的一方戰區往往比較小，這對砲兵來
　　　　說更為適用。腓特烈大帝在七年戰爭的後幾年就曾採用過增加砲
　　　　兵這種手段。

　　第三，騎兵是適於移動和大規模決戰的兵種。在戰區遼闊、進行決定性
　　　　打擊時，超過一般的騎兵比例是很重要的。拿破崙就提供了一個
　　　　範例。

　　進攻和防禦這兩種形式對兵種比例沒有什麼實際的影響，以後我們談
到軍事行動時才能說清楚。在這裡我們只想說明一點，進攻者和防禦者通常
都在一個空間內行動，在許多情況下，他們都有同樣的決戰意圖。關於這一
點，我們可以回憶一下一八一二年戰役。

　　人們通常認為，在中世紀騎兵要比步兵多得多，從那以後，一直到今
天，騎兵所占的比重就逐漸減少了。這種看法有一部分是出於誤解。如果
人們研究一下有關中世紀軍隊比較精確的資料，就會發現，那時騎兵在數
量上所占的比例平均來說並不很大。我們只要回憶一下十字軍的步兵數量
或德意志皇帝遠征羅馬時的步兵數量就夠了。[2]但是，當時騎兵的重要性

2　公元一〇九六至一二九一年西歐大封建主、天主教會和義大利商人為了侵占東方國家、壟斷
　　地中海的貿易以及加強和擴大宗教統治，對巴勒斯坦、敘利亞、埃及和突尼西亞等伊斯蘭教
　　國家以及拜占庭帝國前後進行八次遠征，歷史上稱為十字軍東征。公元九五一年德意志皇帝

卻大得多。騎兵是較強的兵種，是由民族中最優秀的一部分人組成的，它的數量雖然一直很少，但仍然被看作是主要兵種，而步兵卻不受重視，幾乎無人提及，因此，人們就以為當時步兵很少。那時在德國、法國和義大利等國國內發生的一些小規模軍事衝突中，比較常見完全由騎兵組成的小規模隊伍。由於騎兵在當時是主要兵種，所以這並沒有什麼矛盾。這些只是例外的情況，一般來說，在人數眾多的大軍隊中步兵還是多過騎兵。戰爭中的封建隸屬關係廢除後，募兵、傭兵和餉兵出現，也就是說國家得依靠金錢和徵募才能進行戰爭。在三十年戰爭和路易十四戰爭時期，素質差的大量步兵就消失了。[3]兵器的顯著改進使步兵的重要性提高了，因而步兵在比例上保持了某種程度的優勢，否則也許又會回到完全用騎兵作戰的局面。在這個時期，步兵與騎兵比例是：步兵較少時為一比一，步兵較多時為三比一。

在這以後，隨著兵器的不斷改進，騎兵日益喪失原有的重要性，這一點實際上不難理解，只是必須說明，改進的不僅是武器本身和使用武器的技能，也包括如何部署這些部隊。在莫爾維茨會戰中，[4]普魯士軍隊的射擊技能達到了最高的水準，至今還沒有誰能超過這個水準。[5]但是，如何在複雜的地

鄂圖一世第一次遠征羅馬，從這時起到一二五○年止，德意志帝國遠征義大利前後達四十三次之多。以上是中世紀規模最大的幾次軍事行動。在這一時期中，特別是到十世紀末，騎兵成了在歐洲各地真正決定會戰結局的唯一兵種，步兵雖然在各國軍隊中都比騎兵多得多，但只不過是裝備低劣的烏合之眾，誰也不想好好地加以組織和利用。

3　三十年戰爭是十七世紀上半葉德意志新教（基督教）諸侯與天主教諸侯和皇帝之間進行的內戰，後來由於丹麥、瑞典、法國等加入，演變為歐洲戰爭。戰爭從一六一八年捷克反對哈布斯堡王朝統治的起義開始，以一六四八年西發利亞和約的簽訂告終，前後歷時三十年。

4　莫爾維茨會戰是第一次西里西亞戰爭中的第一次會戰，也是腓特烈大帝進行的第一次會戰。一七四○年腓特烈大帝率普魯士軍隊侵入西里西亞。一七四一年四月，奈伯格率領奧地利軍隊直逼普軍後方，腓特烈大帝回頭迎擊，四月十日於莫爾維茨發生激戰，普軍獲勝。

5　十八世紀歐洲各國使用的步槍非常簡陋和笨重，裝彈非常複雜，需要高度技巧。最初，火藥和裹著浸油丸衣的彈丸要分別裝進槍管，每分鐘最多只能發射一次。後來，普魯士腓特烈大帝的步兵在裝彈時採用鐵通條，經過嚴格的訓練，大大提高了裝彈和射擊速度。在訓練場上，單兵射擊每分鐘可達四、五發，小分隊按口令齊射每分鐘可達兩、三發。

形上部署步兵，如何在小規模作戰中使用兵器，卻是後來才發展起來的，這是毀滅性作戰一個巨大的進步。

騎兵所占的比例變化很小，它的重要性卻有很大變化。這看來似乎是矛盾的，但實際上並非如此。中世紀軍隊中步兵的數量很多，並不是要配合騎兵的編制，而是因為騎兵的花費龐大，養不起的人全部編入了步兵，因此，建立這種步兵，只不過是一種權宜之計。就騎兵本身的價值來看，當然是多多益善。這樣就可以理解，騎兵的重要性儘管在不斷降低，但卻始終能夠保持一定的價值，在軍隊中保持一定的比例。

從奧地利王位繼承戰以來，騎兵與步兵的比例根本沒有什麼變化，始終保持在一比四、一比五、一比六之間，彷彿這些是最恰當的比例，似乎就是那個無法直接求得的未知數。我們對這一點表示懷疑，在許多著名的戰役中，騎兵的數量之所以那樣多，顯然是由其他原因造成的。

俄國和奧地利就是很好的例子，因為它們還保留著殘餘的輜軛制度。為了實現目標，拿破崙從來不嫌兵多。他利用徵兵制最大限度地徵兵，並且增加輔助兵種加強自己的軍隊，這樣做主要是花錢而不是增加人。在拿破崙一些規模極大的戰役中，騎兵的作用比在一般情況下要大。腓特烈大帝曾經精打細算，為他的國家省下每一個新兵。盡量利用外國的力量來維持強大的軍隊，他這樣做是有原因的，因為他當時的國土本來就很小，甚至還不包括西普魯士和西發利亞各省。[6]

騎兵需要的人數本來就少，也很容易透過徵募補充員額。腓特烈大帝的作戰方法是基於優異的移動能力。一直到七年戰爭末期，雖然他的步兵有所減少，而騎兵卻仍然不斷增多。在七年戰爭結束時，他的騎兵數量也只勉強達到步兵的四分之一強。

---

6 腓特烈大帝即位初期，普魯士國土的面積約為十二萬一千平方公里，人口約三百萬，面積居歐洲第十位，人口居第十三位，但軍隊達八萬五千人，居歐洲第四位。一七七二年第一次瓜分波蘭，次年普魯士取得西普魯士；在十八世紀，普魯士雖在西發利亞有若干領地，但要到一八一五年維也納會議後，普魯士才取得西發利亞大部分地區。

　　在這個時期裡，有不少部隊騎兵非常弱，卻仍獲得勝利。最著名的例子是大格爾中會戰。如果只計算參加戰鬥的師，那麼拿破崙當時有十萬兵力，其中騎兵五千人，步兵九萬人；聯軍有七萬的兵力，其中騎兵二萬五千人，步兵四萬人。拿破崙比對方少二萬名騎兵，卻只多五萬名步兵，按理說他應該多十萬名步兵。既然拿破崙騎兵那麼少還能取得勝利，那麼假如當時雙方步兵的比例是十四萬對四萬，他有可能失敗嗎？

　　當然，聯軍騎兵的優勢在會戰以後立即就顯示出來了，因為拿破崙在會戰以後幾乎沒有獲得任何戰利品。由此可見，會戰的勝利並不等於一切，但是，難道獲得勝利不是主要的事情嗎？

　　在進行了這些考察以後，我們就很難相信，騎兵和步兵八十年來所形成和保持的比例，是完全根據它們的絕對價值得出來的最恰當比例。相反，我們認為這兩個兵種的比例經過多次的變動之後，將來還會繼續變化下去，而且騎兵的絕對數量最後將大大減少。

　　自從發明了火砲以後，隨著火砲重量減輕和構造日益完善，火砲日益增多。然而，從腓特烈大帝時代以來，火砲的數量差不多總是保持在每千人二至三門的比例。這是戰役開始時的比例，因為在戰鬥過程中砲兵的損失不會像步兵那樣大，所以在戰役結束時，火砲的比例會顯著增大，可能達到每千人三、四門乃至五門。至於這個比例是否恰當，火砲的數量能否繼續增多而不致在整體方面不利作戰，這些問題只有靠經驗才能解決。

　　現在我們把整個考察的主要結論歸納如下：

　　第一，步兵是主要兵種，其他兩個兵種從屬於它。

　　第二，騎兵和砲兵不足時，可以透過更精細和更積極的指揮調度得到一定程度的彌補，但前提是步兵比對方強大得多，而且步兵越是精良，就越可能達到這一點。

　　第三，砲兵比騎兵更加不可缺少，因為砲兵是主要的火力，而且在戰鬥中砲兵與步兵的關係更為密切。

　　第四，總之，就火力來說，砲兵是最強有力的兵種，而騎兵是最弱的

兵種。因此，人們必須經常考慮：砲兵可以多到什麼程度而不
致產生不利的影響，騎兵可以少到什麼程度卻照樣能夠應付得
了。

第五章
戰鬥隊形

　　所謂戰鬥隊形，就是在整個部隊中劃分、編組與部署各個軍種的方式，在一場戰役或整個戰爭中，這種劃分、編組和部署形式應該成為標準。

　　戰鬥隊形從某種意義上說是由算術要素和幾何要素（即劃分和部署）構成。劃分以軍隊平時的固定編制為基礎，以步兵營、騎兵連、騎兵團和砲兵連這樣的部分為單位，根據具體情況把它們編組成更大的單位，直至整體。同樣，部署是根據平時用來教育和訓練軍隊的基本戰術（戰時也不應該有根本的改變），它結合戰爭中大規模調遣軍隊的各種條件，決定軍隊進行戰鬥部署時應該遵循的標準。

　　過去大部隊開赴戰場時都要進行劃分與部署，那時還把這些形式看作戰鬥的最主要部分。

　　十七和十八世紀，兵器的改進使步兵的數量大大增加，將步兵排成縱深很淺的長橫隊。戰鬥隊形雖然因此變得簡單了，但在部署這種隊形時卻更加困難而且需要更多的技巧。騎兵只能部署在射擊範圍之外並有活動餘地的兩翼，此外還沒有其他的部署方法，所以戰鬥隊形使軍隊成為一個完整的和不可分割的整體。這樣的軍隊，只要在中間被截斷，就會像一條被切斷的蚯蚓一樣，雖然兩頭還活著、還能活動，但已喪失了其原有的機能。軍隊受整體的束縛，如果要將其中某些部分單獨部署，每次都必須重新進行小規模的分組和重組。整個軍隊在行軍時，在一定程度上處於無規則狀態。如果敵人離得很近，就必須用高超的技巧組織行軍，以便某一線或某一翼能夠始終與另一線或另一翼保持不太遠的距離。這種行軍經常是悄悄地進行，只有在敵人也同樣受這種約束的情況下，才不至於受到伏擊。

　　到了十八世紀後半期，人們把騎兵部署在軍隊後面，這樣就像部署在

兩翼一樣，能夠掩護兩翼。除了能與敵人的騎兵單獨進行戰鬥外，還可以完成其他任務，這是一個很大的進步。這樣一來，整個正面的軍隊（與陣地同寬）就完全由相同的部隊組成，因此可以把它任意分成幾個單位，每個單位與其他單位以及整體都很相似。軍隊不再是一個不可分割的整體，而是一個由若干單位組成的整體，屈伸自如、行動靈便。各單位可以毫不費勁地從整體中分割出去並再回到整體中來，戰鬥隊形卻始終保持不變。每個單位都是由全部的兵種組成，人們在很早以前就感覺到這種需要，現在終於實現了。

當然，所有這一切都是由於會戰的需要。從前，會戰就是整個戰爭，未來會戰也是戰爭的主要部分。但戰鬥隊形大多屬於戰術而不屬於戰略。我們透過這樣的推導，只是想說明，在戰術上我們怎樣把大整體分化為小整體來籌畫戰略。

軍隊越多，分布的空間越廣闊，各單位的作用越是錯綜複雜地交織在一起，戰略的作用就越大。因此，我們所定義的戰鬥隊形就必然與戰略相互作用，作為戰術與戰略的銜接點，即軍隊從一般部署轉換為特殊的戰鬥部署。

現在，我們從戰略觀點來研究各兵種的劃分、混合和部署這三個問題。

一、劃分

從戰略觀點出發，重點從來就不是一個師或一個軍應該有多強的武力，而是一個兵團應該有幾個軍或幾個師。把一個兵團分為三個部分是拙劣的做法，更不要說只分為兩個部分了，因為在這種情況下，總司令就幾乎沒有什麼作用了。

一支大部隊或者一支小部隊應該有多少兵力，不管是按照基本戰術還是按照高級戰術，都有相當大的彈性；這個問題始終爭論不下。相反，一個獨立的整體需要分為幾個單位，卻是基於既明確又肯定的戰略理由，來確定大部隊的數目並進而確定它們的兵力。至於像連、營這樣小單位的數目及兵力，則是戰術範圍的事情。

即使一個最小的獨立單位，也應當分為三個部分，一個部分作前衛，一個部分作後衛，另一部分作主力。當然，如果分為四個部分，那就更為恰當

了，因為充當主力的中間部分比其他兩個部分都強大一些。如果把一個部分作為前衛，三個部分作為主力（即作為右翼、中央和左翼），兩個部分作為預備隊，一個部分作為右側部隊，一個部分作為左側部隊，那麼就可以把一支部隊分成八個部分。一個兵團分為八個部分，這是最為恰當的。我們不是死板地強調這些數字和形式，但它們是最常見的戰略部署，恰當地劃分各部位。

指揮一支部隊（或任何一個單位），只向三、四個人下達命令，好像要方便得多。但是，為了獲得這種方便，統帥卻要在兩方面付出很大的代價：第一，傳達命令的層次越多，速度、效力和準確性就越差，比如在統帥和師長中間設有軍長的情況；第二，統帥直屬部下的權限範圍越大，統帥自己的實際權限和作用就越小。一個擁有十萬兵力的統帥，他自己的權限在十萬人分為八個師的情況下比只分為三個師的情況下要大得多。這裡面原因很多，最主要的原因是，任何一個指揮官都自認為擁有自己所指揮的單位，要從他那裡抽調一部分部隊，不管時間長短，他幾乎都會反對。凡是有戰爭經驗的人都會明白這一點。

另一方面，為了不致造成秩序混亂，劃分的單位也不能過多。一個兵團的司令部要指揮八個單位就已經很不容易了。最多不能超過十個單位。在師裡，由於傳達命令的機制很少，因此，單位劃分要少一些，分為四個部分，最多分為五個部分。

如果覺得五和十這兩個因數還不夠，旅的人數太多，那就必須增添軍一級編制。這樣一來，就增加了一級新的權限，其他各級組織的權限就大為減小了。

究竟一個旅擁有多少人才算人數太多呢？通常一個旅有二千至五千人，不得超過五千人，原因有兩個：第一，旅是一個指揮官能夠直接指揮的部隊；第二，人數較多的步兵部隊，往往配有砲兵。綜合這兩個要素，就自然成為一個獨立的單位。

我們不想陷在這些戰術上的細節問題裡，也不打算爭論三個兵種應該在什麼時候、以怎樣的比例聯合，是在八千至一萬二千人的師裡，還是在二至

三萬人的軍裡進行聯合。不過,即使堅決反對這種組合,恐怕也不會反對,只有這樣的聯合,才能使一個部隊具有獨立性。而且對那些在戰爭中常常需要獨立行動的部隊來說,都會希望有這樣的聯合。

　　一個二十萬人的兵團分為十個師,每個師又分為五個旅,則每個旅的兵力為四千人。我們看不出這樣的劃分有什麼不妥當的地方。當然,也可以把這個兵團分為五個軍,每個軍分為四個師,每個師再分為四個旅,每個旅為二千五百人。但是,抽象地看來,我們認為還是第一種劃分法較好,因為採取第二種劃分,除了增加軍一級以外,五個軍對於一個兵團來說,單位太少、不夠靈活。一個軍分為四個師也是一樣,而且一個旅只有二千五百人,人數也太少。如果這樣劃分的話,整個兵團中將有八十個旅,而採取第一種劃分法,只有五十個旅,比較簡單。人們放棄第一種劃分法的所有這些優點,只是為了使總司令直接指揮的將領減少一半。人數較少的兵團再分為軍顯然就更不恰當了。

　　以上僅僅是一種抽象的看法。在具體情況下還可能根據別的理由做出不同的決定。首先,八個師或十個師如果集中在平原上,還是可以指揮,但是,如果分散在廣闊的山區陣地上,恐怕就無法指揮了。一條大河將把一個兵團一分為二,一個指揮官就只能指揮其中的一部分。總之,具有決定性作用的地形特點和具體情況有上百種之多,抽象的規則必須從屬於它們。

　　由經驗來看,抽象規則經常很有用,它們不適用的具體場合比我們想像的要少得多。

　　現在我們把研究的內容做一個簡單的概括,並且把重點一一列舉出來。

　　我們下面所說的單位只是指直接劃分出來的第一級單位,因此:

　　第一,劃分的單位太少,整體就不靈活;
　　第二,各個單位兵力過強,最高統帥的權力就會減弱;
　　第三,增加傳達命令的層級,會削弱命令的效力,一方面是命令多經
　　　　　過一個層級,另一方面是傳達時間延長而減弱效力。

　　要滿足這些條件，就要盡量增多平行單位，減少上下層級，唯一的限度是：總司令指揮的單位不超過八到十個，次一級指揮官指揮的單位不超過四到六個。

二、各兵種的混合

　　在戰略上，戰鬥隊形中混合各兵種，只對那些經常單獨部署、被迫獨立作戰的單位才重要。單獨部署的通常是第一級單位，這是很自然的。單獨部署大多是出於整體的考量和需要。

　　從戰略上來看，我們在軍的範圍內依一定比例混合各兵種，如果沒有軍這一級，則在師的範圍內。在下一級單位中，可根據需要進行各種編組。

　　如果一個軍有三、四萬人之多，那麼也需要進行劃分與部署。因此，在人數這樣龐大的軍裡，就需要在各師之間搭配不同的軍種。否則，從距離很遠的地方匆忙調一部分騎兵來指派給步兵，必然會延誤時間，更不用說會造成混亂。如果有人認為這種延誤無關緊要，這人必定是毫無戰爭經驗的人。

　　三個兵種如何更具體地組合搭配，該在什麼時機，合作的密切程度如何，應該按怎樣的比例，以及每個兵種應該保留多少預備隊等等，都屬於純戰術問題。

三、部署

　　各單位在戰鬥隊形中應該按什麼樣的空間關係進行部署，同樣也完全屬於戰術問題，只與會戰有關。當然，也有戰略上的部署，但這只取決於當時的任務需求，並不包括在戰鬥隊形的概念之內，因此我們將在〈軍隊的部署〉一章中進行研究。

　　由此可見，戰鬥隊形就是劃分和部署一支準備出戰的軍隊，務必使派出去的每一單位既能滿足當時的戰術要求，又能滿足當時的戰略要求。如果已經沒有任務需求，那麼各單位就應該歸回原位。這樣，戰鬥隊形就成為有效的運作方式，就像鐘擺一樣，調節著全部機件。關於這一點，我們已經在第二篇第四章〈方法主義〉中談過了。

第六章
軍隊的一般部署

當戰略上已經把軍隊指派到戰鬥地點，並依照戰術部署各個單位並分配任務時，也就意謂著決戰時機已經成熟。從集合軍隊到戰鬥時機成熟，這段時間通常很長。從一次決定性的軍事行動到另一次決定性的軍事行動也是這樣。

從前，這一段時間間隔好像不屬於戰爭範圍。我們只要看一看盧森堡元帥是如何野外紮營和行軍。他是以這兩項行動見長而聞名於世，是當時的代表人物。我們從《弗朗德勒戰爭史》中，對這位統帥比對當時其他統帥了解得更多一些。

當時，野營通常背靠河流、沼澤或者深谷，這在今天看來，也許是一種荒唐的做法。在當時很少根據敵人所在的方向決定野營的方向，背向敵方、正面朝向本營的情況經常出現。這種在今天看來完全不可思議的做法是可以理解的。當時人們在選擇野營的位置時，主要（甚至僅僅是）考慮是否舒適，他們把野營看作是軍事行動以外的狀態，在一定程度上就像劇院的後台，人們在這裡可以無拘無束。野營的背面緊靠天然障礙，當作是唯一可取的安全措施。當然，這是就當時的作戰方法而言。如果在野營中被迫進行戰鬥，這種措施就完全不適用了。但在當時不必擔心這一點，那時的戰鬥差不多都是經雙方同意後才開始，就像決鬥一樣，要等雙方都到達約定的合適地點以後才會進行。在當時，一方面由於騎兵很多（雖然騎兵全盛時代已經進入末期，但仍然被認為是主要兵種，特別是在法國），另一方面由於戰鬥隊形很不靈活，軍隊不是在任何地形上都能夠作戰，因此軍隊部署在複雜的地形上，就好像處於中立地區一樣，可以得到保護。相對地，位於複雜地形上的軍隊也很少能夠進行戰鬥，它寧願出去迎擊前來會戰的敵人。盧森堡所指

揮的弗勒律斯、斯騰克爾克和內爾文登等會戰，是以另一種精神進行的。這種精神在當時只是使這位偉大統帥擺脫舊的作戰方法，還沒有影響到野營的方法。軍事藝術中的變革，總是先從某一些有決定意義的行動開始，再逐漸擴展到其他行動上去。從前，人們很少把野營看作是真正的作戰狀態。當時，有人離開營地去偵察敵人時，人們往往說：「他作戰去了。」這句話就說明了這種看法。

那時，人們對行軍的看法與對野營的看法也沒有多大不同。行軍時，砲兵為了沿比較安全和良好的道路行進，完全與整個軍隊分開，兩翼的騎兵為了輪流享受擔任右翼的榮譽，經常互換位置。

現在，主要是從西里西亞戰爭以來，軍隊的非戰鬥狀態與戰鬥狀態已很難完整區分，它們密切地相互作用，忽略其中一種狀態，就不能全面地考慮另一種狀態。以前戰鬥是戰役中真正的武器，非戰鬥狀態只是武器的握柄，前者是鋼刀，後者是裝在鋼刀上的木柄，整體是由兩個性質不同的部分構成。現在應該把戰鬥看做是刀刃，而非戰鬥狀態是刀背，這是一塊鍛接在一起的金屬，已經辨認不出哪兒是鋼、哪兒是鐵了。

現在，戰爭中的非戰鬥狀態，一方面屬於軍隊平時的組織和勤務，一方面屬於戰時的戰術和戰略部署。軍隊的三種非戰鬥狀態是：舍營、行軍和野營。這三者既屬於戰術，又屬於戰略，而兩者在這裡從各方面來看都很接近，好像相互交織在一起。許多部署既可以看作是戰術部署，又可以看作是戰略部署。

我們想先從整體方面談談這三種狀態，然後再研究特殊目的。我們之所以先研究軍隊的一般部署，是因為它說明了野營、舍營和行軍的條件。

我們考察軍隊的一般部署（即不考慮特殊目的），就只把軍隊作為一個單位，看作共同戰鬥的整體。這種最簡單的形式若有任何改變，都表示有特殊的目的。這就是軍隊的概念，無論其規模的大小如何。

此外，在還沒有任何特殊目的之時，唯一的目的就是維持軍隊和保障軍隊的安全，使軍隊不致遭到不測，使軍隊能夠集中起來進行戰鬥，這是兩個必要的條件。要滿足這兩個條件，並維持軍隊的安全，就必須考慮以下幾點：

第一，便於取得物資；

第二，便於軍隊駐紮；

第三，保障背後的安全；

第四，前面有開闊地；

第五，陣地本身設在複雜的地形上；

第六，戰略依托點；

第七，適當地分散部署各單位。

對上述幾點我們分別說明如下：就前兩點而言，我們得尋找可以耕種的田地、大城市和大馬路。這兩點在一般部署時比軍隊已有特殊目的時更為重要。

保障背後安全問題將在第十六章〈交通線〉中加以論述。在這裡最迫切和最重要的問題是應該將軍隊部署在與主要撤退道路垂直的方向上。

至於第四點，進行戰略部署時，當然不能像會戰時的戰術部署那樣，可以觀察到面前的整個地區。但前衛、先遣部隊和偵察部隊等都是戰略上的眼睛，它們在開闊地上進行偵察當然要比在複雜地形上容易。第五點則恰好與第四點相反。

戰略依托點與戰術依托點的不同之處有兩點：一方面軍隊不需要與戰略依托點緊密相連在一起，另一方面依托點的範圍必須極為廣闊。因為戰略活動的範圍比戰術活動的範圍要寬廣，活動時間也較長。如果一個兵團部署在距離海岸或者大河河岸一里（編按：本書所提及的距離單位皆為英里）的地方，它在戰略上就以大海或大河為依托，因為敵人無法利用這個空間繞道突襲。敵人不會深入這個空間，更無法逗留幾天或幾週。相反，一個周長數里的湖泊在戰略上不能看作是障礙，在戰略活動中，向左或向右多走幾里影響不大。要塞只有當它本身夠大，而且所在位置能夠提供有效攻擊時，才能成為戰略依托點。

軍隊的分散部署則根據特殊的目的和需求進行，或者根據一般的目的和

需要。在這裡只研究後一種情況。

首先，需要把前衛與其他偵察部隊配置在前力。

其次，一支大的軍隊通常要把預備隊配置在後方幾里遠的地方，這就是分開部署各個單位。

最後，通常需要部署專門的部隊來掩護軍隊的兩翼。

所謂掩護兩翼不能理解為抽調某一部分軍隊去防禦兩側，使敵人不能夠接近這個所謂的弱點。如果這樣理解，那麼誰去防禦兩翼的翼側呢？這種看法很普遍，但卻是完全錯誤的。兩翼本身並不是軍隊的薄弱部分，因為敵人也有兩翼。敵人要想威脅我軍的兩翼，就必然使自己的兩翼也受到同樣的威脅。只有當雙方的處境不同時，比如敵軍擁有優勢的兵力，他的交通線比我方通暢（參閱第十六章〈交通線〉），只有這時，我軍的兩翼才會變成比較薄弱的部分。我們在這裡不是談這種特殊情況，也不談指定某個部隊去防禦翼側空間的具體情況，因為這個問題已不屬於一般部署的範圍了。

兩翼即使不是特別薄弱的部分，也是特別重要的部分，一旦兩翼被敵人夾擊，防守就不像正面交鋒那樣簡單了，我們所應採取的措施就將變得複雜，需要花費的時間和準備工作就增多了。因此，必須時刻注意防止兩翼遭到敵人的突襲。部署在兩翼的兵力比單純偵察敵人要更多。兩翼的兵力越多，敵人將其擊退（即使他們不進行頑強的抵抗）所需要的時間就越長，敵人展開的兵力就越多，他們的意圖也就暴露得越明顯。這樣，我們的目的就達到了。至於爾後的任務，應該根據當時的具體計畫來制定。因此，部署在兩翼的部隊可以看作是側衛，它們的任務是阻礙敵人向翼側空間前進，為我們贏得採取對策的時間。

如果側翼部隊撤回主力的同時主力不撤退，那麼，這些部隊就不應與主力部署在同一條線上，而是必須向前超出一點。即使沒有發生激烈的戰鬥就進行撤退，也不能讓它們完全對著主力的側面撤退。

由於分散部署的固有特性，四到五個互相獨立的單位就會是自然的部署方式（究竟是四個單位還是五個單位，要看預備隊是否和主力配置在一起）。

　　軍隊的物資和舍營的環境也是影響軍隊部署的兩個因素。因此，分散部署時也要考慮到這兩點，再加上上述的固有特性，每方面我們都得考慮。在大多數情況下，一支軍隊分為五個單獨部署的單位以後，駐地和物資方面的困難就已經克服了，不必再做較大的變動。

　　我們必須考量這些單獨部署的單位彼此之間的距離，使他們能夠達到相互支援，也就是共同作戰的目的。這一點我們在第四篇的第六章〈戰鬥的持續時間〉與第七章〈決定戰鬥勝負的時刻〉談過。根據絕對與相對的兵力、武器、陣地大小等條件，就可以得到明確的規則；不過那只是一般規則，一種平均值。

　　前衛的距離最容易確定。由於前衛撤退時是向主力移動，所以前衛的距離可以比較遠，只要不致使它被迫獨立作戰。但也不應部署得太遠，還是要保障軍隊的安全，因為撤退的距離越遠，所遭受的損失就越大。

　　側翼部隊：一個規模普通的師（八千至一萬人）在決定勝負以前，通常可以持續戰鬥數小時，甚至半天，因此人們可以毫無顧慮地將其部署在數小時行程外的地點，即五至十里以外的地方。由三、四個師編成的軍，可以部署在一日行程外的地點，即十五至二十里遠的地方。

　　軍隊的一般部署，即把軍隊分為四至五個單位並按上述距離部署，就成了一種慣例。只要沒有特殊的任務需求，就可以機械地根據這種慣例進行分散部署。

　　雖然我們已經肯定，分散部署的前提是，彼此分離的各單位都適於獨立作戰，而且都有被迫獨立作戰的可能，但是我們絕不能由此就得出結論說：分散部署的真正目的就是為了獨立作戰。分散部署大多只是暫時的。如果敵人已經向我軍接近，企圖透過一場正式的戰鬥來決定勝負，那麼戰略部署的階段即告結束，一切都要集中到會戰上來。這時，分散部署的目的已經達到。會戰一開始，就不必再考慮駐地和物資的問題，在正面和兩側偵察敵人以及利用適當的阻擊削弱敵人的移動速度等等任務也已經完成，一切都轉向主力會戰這個大的整體上來。分散部署只是暫時的狀態，是迫不得已的策略，最終目的還是為了共同戰鬥，這就是它的價值。

第七章
前衛和前哨

　　前衛和前哨是兩個既屬於戰術又屬於戰略的問題，同時也是一種部署方式。一方面，它們屬於戰術部署，使戰鬥具有一定的形態並實現戰術目標，另一方面，它們又能夠開啟獨立的戰鬥，所以部署在距離主力較遠的地方，是一系列戰略活動中的一個環節。

　　任何一支沒有充分做好戰鬥準備的軍隊，前方都需要警戒，這樣就可以在敵人進入視野之前掌握敵人推進情況，因為視力所及的距離通常與武器的射程差不多。前哨是軍隊的眼睛，每支軍隊需要的程度各不相同。兵力的大小及分布、時間、地點、環境、作戰方式，甚至偶然事件都會影響需要的程度。戰史中對前衛和前哨的分析整體都不夠簡單明確，只是雜亂地陳述各種複雜情況。

　　軍隊的警戒有時由固定的前衛擔任，有時由前哨組成很長的警戒線，有時兩者並用，有時兩者都不用，有時幾個行軍縱隊共同派出一個前衛，有時各縱隊派出自己的前衛。本章對此做一些歸納分析。

　　如果軍隊處於運動之中，是由較大的部隊組成前方警戒，即前衛，在撤退時前衛則變為後衛。如果軍隊舍營或野營，則派出少數兵力作成前哨排成警戒線。與處於運動時相比，軍隊駐紮時前方警戒必須比運動時掩護更大的地區。因此，軍隊駐紮時，前方自然排成警戒線，軍隊運動時，前方則是集中的部隊。

　　組成前衛和前哨的兵力各式各樣，從輕騎兵團到各兵種編成的強大軍團，或僅僅由營地派出偵察部隊，或是由各兵種組成的堅固防線。因此，前方警戒的作用可以是單純的偵察，也可以是抵抗敵人，這不僅能夠爭取時間使軍隊完成戰鬥準備，而且還能夠使敵人的措施和意圖提前暴露，偵察的作

用因此大大地提高。

　　因此，軍隊完成戰鬥準備所需要的時間越長，越是需要根據敵人的部署情況來計畫和組織反擊，也就越需要強大的前衛和前哨。

　　腓特烈大帝可以稱得上是最善於完成戰鬥準備的統帥了，他幾乎只用口令就可以指揮他的軍隊投入會戰，而且不需要強大的前哨。他一直是在敵人眼前紮營，有時只用一個輕騎兵團擔任警戒，有時用一個輕裝的步兵營，或者從營地派出小偵察部隊。在行軍時，他用幾千名騎兵（大多是屬於第一線兩翼的騎兵）組成前衛，行軍結束後又把它們併回主力部隊，極少用固定的部隊擔任前衛。

　　一支較小的軍隊要想非常迅速地行動、發揮優良的訓練成果和展現統帥的果斷指揮，就必須像腓特烈大帝那樣，他與奧地利的道恩作戰時，幾乎完全是在敵人鼻子底下行動。太過謹慎的部署或是太過笨重的前哨體系，都會使這支軍隊的特長完全失去作用。雖然腓特烈大帝由於判斷錯誤和輕敵導致了霍克齊會戰的失利，但這並不能證明這種做法本身不對。相反，我們應該從中認識到腓特烈大帝的卓越才能，在幾次西里西亞戰爭中，像霍克齊這樣的會戰總共就只有一次。

　　拿破崙的做法與腓特烈大帝不同，他既不缺乏精銳軍隊，態度又非常果斷，幾乎每次前進都要派出強大的前衛，這樣做有兩個原因：

　　第一，戰術層面不同。拿破崙的軍隊已經不是一個簡單的整體，不能只用口令指揮投入戰鬥，不能再像一次大決鬥那樣靠技巧和勇敢就可以贏得勝利，各種地形和環境特點對戰役的影響更為深遠，會戰也分成許多部分。這樣，單純的決心與簡短的命令還不夠，必須有複雜的計畫與指令。為此就需要時間和情報。

　　第二，現代軍隊的規模很大。腓特烈大帝只率領三、四萬人進行會戰，而拿破崙則率領一、二十萬人。

　　從我們挑選的這兩個例子中，可以看出傑出的統帥必定是出於充分的理由，才來決定自己的部署方式。奧地利人證明了腓特烈大帝的方法在西里西亞戰爭時並未一體通行。相較之下，奧地利軍隊的前哨體系要強大很多，而

且經常派出一個前衛軍來執行警戒任務，他們的情況和資源足以允許他們如此行動。在最近的幾次戰爭中，也屢屢出現了各種不同的做法。法國的一些元帥如麥克唐納、烏迪諾和奈伊，他們在西里西亞和布蘭登堡這些戰役中，率領六、七萬人的大部隊前進時，也沒有用一個軍來作前衛。

　　以上都是從戰力的層面來討論前衛與前哨。現在我們來看其他面向。當一支軍隊推進前線或從前線撤退時，並列的各縱隊可以有共同的前衛和後衛，或者各有自己的前衛和後衛。

　　如果以一個軍擔任前衛，那麼它的任務只是確保中央主力的安全。如果主力是沿幾條彼此接近的道路行進，而前衛軍也沿這些道路警戒，最終布滿了這些區域，那麼翼側的縱隊當然就不需要專門的保護了。

　　但與主力相距甚遠的獨立部隊，在行進時就必須要有自己的前衛。中央主力的各個部隊若由於交通或地形而距離中央太遠時，也應該有自己的前衛。因此，一支軍隊分為幾個獨立縱隊並列前進，就有幾個前衛。如果各縱隊前衛的兵力遠少於可以作為共同前衛的兵力，那麼它們屬於戰術部署，在戰略上根本不能看作是前衛。如果中央主力有一個強大的部隊作前方警戒，那麼這個部隊就是整個軍隊的前衛。

　　為什麼要在中央部署比兩翼強大得多的前方警戒呢？有下面三個原因：

　　第一，在中央行進的通常是兵力較大的部隊；
　　第二，凡是軍隊在其正面所要占領的地區，中央是最重要的部分，一切作戰計畫主要是與中央主力有關，因此軍隊的中央部分通常比兩翼更靠近戰場；
　　第三，在中央的先遣部隊，即使不能作為兩翼的前衛直接保護兩翼，也能間接保護兩翼的安全。一般情況下，敵人不可能近距離通過我方部隊的側邊，直接攻擊側翼軍隊，因為敵人擔心自己的翼側和背後會遭到攻擊。中央的先遣部隊即使不足以完全保障翼側部隊的安全，也能夠消除翼側部隊所擔心的許多不利情況。

　　因此，如果由一個專門的前衛軍來擔任中央的前方警戒，而且軍力比兩翼的前方警戒強大得多，那麼，它就不再是簡單地負責警戒任務——保護後面的部隊不受襲擊，而是在戰略具有先遣部隊的作用了。

　　使用先遣部隊可以達到以下幾個目的：

第一，若需要很多時間進行部署，先遣部隊可以提升一般前方警戒的
　　　保護作用。先遣部隊能進行強有力的抵抗，迫使敵人比較謹慎
　　　地前進。

第二，當軍隊的主力龐大時，先遣部隊可以保護機動性較差的主力，
　　　讓它離敵人較遠，靈活的先遣部隊可在敵人附近活動。

第三，即使我軍主力由於種種原因而不得不遠離敵人，仍然可以派先
　　　遣部隊到敵人附近進行偵察。有人認為，派一個人數不多的偵
　　　察隊，或者派一支機動部隊，也能完成這種偵察任務。但偵察
　　　隊或機動部隊容易被敵人擊退，而且與大部隊比較起來，它們
　　　的偵察能力也有限，所以這種做法不可取。

第四，追擊敵人時，以騎兵為主的前衛比以整個軍隊追擊的速度更
　　　快，而且晚上可以遲一些宿營，早晨可以早一些出發。

第五，最後，在撤退時作後衛，可以用來防守險要的地區。在這種情
　　　況下，中央仍然是特別重要的部分。初看起來，後衛側翼容易
　　　被突襲。但即使敵人進逼後衛側方，他要真正威脅我軍的中央
　　　部分，還必須經過一段路程，而中央的後衛可以進行較長時間
　　　的抵抗，並且在撤退時可以殿後。如果中央比兩翼撤退得快，
　　　情況就嚴重了，這樣會露出破綻。在撤退時，我們更強烈、更
　　　迫切地感到需要集中兵力集中和聯合作戰。所以，兩翼最後仍
　　　要回到中央。即使補給條件和道路狀況迫使它撤退時必須分
　　　散。但當撤退完成時，各單位仍要集中部署。由於敵人通常以
　　　主力向我軍中央推進並施加壓力，所以中央的後衛特別重要。

　　在上述任何一種情況下，都應當派出一個專門的前衛軍。但是，如果中央的兵力並不比兩翼多，那麼就不必了，例如，一八一三年麥克唐納在西里西亞迎擊布呂歇爾，以及布呂歇爾向易北河進軍，都是如此。當時，二者的兵力都是三個軍，通常分成三個縱隊沿著不同的道路並列地向前推進，因此他們並沒有前衛。把兵力分為三個同樣大的縱隊，這種做法使整個軍隊很不靈活，所以並不可取。這一點我們在第五章〈戰鬥隊形〉已經談過了。

　　在把軍隊分為中央和獨立的兩翼的情況下（我們在前一章中說過，只要軍隊還沒有特殊任務，這是最自然的部署方式），最簡單的方式就是把前衛軍部署在中央部分的前面，因而也是在兩翼線的前面。然而，既然側方部隊對翼側的意義實際上與前衛對正面的意義是相似的，因此，側方部隊時常與前衛位於同一線上，而且，根據具體情況的需要，甚至還可以比前衛部署得更為超前。

　　前衛的兵力一般由幾個第一級單位編成，並增加騎兵的數量。如果一支軍隊區分為若干個軍，那麼前衛就是一個軍，如果區分為若干個師，那麼前衛至少包含一個師。軍隊劃分的單位較多，也有利於派遣前衛。

　　前衛應該派出去多遠，完全根據情況來決定，它有時距離主力超過一日行程，有時就在主力的近前方。在大多數情況下，前衛與主力的距離為五至十五里，這雖然這不是必須遵循的規則，但是實踐證明這樣的距離最為常見。

　　前哨適用於駐紮的情況，前衛適用於運動中的軍隊，這是為了追溯這兩個概念的起源而暫時把它們區分開來；但是，如果我們死板地按這句話來區別，顯然是一種書呆子的做法。

　　行軍的軍隊到了晚上要宿營，以便第二天早晨繼續前進，前衛當然也必須宿營，而且每次都要派出哨兵擔任自己的和整個軍隊的警戒，但它並不因此就變成了純粹的前哨。只有擔任前方警戒的部隊分散成單獨的小隊，只留下很小的中心部隊，或者已經完全散開，也就是說，已經排成一條長長的警戒線，不再是集中的部隊時，才能把擔任前方警戒的部隊看作是前哨而不是前衛。

　　軍隊宿營的時間越短，就越不需要完善的掩護。在一夜之內，敵人根本沒有機會弄清我軍哪裡有掩護，哪裡沒有掩護。宿營的時間越長，就越要完善偵察和掩護所有通道。因此，當停留的時間較長，前衛就要逐漸展開成警戒線。至於前衛應該完全展開成警戒線，還是應該以集中為大部隊，這主要取決於兩方面的情況。

　　第一，雙方軍隊接近的程度。如果雙方軍隊之間的距離已經很近，那麼兩軍通常不能派大部隊作前衛，而只能部署一些兵力不大的前哨來保障軍隊的安全。

　　一般說來，集結的部隊比較無法保衛周邊的環境，所以要它需要較多的時間和較大的空間。在軍隊的正面很寬的情況下（如舍營），要想用集中固定的部隊保護周圍，就必須與敵人保持相當遠的距離。因此，軍隊大多在冬季駐地於前方排出警戒線。

　　第二，地形特點。如果有大的地形障礙，就可以用少數兵力組成堅強的警戒線。

　　另外，冬季時氣候嚴寒，前衛可以展開成警戒線，這樣前衛本身也便於舍營。

　　在一七九四至一七九五年冬季戰役中，英荷聯軍在荷蘭將警戒線發揮到最大功能。當時由各兵種組成的旅以獨立防哨組成警戒線，並有一支預備隊可作支援。曾在英荷聯軍中服役的沙恩霍斯特把這種方法帶回東普魯士，並應用於一八〇七年在帕薩爾格河畔的普魯士軍隊中。近期很少有人再使用過這樣的警戒方法，這主要是因為在戰爭中的運動增多了。有時，即使有運用這種方法的機會，但是卻錯過了，例如莫拉在塔魯提諾會戰中就是這樣。當時，他如果把自己的防線拉長一些，恐怕不至於在前哨戰中就損失二十多門火砲。

第八章
先遣部隊的行動方法

　　前衛和側方部隊對迫近的敵人所產生的影響將決定軍隊的安全。但是這些部隊兵力很弱，一旦與敵軍主力發生衝突時，會處於不利的位置。因此，部隊怎樣才能完成自己的任務，又不必擔心由於兵力懸殊而遭到殲滅，是我們在此要研究的問題。

　　先遣部隊的任務是偵察敵人和減緩敵人的推進。如果派一支小分隊，那麼連第一個任務也永遠完成不了，這一方面是因為它容易被擊退，另一方面是因為它的偵察手段和工具不夠強大。偵察引起的作用應該更大一些，它應該誘使敵人展開其全部兵力，不僅更清楚地暴露它的兵力，而且暴露它的意圖。派一支大部隊作先遣部隊，它出現在戰場上，不需主動攻擊就可以發揮作用。等到敵人作好擊退它的準備，它就可以撤退了。

　　先遣部隊還有減緩敵人前進的任務，為此，就需要進行真正的戰鬥。

　　先遣部隊為什麼既能夠等到最後一刻，又能夠抵擋攻擊，而且不致造成重大傷亡？這是因為敵人前進時也派有前衛，而並不是整個軍隊以壓倒一切的優勢兵力同時前進。敵人的前衛一開始就比我方先遣部隊占優勢（敵人自然會這樣安排），因為敵軍主力距其前衛的距離比我軍主力距先遣部隊的距離較近，而且敵軍主力正在前進，很快就能趕來全力支援它的前衛。與敵人前衛（雙方的兵力差不太多）接觸的第一階段，我方先遣部隊能贏得一些時間來偵察敵人前進的情況，也不致危害自己的撤退。

　　先遣部隊可以在適當的陣地上抵擋攻擊。遇上兵力占優勢的敵人時，主要的危險有可能遭到敵人的迂迴和包圍攻擊，因而陷入非常不利的處境。先遣部隊若能選擇在適當的陣地，就不大可能發生這種危險，因為行進中的敵人常常摸不清我軍主力距離先遣部隊有多遠，擔心派出的縱隊會遭到來自兩

面的火力夾擊。因此，行進中的敵軍總是使各個縱隊大體上保持在同一條線上，在確實查明我方情況以後，才開始小心謹慎地突襲我軍的兩翼。由於敵軍到處這樣摸摸索索和小心謹慎地行動，我方先遣部隊就有可能在真正的危險來到以前先行撤退。

遭遇敵人正面攻擊或者突襲，先遣部隊究竟可以抵擋多久，這主要取決於地形的特點和援兵的遠近。如果指揮不當，或者主力需要較多的時間而先遣部隊不得不犧牲，導致先遣部隊的抵抗時間超過了限度，那麼必然會造成嚴重的傷亡。

當先遣部隊可以利用大的地形障礙時，就可以確實戰鬥，抵擋敵軍。但是，這種小規模戰鬥的持續時間很短，很難贏得足夠的時間。要想爭取足夠的時間，就必須透過下列三個步驟：

第一，使敵人謹慎、緩慢地前進；
第二，長時間牽制敵人前進；
第三，撤退。

在安全的前提下，撤退的速度盡可能要慢些。如果出現有利的地形可以用作新的陣地，就必須加以利用，迫使敵人重新策劃攻擊，再一次爭取時間。甚至在這個新的陣地上，還可以進行一次真正的戰鬥。由此可見，牽制與撤退是緊密地結合在一起的。戰鬥本身的持續時間不夠，就在撤退時透過反覆多次的戰鬥來贏得足夠的時間。這就是先遣部隊的牽制方式，效果取決於部隊的兵力大小和地形特點，其次取決於撤退路程的長短以及它可能得到的支援和接應情況。

一支小部隊即使和敵人的兵力相等，也不能像大部隊那樣長時間牽制敵人，因為人數越多，行動的時間就越長。在山區，行軍很緩慢，就可以在每個陣地上長時間牽制敵人，而且比較安全。山區到處都有這樣的陣地可以利用。

先遣部隊向前推進得越遠，退路就越長，透過牽制所能爭取的時間就越

多。另一方面，這支先遣部隊的孤立處境，限制了它的牽制能力，以及所能得到的支援。從這個角度而言，比起距離主力較近時的情況，它在撤退時所能爭取的時間就縮短了。

先遣部隊可能得到的接應和支援，會影響它牽制敵人的時間。支援太少，就必須小心謹慎的撤退，因此也減低牽制的效力。

如果敵人在下午才與先遣部隊接觸，那麼先遣部隊透過牽制爭取的時間就會增加，因為敵人很少利用夜間繼續前進，我們通常可以多贏得一夜的時間。例如，一八一五年，普魯士第一軍大約三萬人在齊騰將軍的率領下與拿破崙的十二萬人對抗，在從沙勒爾瓦到林尼這段還不到十里的短短路程上，普魯士軍隊就為自己的集中贏得了二十四個多小時。齊騰將軍在六月十五日上午九時左右遭到攻擊，而林尼會戰到十六日下午二時左右才開始。當然，齊騰將軍遭到了很大的損失，傷亡和被俘的人員達五、六千人。

根據經驗可以得出下面的結論：

配置有騎兵的一萬至一萬二千人的師，一日行程可前行十五至二十里。它在一般地形上能夠牽制敵人而爭取的時間（包括撤退時間），相當於單純撤退時的一倍半。但是，如果這個師只向前推進五里，它牽制敵人的時間就可能會是單純撤退時的兩、三倍。

因此，在前衛師離主力二十里的情況下（這段距離通常需要大約十個小時的行軍時間），敵人從出現到向我軍主力發起進攻，大約需要十五小時。相反，如果前衛距離主力僅為五里，敵人可能向我軍主力發起攻擊的時間，可以設想為在三至四小時以後，甚至在六至八小時以後。在兩種情況下，敵人攻擊我軍前衛的準備時間都一樣；但在後一種情況，我軍前衛卻得在原地耗費更多時間來牽制敵人。

在前一種情況下，敵人不大可能在當天就擊退我軍前衛、進攻我軍主力。在後一種情況下，敵人要想在當天與我軍進行會戰，那麼它就必須在上午擊退我軍前衛。在前一種情況下，由於黑夜對我軍有利，由此可以看出，前衛推進得遠一些可以爭取較多時間。

一支軍隊的側方部隊其行動方式在大多數情況下取決於具體情況。最

簡單的方式是把它們看作派在主力側方的前衛，它們應該向前推進得稍遠一點，撤退時向主力作斜向移動。

　　側方部隊不是在主力的正前方，主力不便於從兩側支援。如果敵軍兩翼的攻擊力比較強，我方的側方部隊又沒有撤退空間的話，側方部隊就會非常危險。在最壞的情況下，側方部隊要有空間進行各種調度，而且不能危害到主力的安全；前衛也一樣。

　　最好而且最常用來支援先遣部隊的方法是利用強大的騎兵，因此當先遣部隊離主力較遠時，應該把騎兵預備隊部署在主力和先遣部隊之間。

　　因此，最終的結論是：先遣部隊的作用，並不是透過其戰力以及實際加入戰鬥，只要它出現在戰場上，發揮威脅敵人的功能便可。先遣部隊在任何情況下都不能夠阻止敵人，只能像鐘擺一樣減緩和牽制敵人，使我們正確地估計敵人的行動。

第九章
野營

　　我們從戰略的角度來研究軍隊的三種非戰鬥狀態，它們是戰鬥前的狀態，與地點、時間和兵力緊密相關。如何規劃野營的內部部署，如何從野營變成戰鬥狀態則屬於戰術範疇。

　　野營，是指舍營以外的各種宿營，包括帳篷、茅屋或是就地露宿。在戰略上，野營就是即將到來的戰鬥部署之一。從戰術上來看就不是如此，因為基於某些原因所選擇的營地，並不一定就是預定的戰場。

　　隨著歷史演進，軍隊的人數不斷成長，戰爭變得更持久，各個單位的聯繫更緊密。但直到法國大革命時，軍隊還是用帳篷野營，這是當時常見的情況。春天一到，軍隊就離開營區，到了冬季再回去。冬營被看作是非戰爭狀態，軍隊在冬營時就像停了的鐘錶一樣不再起作用了。在進入冬營狀態以前，軍隊也會調節戰力，在小區域進行各種短期的各種野營，這些都是過渡狀態和特殊狀態。雙方軍隊這樣規律的和自願休戰，與戰爭的目的和本質有何關聯，這個問題以後再談。

　　法國大革命戰爭以後，許多軍隊就不用帳篷了，以減輕龐大的輜重。有人認為，在一支十萬人的軍隊中，用六千匹馬來運送帳篷，不如換成五千名騎兵或者幾百門火砲。另一方面，大規模的迅速移動軍隊時，龐大的輜重就是累贅，不會有多大用處。

　　但這樣一來導致兩個負面結果，第一，士兵沒有得到妥善保護，第二，容易破壞環境。不管粗麻布造的帳篷保護作用多麼小，人們都不能忽視，畢竟軍隊長時間沒有帳篷會感到很不舒適。一、兩天不使用帳篷，差別不大，因為帳篷不能完全擋風禦寒，也不能防潮。但是，如果一年之內有兩、三百天不用帳篷，那麼微小的差別就變大，士兵就容易生病，戰力自然就衰退。

更不用提沒有帳篷對周邊環境的破壞。

　　除了以上兩種缺點之外，不帶帳篷會削弱戰爭的激烈程度，因為軍隊不得不長時間待在營區；又因為缺乏裝備的關係，本來可以占領的一些陣地也只好放棄了。

　　但戰爭在這個時期發生了極大的變化，戰爭的原始暴烈性和威力迅速增長，軍隊的定期休息也被取消了，雙方都不可抑制地盡其全部力量尋求決戰，關於這一點我們將在第九篇中詳細討論。[1]在這種情況下，攜帶帳篷與否、是否會影響軍隊移動，已經不是問題。至於軍隊要住在平房或野地，只需根據行動的目的和計畫來決定，根本不考慮什麼天氣、季節和地形條件。

　　這些因素是否會影響戰事的進行，稍後我們將會討論。若戰事進行不順利，缺少帳篷當然會影響軍隊的行動，但我們不確定是否會再像過去一樣使用帳篷。軍事行動的領域一直在變化，只有在特別的情況下，才可能短暫使用舊時的方法。戰爭的各種特質一直在劇烈變化，所以任何長期的軍事規劃都要以具體情況為準。

1　克勞塞維茨並沒有完成第九篇。

第十章
行軍（上）

　　行軍是軍隊從一個地點移動另一個地點。行軍有兩個主要的前提。

　　第一個前提是軍隊的舒適，要避免無謂地消耗，妥善維持軍隊的實力；第二個前提是準確地移動，軍隊要準確無誤地到達目的地。一支十萬人的軍隊如果只編成一個縱隊，沿著一條道路不間斷地行軍，那麼這個縱隊的首尾絕不可能在同一天到達目的地。在這種情況下，軍隊不得不非常緩慢地前進，否則就會像水柱一樣，最後分散成許多水滴，加上縱隊很長，必然會使後頭的單位過度勞累，全軍很快就陷入混亂狀態。

　　一個縱隊的人數越少，行軍過程就越順利和越準確，所以單位劃分是很重要的，但是這與分散部署不同。在一般情況下，我們是根據軍隊部署的需求將軍隊劃分為若干個行軍縱隊，但並不是在每一個具體情況下都是如此。一支大的軍隊要想集中部署在某一地點，在行軍時也必須劃分為若干個縱隊。但即使因為分散部署而分開行軍，還是要考慮軍隊部署與行軍的目的。例如，如果一支軍隊部署在某地只是為了休息，而不是在等待戰鬥，則只要考慮行軍的條件，比如要選擇良好、修築好的道路。人們有時根據舍營和野營的情況選擇道路，有時則根據道路的情況選擇駐地點。如果進行會戰的關鍵是要到達適當的地點，那麼，必要時就得毫不猶豫地通過最難走的小道。反之，如果軍隊還在通向戰區的途中，那麼就應該為各個縱隊選擇最近的大道，盡可能地在大道附近尋找駐地。

　　上述兩種行軍中不管哪一種，根據現代軍事藝術的一般原則，在可能發生戰鬥的任何地點，即在戰爭的整個範圍內，編組行軍縱隊時必須使其中的每個縱隊都能夠獨立進行戰鬥。這就必須使縱隊內有三個兵種，根據具體情況進行部署，並任命合適的指揮官。由此可見，因應行軍的需求而產生了新

的戰鬥隊形，新的戰鬥隊形也能讓行軍發揮最大效用。

　　在上個世紀中葉，特別是在腓特烈大帝的戰爭中，人們已經開始把移動看作是戰鬥本身的一個要素，開始利用出敵不意的移動來取得勝利。當時還沒有出現有組織的戰鬥隊形，因此，行軍隊伍十分複雜而累贅。軍隊要想在敵人附近移動，就必須時刻做好戰鬥的準備，但只有軍隊集中在一起才有足夠的兵力作戰。行軍時，第二線與第一線不能離太遠，即不超過一里，而且必須充分熟悉地形，不顧艱苦地越過一切險阻前進，因為在一里的距離內無法找到兩條平行的良好道路。軍隊分成縱隊向敵人行軍時，兩翼的騎兵也會遇到同樣的情況。行軍中有砲兵時，它需要有步兵掩護的單獨道路，這就會產生新的困難，步兵隊形必須維持一條線，而砲兵會使本來已經拉得很長的步兵縱隊拖得更長，並且打亂縱隊內步兵的各單位之間的間隔。人們只要讀一讀滕佩霍夫著的《七年戰爭史》中的行軍部署，就可以了解這一切，並了解因此而受到的種種限制。

　　現代軍事藝術讓軍隊得以進行有組織的劃分，各單位都可以看作是一個小的整體，在戰鬥中展現大部隊所具有的一切功能，唯一的差別是小單位持續的時間比較短。各個縱隊在行軍中不必靠得特別近，不需要在戰鬥開始以前就全部集中，只要各縱隊在戰鬥過程中能夠集中起來就夠了。

　　軍隊的人數越少，移動就越容易，也不需要為了行動而劃分成小單位（這與分散部署不同）。一支兵力小的軍隊可以沿著一條道路行進，即使要沿幾條道路前進，也不難找到彼此接近的道路。但是，軍隊的人數越多，就越需要劃分成小單位與小縱隊，也越需要良好的道路，各縱隊之間的間隔就越大。就比例上來說，劃分成小單位帶來的危險越大，就表示越不需要那麼做。各單位越小，就越需要相互支援，各單位越大，能夠獨立行動的時間就越長。前一篇談到，在耕種區內主要大道兩旁幾里以內，總可以找到幾條平行築好的道路。由此可見，在安排行軍時，要兼顧迅速前進、準確到達與集結並不困難。在山地，雖然平行的道路最少，各條道路之間的聯繫也最困難，但是每個縱隊的抵抗能力卻大得多。

　　根據經驗，一個八千人的師與它所屬的砲兵和車輛在行軍時，隊尾比

隊首差一個小時的行程。因此，兩個師先後沿著同一條道路前進時，第二個師將比第一個師遲一小時到達指定地點。我們在第四篇第六章〈戰鬥的持續時間〉中已經談過，一個兵力這樣多的師，即使面對優勢的敵人也能抵抗幾個小時。因此，即使在最不利的情況下，即第一個師被迫立即開始戰鬥時，第二個師遲一小時到達也不算太晚。在歐洲中部耕作地區，在一小時的行程內，大路周圍多半能夠找到可以行軍的小道，而不必像七年戰爭時期那樣常常需要越野行軍。

　　一支由四個步兵師和一個騎兵預備隊組成的軍隊，在不好走的道路上行軍，先頭部隊完成十五里的行程，最快通常需要八個小時。若以每個師、騎兵預備隊和砲兵預備隊每小時所能通過人數來看，整個部隊的行軍時間是十三小時。這個時間並不算太長，卻有四萬人沿著同一條道路行進。當然，這支軍隊也可以利用其他小道縮短行軍時間。如果人數比上述部隊還要多，那麼整個軍隊不一定能在當天到達。這樣大的一支軍隊絕不可能一遭遇敵人就立即進行會戰，通常要在第二天才進行會戰。

　　由此可見，在現代戰爭中，組織行軍不再那麼困難。現在，組織最迅速和最準確的行軍，已經不像腓特烈大帝在七年戰爭中那樣需要特殊的技巧和精確的地理知識，現在只要有組織地劃分，各單位幾乎就可以獨立運作，不需要擬制龐大的計畫。從前，單憑口令就可以指揮會戰，組織行軍卻需要很長的計畫，現在，編組戰鬥隊形需要很長的計畫，而組織行軍卻幾乎只憑口令就行了。

　　行軍有兩種，一種是正面朝向敵方行進，另一種與敵方平行，又稱「側敵行軍」。側敵行軍時要改變軍隊各單位之間的幾何位置，並列的單位在行軍時要前後排列，前後排列的單位在行軍時則要並列。雖然直角範圍內的任何角度都可能成為行軍的方向，但行軍方式只有這兩種。

　　只有在戰術上，才有可能這樣徹底地改變各單位之間的幾何位置，也只有縱隊行進時才能做到這一點，大部隊就不可能做到。在戰略上更不可能這樣做。過去，戰鬥隊形中幾何關係的改變只牽涉到兩翼和中央；在現代，通常是第一級單位（軍、師或者旅，端看最高單位是哪個層級）之間的改變。

當然現代戰鬥隊形對此也有影響，現在已經不需要像從前那樣，在戰鬥開始前就把整個軍隊集中在一起，所以現在更重要的是集結在一起的各單位如何協同運作。如果前後兩個師（後面的為預備隊）沿兩條道路向敵人推進，那麼，指揮官絕不會把每一個師分成兩部分而分別在兩條道路上行進，一定會讓兩個師各沿一條道路並列前進，讓每個師長各自組織預備隊以備發生戰鬥。統一的指揮要比原來的幾何關係重要得多。如果兩個師在行軍中沒有經過戰鬥就到達了指定的陣地，那它們仍然可以恢復原來的部署位置。如果兩個並列的師沿兩條道路進行平行行軍，人們就更不會讓每個師的第二線或預備隊都沿後面的道路行進，而是給每個師各一條道路，在行軍過程中把一個師看作是另一個師的預備隊。如果一支軍隊由四個師編成，三個師部署在前面，一個師在後面作預備隊，以這樣的隊形向敵人行進，那麼自然應該給前面的三個師各一條道路，而讓預備隊在中間那個師的後面行進。如果三條道路之間的距離不合適，就可以只沿著兩條道路行進，這並不會帶來什麼明顯的不利。

在側敵行軍時也是這樣。

另一個問題是各縱隊從右邊還是從左邊開始行軍。側敵行軍時，答案是很明確的。向左側運動時，任何人都不會從右翼開始行軍。直線行軍（前進或撤退）時，行軍的次序實際上應該根據道路與預定展開的相關位置。戰術上很容易做到這一點，因為戰術上的空間較小，幾何關係比較容易看清楚。但在戰略上，則完全不可能。如果在戰略上經常參照戰術上的做法，那只是賣弄學問。過去軍隊在行軍中仍然維持統一隊形，目的是要進行一次整體戰鬥，因而整個行軍的次序純粹是戰術上的問題。儘管如此，施威林在五月五日從布蘭代斯地區出發時，還是因為不知道未來的戰場在他的右邊還是左邊，最後部隊不得不進行著名的大迴轉。

一支軍隊按照舊的戰鬥隊形部署，以四個縱隊向敵人推進，那麼，最外邊的兩個縱隊應為第一線和第二線兩翼的騎兵，中間的兩個縱隊則為第一線和第二線兩翼的步兵。縱隊的行軍順序，可以從右邊兩隊開始，或者從左邊兩隊開始，或者從最左最右兩隊開始，或者從中間兩隊開始，最後一種情況

下稱之為「中央開始」。初看起來，這些順序好像與未來展開的陣勢有關，但實際上採取哪　種形式都是一樣的。腓特烈大帝前往勒登進行會戰時便是組成四個縱隊，從右邊兩隊開始行軍，由於他恰好要攻擊奧軍的左翼，因而很容易地變換為線式戰鬥隊形，從而受到所有歷史學家的讚揚。假如當時他要突擊奧軍的右翼，那麼，他就得像在布拉格那樣來一次大迴轉。

這些調度的形式在當時就已經不符合行軍的目的，在今天，這些形式純粹是一種兒戲。雖然到現在我們還是很難預測戰場和行軍道路的相對位置，但由於行軍順序不正確而損失了一點時間，已遠不像從前那樣重要了，因為新的戰鬥隊形發揮了良好的作用。哪一個師最先到達，哪一個旅最先投入戰鬥，都是一樣的。

軍隊從右邊兩隊或者從左邊兩隊開始行軍，唯一的作用就是調節軍隊各單位的體能，從中央開始行軍則只能偶爾採用。從戰略上來看，一個縱隊從中央開始行軍是不合理的，因為這種行軍次序是以有兩條道路為前提。

其實，行軍順序問題與其說屬於戰略範圍，不如說屬於戰術範圍，因為它只是把整體分為若干單位，行軍結束後又重新恢復成一個整體。但是，現代軍事藝術已不再強調各個單位要緊密相連，各單位在行軍時應該距離遠一些，讓它們可以獨立行動。這樣各個單位也可以獨自進行戰鬥，而且每一場戰鬥都應該看作是個別的戰事。

我們在本篇第五章〈戰鬥隊形〉中已經看到，在沒有任何特殊目的的情況下，三個單位並列最為合理，因此行軍時採用三個縱隊也是最合理的。

縱隊的概念不僅是指沿一條道路前進的一個部隊，在戰略上，在不同的日期沿同一條道路行軍的各個部隊也叫作縱隊。劃分縱隊的主要目的是為了縮短行軍時間和便於行軍，因為兵力小的部隊總要比兵力大的部隊快一些和方便一些。部隊不是沿不同的道路行軍，而是在不同的日期裡沿同一條道路行軍，也可以達到這個目的。

第十一章
行軍（中）

　　一日行程的距離和所需要的時間，要根據一般經驗來確定。

　　現在的軍隊通常情況下一日的行程為十五里，長途行軍時，為了讓勞累的軍隊得到片刻休息，平均一日的行程要減少為十里。一個八千人的師，在平原上沿著普通的道路行軍時，一日行程需要八至十二小時，在山地則需要十至十二小時。如果行軍縱隊包含好幾個師，即使除去後面的師晚出發的時間，行軍時間也要多幾個小時。

　　由此可見，走完一日行程幾乎要占用一整天的時間。士兵背著行囊一天行軍十至十二小時，其勞累程度不能和一般情況相比，因為個人沿普通的道路步行，只要五小時就能走完十五里。

　　非連續行軍的一日行程達二十五里，或最多達三十里，連續行軍的一日行程達二十里，這都屬於強行軍了。走完十五里的行程，中間就需要有數小時的休息時間，因此一個八千人的師走完這樣的行程，即使有良好的道路，也不能少於十六小時。如果行程為三十里，而且是幾個師在一起行軍，那麼行軍的時間至少需要二十小時。

　　這裡所說的行軍是指幾個師集中在一起從一個駐地到另一個駐地，這是戰區內最常見的行軍形式。如果幾個師成一個縱隊行軍，那麼前面的幾個師就應該提前集合和出發，提前到達駐地。然而，這段時間絕不能長達走完一個師所需要的時間，即不能達到法國人常說的「流過」一個師所需要的時間。因此，這種方法並不能減輕士兵的勞累，而且部隊數量增多往往會使行軍時間延長很多。一個師如果用類似的方式，讓各個旅在不同的時間集合和出發，是極不可行的。這就是以師為行軍單位的原因。

　　軍隊以小部隊為單位，從一個舍營地向另一個舍營地長途跋涉行軍（中

途沒有集結點），其行程會相當漫長甚至可能增加，因為通常必須繞路才能到達舍營地。

　　每天都要以師、甚至以軍為單位集結在一起行軍到下個舍營地，這種行軍需要的時間最多。只有在富庶的地區和部隊人數不太多的情況下才能這樣行軍，因為這樣才容易找到充裕的補給和舒適的舍營地來消除長途跋涉的勞累。一八〇六年，普魯士軍隊在撤退時為了補給物資，每夜都舍營在村落城鎮，這無疑是一種錯誤的做法。其實，野營同樣能夠獲得物資，又不至於在過度勞累的情況下在十四天之內行軍約二百五十里。

　　在較差的道路上和山地行軍時，很難確切地計算走完一日行程所需要的時間，上述關於時間和行程的規定都要調整。因此必須仔細地計算，為那些無法預料的情況多留出一些時間來。同時，也應該考慮到天氣和部隊的狀況。

　　自從軍隊不再使用帳篷，並且就地強徵物資之後，輜重顯著地減少了。理論上，移動速度應該會加快，行軍路程也會增加。但這只在某些特定的條件下才會成立。

　　在戰區內，行軍卻很少因為輜重減少而加快，此時行軍得超過一般速度，所以輜重或者留在後邊、或者先行，在行軍過程中總是與部隊保持一定的距離。因此，輜重不會影響軍隊的移動。只要它不直接影響軍隊，不管它可能受到多大的損失，人們也不會去考慮它。在七年戰爭中，有幾次行軍的速度就是在今天也很難超過。例如，一七六〇年俄軍攻擊柏林，奧國的拉西前往支援俄國。他的軍隊從希維德尼察出發，經勞西次到達柏林，在十天內行軍二百二十里，平均每天二十二里。對於一支一萬五千人的軍來說，能夠達到這樣的行軍速度，就是在今天也是罕見的。

　　從另一方面來看，補給方式的改變也減緩現代軍隊的移動速度。軍隊常常得自己準備一部分物資，這比起從麵包車上領取現成的麵包要需要花費更多的時間。在長途行軍時，部隊不能大量地在一個地方設營，為了便於取得物資，各師的營地必須分開。有一部分軍隊必須舍營，尤其是騎兵。這一切都會導致行軍顯著遲緩。一八〇六年拿破崙追擊普魯士軍隊並且力圖切斷其

退路時，以及一八一三年布呂歇爾追擊法軍並力圖斷其退路時，兩者在十天之內都只走了約一百五十里。腓特烈大帝從薩克森向西里西亞行軍時，雖然攜帶全部輜重，也曾達到這一速度。

雖然如此，輜重的減少，還是會增加大小部隊在戰區內的機動性和輕便性。雖然騎兵和砲兵的數量沒有減少，但馬匹減少了，不必像過去那樣考慮到飼料的問題。另一方面，部署軍隊的限制也減少了，它不必總是顧慮拖在後面的長長的輜重隊。

一七五八年，腓特烈大帝放棄圍攻奧爾米茨後，率領軍隊行軍時，曾帶有四千輛輜重車，為了掩護這些輜重車，他曾經把一半軍隊分散成獨立的營和排。在今天，這樣的行軍即使碰上最膽小的敵人，也會失敗。總之，減少輜重與其說能夠提高運動的速度，還不如說能夠節省力量。

現在我們必須研究一下行軍對軍隊的損害，它影響很大，與戰鬥同樣是重要的特殊因素。適度的行軍並不會使軍隊受到什麼損害，但是連續幾次就會使軍隊受到損害，如果是連續強行軍，那麼軍隊受到的損害會更大。

在戰區內，缺乏適當的物資和舍營地，道路路況很差或破壞嚴重，軍隊要經常準備戰鬥，這些都會過度消耗軍隊的力量，使人員、牲畜、車輛和裝備受到損失。

人們常說，長時間的休息對軍隊的健康並沒有什麼好處，適度的活動比較不容易使人生病。固然，士兵擠在營區狹小的營房裡很容易生病，但同樣的情形在行軍中的舍營裡也會發生。缺乏空氣和運動不是致病的原因，因為士兵很容易在適度的操練中得到補充。

試想一下，士兵淋著大雨背著沉重的行囊病倒在野外泥濘的道路上，與在營房裡生病相比，身體受到傷害的程度會有多麼不同！一個士兵在野外營地中生了病，可以立刻被送到附近的村鎮去，不致完全得不到治療。但在行軍途中生了病，卻要先在路旁躺上幾小時，得不到任何護理，然後成為掉隊者，拖著病體追趕已經走出幾里遠的部隊。在這樣的情況下，有多少輕病變成了重病，又有多少重病變成了不治之症！在塵土飛揚的道路和夏日灼熱的陽光下，即使是適度的行軍，也會使士兵感到酷熱難當，他們由於極度口渴而狂飲生水，因而患病甚至死亡。

這並不是說要減少戰爭中的活動。工具就是為了使用，使用就會損耗，這是事物的本質。我們只想說明，一切都應該恰如其分。我們反對的是某些理論家的空談，他們硬說出敵不意、最迅速的移動、毫無休止的行動不用付出什麼代價，就像豐富的礦藏一樣，只是由於統帥的惰性才沒有被充分利

用。這些理論家對待這些礦藏的態度，就像對待金礦和銀礦一樣，只看到產品，而不問一問開採這些礦物要耗費多少勞動。

在戰區外長途行軍時，儘管行軍的條件通常比較好，每天的損失也比較小，但最輕的病號通常會被丟在後頭，因為他們剛剛恢復健康，不可能趕上不斷前進的部隊。騎兵中受鞍傷以及累跛的馬會不斷增多。部分車輛也會遭到損壞而無法使用。一支軍隊連續行軍五百里或者更遠的距離以後，實力就會減弱，特別是馬匹和車輛的損失更為嚴重。

如果必須在戰區內，即在敵人的眼前長途行軍，那麼戰區行軍和長途行軍二者所具有的不利條件就會同時出現。在人數眾多而且其他條件不利時，可能造成令人難以置信的損失。

下面僅舉幾個例子來證明上述觀點。

一八一二年六月二十四日，拿破崙渡過尼曼河，他準備進攻莫斯科，其巨大的中央兵團有三十萬一千人之多。八月十五日，他在斯摩棱斯克附近派出了一萬三千五百人，按理說他這時還應該有二十八萬七千五百人，但實際上只剩有十八萬二千人，也就是說，已經損失了十萬五千五百人。在這之前只發生過兩次有名的戰鬥，一次是達武與巴格拉季昂之間的戰鬥，另一次是莫拉與奧斯特爾曼－托爾斯泰之間的戰鬥。由此，我們可以估計出，法軍在這兩次戰鬥中遭受的損失至多為一萬人，而在五十二天內連續行軍大約三百五十里的過程中，僅病號和脫隊就損失了九萬五千人，約占總兵力的三分之一。

三星期以後，在博羅迪諾進行會戰時，法軍損失已經達到十四萬四千人（包括戰鬥中的傷亡）。又過了八天，到達莫斯科時，損失已經達到十九萬八千人。這一時期，法軍在第一階段每天的損失占當初總兵力的一百五十分之一，在第二階段每天的損失達一百二十分之一，在第三階段每天的損失達十九分之一。

拿破崙是以連續行軍渡過尼曼河抵達莫斯科，一共用了八十二天，只走了六百里，而且法軍在途中還正式休息了兩次：一次在維爾那（編按：即今日的立陶宛首都維爾紐斯），大約休息十四天，另一次在維捷布斯克，大

約休息十一天，在休息期間，許多脫隊的士兵又回到了部隊。在這十四個星期的行軍期間，氣候和道路的狀況還不算是最壞的，當時還是夏天，所走的道路大多是沙土路。但是，龐大的部隊集中在一條道路上行軍，物資十分缺乏，敵人雖然撤退，但並不是逃竄，這些都是造成法軍行軍的困難。追擊法軍的俄軍從卡盧加地區出發時為十二萬人，到達維爾那時就只剩下三萬人了，當時俄軍在戰鬥中的傷亡是很少的。

我們再以一八一三年布呂歇爾在西里西亞和薩克森的戰役為例。這次戰役不是以長途行軍，而是以多次往返行軍而著名。布呂歇爾屬下的約克軍於八月十六日以約四萬人開始這次戰役，十月十九日到達萊比錫附近時就只剩下一萬三千人了。據最可靠歷史家的記載，在戈爾特貝克、呂文貝克一帶的主要戰鬥中以及在卡茨巴赫河畔、瓦爾騰堡和默克恩（萊比錫）會戰的主要戰鬥中，這個軍大約傷亡了一萬二千人，可見非戰鬥傷亡在八個星期內達一萬六千人，占這個軍的五分之二。

因此，想要在戰爭中頻繁地行軍，那就必須面對兵力將遭受大量損失，並且制定其他各項計畫。首先就要考慮以後的兵員補充問題。

第十三章
舍營

在現代軍事藝術中，舍營必不可少，無論是帳篷還是完備的補給部隊，都不能取代屋舍的功能。茅屋和野外宿營，不管如何改進，也不會成為正規的紮營方式。如果常用這種方法，軍隊遲早（這取決於氣候情況）要因為發生疾病而提前消耗力量。在一八一二年遠征俄國的戰役中，法軍在十分惡劣的氣候條件下，整整有六個月的時間幾乎完全沒有舍營，這是極為罕見的。這種狂妄得到了可怕的結果。

當敵人距離我們很近，或是我軍迅速移動時，軍隊就無法舍營。因此，只要決戰迫近，軍隊就得放棄舍營，直到決戰結束。

在最近二十五年我們所看到的一切戰役中，戰爭基本要素充分展現了其重要性。凡是在戰爭中可以投注的精力與行動，都已經發揮到極限。但這些戰役的持續時間都很短，很少達到半年，大多只幾個月就達到了目的，失敗者很快就被迫停戰甚至媾和，勝利者很快就用盡了力量。在這些高度緊繃的階段，就不可能再考慮舍營。比方說在趁勝追擊時，軍隊得快速的移動，也就不可能舍營。

如果戰爭的進程不激烈，雙方能平穩地較量，那麼，舍營就成為主要的考量。舍營對於作戰本身也有一定的影響。我們會利用兵力較大的前哨或者部署得較遠的強大前衛，來爭取更多的時間和更有效地保障安全。此外，相較於地形的利弊、線和點的幾何關係等戰術問題，我們更常考慮當地的資源與農產情況。一個有兩、三萬居民的商業城市，一條沿途有很多大村莊和繁華城鎮的大道，都能給部隊的集中配置帶來許多便利，這種集中所提供的靈活性和活動餘地足以抵得上更好的戰術地點的利益。

在決定舍營時，要考慮它本身是作為主要或次要的任務。在戰役過程

中，我們根據戰術和戰略上的要求部署軍隊，而且規定軍隊在部署地點附近舍營休息（尤其是騎兵常有這種需求），那麼，舍營就是次要任務，是用來代替野營的。因此舍營地必須設在能夠及時到達部署地點的範圍以內。如果舍營是為了休整，那麼尋找駐地就是主要任務，其他措施（當然也包括選擇部署地點）都必須根據這個主要任務來制定。

　　一般來說，整個舍營地的地形外觀是一個狹長的橢圓形，相當於戰術上戰鬥隊形的擴大。集合地點在前方，司令部設在後方。但是，在敵人到來之前，這三個常規反而會妨礙軍隊有效地集結，甚至造成反效果。

　　舍營地越是接近正方形乃至圓形，部隊就越能迅速地在中心點集結。集結地點越往後移，敵人就越晚到達，我軍就有越充裕的集合時間。集結地點設於舍營地後段絕不會有危險。司令部越向前移，就能越早得到情報，總司令就越能了解各方面的情況。儘管如此，上面談的三種常規並非毫無根據，多少也還是值得考慮。

　　有人主張擴大舍營地的寬度來以免周邊地區的物資被敵人攔截。這對駐紮在外圍的部隊來說還成立。但是，如果各部隊的舍營地大多在集結地點周圍，那麼對兩個部隊之間的中間地帶來說，這個主張就不成立，因為敵軍不敢侵入這個中間地帶。為了防止敵人在我們附近地區攔截物資，還有更簡單的方法。

　　把集結地點設置在前面是為了守護舍營地。理由是：第一，如果把集結地點設置在後面，那麼當部隊匆忙拿起武器時，常常會留下一個很容易落入敵手的尾巴，即脫隊的士兵、病員、行李、儲備品等。第二，如果敵人以騎兵部隊繞過前衛，或者突破了前衛，那麼就會襲擊我們各個團和營的舍營地。但是，如果敵人遇到的是一支部署得宜的部隊，那麼即便這支部隊很弱並且最後一定會被敵人打垮，它畢竟還可以阻擋一陣，贏得一些時間。

　　司令部的位置應該越安全越好。

　　根據上述種種考慮，我們認為，舍營地的形狀最好接近於正方形或接近於圓形，集結地點設在中央，兵力很多時，司令部應該設在較為靠前的位置。

　　我們在第六章〈軍隊的一般部署〉談到關於掩護翼側的一些問題，在考慮舍營時也適用。因此，駐紮在左右兩側的部隊，即使目的在於和主力共同進行戰鬥，也應該在主力的同一線上各有自己的集結地點。

　　軍隊的部署地點取決於有利的地形，另一方面，舍營的位置則取決於城市和村莊的分布情況，幾何法則在這裡不具決定性的作用。但是，這種幾何法則也和所有一般法則一樣，或多或少會有重要作用，因此也應予以注意。

　　如何選擇有利的舍營地？軍隊必須選擇一個有自然屏障的地帶，進駐在它的後面，同時派出許多小部隊監視敵人。或者在駐紮在要塞後面，在這種情況下，敵人不可能摸清要塞守備部隊的兵力，必然會更加謹慎和小心。

　　關於加固的冬營，我們將在專門的一章中論述。

　　行軍部隊的與駐軍部隊的舍營方式不同，為了避免繞路，行軍部隊往往沿著行軍道路尋找舍營地點，很少將部隊散開。只要舍營地分散的距離不超過一日行程，就不會影響集結的速度。

　　若雙方前衛之間的距離不大，前衛和前哨的兵力和位置，應該根據駐地大小和部隊集結所需要的時間來決定。如果前衛和前哨的兵力和位置是取決於敵情和其他情況，那麼就應該反過來，舍營地的大小取決於前方前哨能抵擋多久。

　　先遣部隊的抵抗方式，我們在本篇第八章〈先遣部隊的行動方法〉已經談過了。先遣部隊的爭取到時間裡，得先扣除傳達命令和準備出發的時間，剩下的才是其他單位能用來集結的時間。

　　如果舍營地範圍的半徑相當於前衛的派出距離，集結地點大致位於駐地的中央，那麼，前衛就能牽制敵人更久，以爭取到足夠的時間來傳達命令、讓部隊整裝，即使不用煙火、砲聲等信號傳達命令，只派人逐次傳令（最可靠的方式）時間也還充裕。當前衛的派出距離為十五里時，舍營地的範圍就接近七百平方英里。在人口密度中等的地區，這樣大的面積上大約有一萬戶人家，軍隊如果有五萬人，除去前衛，每戶人家大約要容納四人，這是很舒適的。軍隊的人數再多一倍，每戶也只不過容納九人，這樣也不算十分擁擠。相反，如果前衛的派出距離不超過五里，那麼舍營地的面積就只有八十

平方英里，因為，儘管爭取的時間不會隨著前衛派出距離的縮短而按同樣比例減少，前衛的派出距離為五里時，仍然還可以指望爭取到六小時的時間。但是，與敵人相距這樣近，卻必須加強戒備。在這個面積內，只有當居民十分稠密時，五萬人的軍隊才能勉強進駐。由此可見，可供一至二萬人的軍隊進駐的大城市或者比較重要的城鎮有決定性的作用。

如果我們距離敵人並不太近，也派出了適當的前衛，那麼，即使敵人已集結完畢，也依然可以實施舍營。一七六二年初腓特烈大帝在布雷斯勞，一八一二年拿破崙在維捷布斯克都曾這樣做過。即使距離集結的敵人還有一定距離，我們也已經採取了適當的措施，無須擔心軍隊集中時的安全，我們也絕不能忘記：一支軍隊在倉促集結時做不了別的事情，對臨時所出現的情況缺乏應變能力，因而無法發揮主要的作戰能力。只有在下述三種情況下，軍隊才可以實施舍營：

第一，敵人在舍營；

第二，據部隊的狀況絕對有舍營的必要；

第三，部隊當前的任務僅限於防守堅固的陣地，部隊只需能夠及時在陣地集結，而不需要做別的任何事情。

關於舍營中的軍隊如何集結，一八一五年的戰役提供了一個十分值得注意的例子。齊騰將軍率領三萬人擔任布呂歇爾兵團的前衛，部署在沙勒爾瓦附近，距離兵團預定的集結地點松布雷夫只有十里。這個軍團最遠的舍營地離松布雷夫約有四十里，也就是說，舍營地一端越過了西內，另一端直到列日。儘管如此，西內那一端的部隊在林尼會戰前數小時已經到達集結地點，而在列日附近的部隊（比羅軍），如果不是因為偶然情況和聯絡不當，也能及時到達。

普魯士軍隊這樣安排舍營地，對軍隊的安全考慮得不夠。但當法國軍隊的舍營地範圍也很廣時，普軍這樣做是有道理的。他們的錯誤在於，當他們接到情報，知道法軍已經開始運動、拿破崙也已到達時，沒有立刻改變原

來的部署。普軍在敵軍開始攻擊前，仍有可能在松布雷夫集結。布呂歇爾在十四日夜間，即齊騰將軍受到敵人攻擊前十二小時，就接到了敵人前進的情報，而且已經開始集結他的部隊，但是，當齊騰將軍於十五日上午九時與敵人展開激戰時，在西內的提爾曼將軍才剛剛接到命令開進那慕爾。提爾曼不得不以師為單位集結軍隊，然後行軍二十二里到達松布雷夫，這一切是在二十四小時之內完成。假如比羅將軍能及時接到命令，就也有可能在這一時刻到達。

拿破崙並沒有在十六日下午二時以前對林尼發起攻擊。他擔心一方面要對付威靈頓，另一方面要對付布呂歇爾，兵力不足使他的行動減緩了。可見，在比較複雜的情況下，連最果斷的統帥也難免因為謹慎而遲緩行動。

第十四章
維護與補給

　　維護與補給在現代戰爭中比以往更加重要，原因有二：第一，現代軍隊比中世紀或古代的軍隊龐大得多。從前也有一些軍隊在人數方面遠遠超過現代的軍隊，但那是罕見的特例。自路易十四以來，各國的軍隊一直都十分龐大。第二，更為重要的是，在我們這個時代，一場戰爭不僅是單一的事件，軍隊必須經常處於戰備狀態。在古代，大多數戰爭是由一些單個、毫無關聯的軍事行動構成，各次軍事行動之間都有間歇。在這些間歇中，戰爭已經完全中止，只有政治上還在鬥爭，或者雙方軍隊已經遠離戰場，可以不必顧慮對方而各行其是。

　　從西發利亞和約以來，由於各國政府的欲望強烈，戰爭已變得更有規律、更有前後關係了。戰爭的目的高於一切，因此補給制度得處處滿足戰爭的需要。十七世紀和十八世紀的戰爭雖然有時也會接近於完全中止，而雙方處於長期休戰的狀態，即冬季時定期地進駐某地，但是這只是達成戰爭目標的手段。間歇停戰並不是因為部隊的補給問題，而是因為要適應季節變換。隨著夏季的到來照例要離開冬季駐地，相對的，天候情況允許的話，軍事行動就不能間斷。

　　戰爭總是從一種狀態逐步轉移另一種狀態，從一種行動方式轉移到另一種行動方式。在反對路易十四的戰爭中，聯軍為了便於取得補給，常常把部隊派到遙遠的冬季駐地，而在西里西亞戰爭中，就不再有這種現象了。

　　各國以僱傭兵制度代替了封建義務兵制度以後，軍事行動開始變得有規律、有關聯。這時，封建義務已變為賦稅，完全取消服役，代之以募兵制，或者只用於最下層的民眾。對貴族來說，服役已代之以賦稅，即人頭稅（目前在俄國和匈牙利實行）。這時的軍隊已經變成了政府的工具之一，維持的

基礎主要是國庫或政府的收入。

　　由於軍隊的建立和兵員的補充方式改變，軍隊的維護與補給也必然發生同樣的變化。上階層的人為了免除當兵的義務而繳稅，政府就不能再對他們強加徵收維護軍隊的經費了。政府、國庫必須負擔軍隊的經費，軍隊不再能依賴自己駐地的供給。政府因此必須把軍隊的維護視為自己獨白的責任。但這樣軍隊的維護會變得更加困難了，一方面，它已成為政府的事情，另一方面，軍隊就必須長期留在戰場上。

　　這樣一來，就形成了一個專門從事戰爭的階級，而且還形成了一種專門的補給制度，兩者都不斷成熟發展。

　　用於補給的物資，不論是採購的還是國家領地繳納的，都要由遠方運來，儲存在倉庫裡，再由專門的運輸隊從倉庫運送到部隊，在部隊附近由專門的烘焙坊烤成麵包，然後再由部隊的運輸隊運走。我們所以提到這種制度，不僅因為它可以說明實行這種制度的戰爭，而且也是這種制度絕不會完全廢止，其中的某些流程將會一再被人採用。

　　這樣，軍事組織就逐漸擺脫對國民和地方的依賴。戰爭雖然因此而變得更有規律，更有關聯，更加從屬於戰爭目的，即政治目的，但它的移動同時也受到更大的限制和束縛，戰爭過程就比較遲緩。由於依賴倉庫和受到運輸隊活動範圍的限制，軍隊的一切活動都要考慮盡量節約物資。有的士兵只能吃到可憐的一小塊麵包，像幽靈似地四處搖晃。在這種挨餓的時刻，往往又很難指望有任何契機可以改變這種狀況。

　　有人認為這樣貧乏的糧食供給是一件無關緊要的事情，還辯稱腓特烈大帝在這種狀況下也能打勝仗。這些人沒有公正地看待這一問題。忍饑挨餓的確是士兵最重要的美德之一，否則軍隊就談不上有什麼真正的武德。但是，忍饑挨餓是暫時的，是迫於環境。它不能成為一種制度，不能為了部隊的迫切需要，而毫無情感地分配糧食。否則，每個士兵的體力和精神力量一定會不斷地受到削弱。我們不能用腓特烈大帝的成就作為標準，因為他的對手物資條件也不好。另一方面，假如條件允許他像拿破崙那樣供應自己的軍隊，他的成就將不僅於此。

　　欠缺考量的補給制度也會造成馬飼料的供應問題，因為飼料的需要量大，運輸更困難。一匹馬一天需要的飼料大約是士兵一份口糧的十倍重，但是軍隊中的馬匹又不止人數的十分之一。現在，軍隊中的馬匹是人數的四分之一到三分之一（以前是三分之一到二分之一），飼料的重量是口糧的三、四倍或者五倍。因此，人們乾脆用最直接的方法，就地搶掠來滿足這種需要。但這種方法使作戰受到另一種很大的限制。採用這種方法，軍隊一進入敵國領土就得趕緊掠奪物資。另一方面，軍隊就不能在一個地方久留。在西里西亞戰爭時期，就很少採用這種方法了，因為這樣會嚴重破壞和消耗地方資源，公款徵收還比較能滿足需要。

　　法國大革命戰爭時，國民兵又登上了戰爭舞台，政府的資源明顯不足。過去的軍事制度只以有限的財力為基礎，補給制度又很貧乏，到了這個時期一下子就崩潰了。革命領導人並不怎麼關心倉儲問題，更少規劃像精密鐘錶一樣的補給系統（像齒輪一樣推動著一級級的運輸隊）。他們把士兵送上戰場，驅使將軍進行會戰，要他們透過徵收、劫取和掠奪來供應、加強、鼓舞和刺激軍隊。

　　拿破崙時期的戰爭都處於上述兩種極端，只要適用就被採用，今後恐怕仍然是如此。

　　現代軍隊取得補給的方法，是盡量利用當地所能供應的一切，而不考慮它的所有權。方法共有四種：地主供應、軍隊強徵、正規徵收和倉庫供給。這四種方法通常是混合採用，但通常以某一種方法為主，有時也只採用其中的一種。

一、地主或村鎮供應（兩者都是一樣的）

　　一個村鎮，即使像大城市那樣居民都是消費者，也一定存有幾天的糧食，哪怕是居民最稠密的城市，不需要特別籌備也能供養與居民人數相當的部隊一天糧食。如果部隊的人數比較少，就可以多供應幾天。在大的城市中，成果較令人滿意，可以在一個地點取得補給。在一些較小的城市或農村中，成效較差，因為這裡每二十五平方里有三、四千居民就算人口相當稠密

了，它只能供應三、四千人，所以人數多的部隊必須分散開來，到廣闊的地區去舍營，很難滿足其他要求。在農村，甚至在一些小城鎮中，戰爭極為需要的物資數量較多。一戶農民的麵包儲存量，一般平均起來可供全家八至十四天食用，肉類每天都能得到，蔬菜通常可以吃到下一次收穫期。在未曾有過駐軍的地方，居民供應相當於自己三至四倍人數的軍隊沒有困難。一個三萬人的縱隊若找不較大的城市舍營，就要尋找人口密度每二十五平方里二、三千人的地區，大約需要一百平方里的地區，即每邊寬十里的地區。一支九萬人的軍隊（其中大約有七萬五千人是戰鬥人員），如果分成三個縱隊並列前進，在有三條道路的情況下，這個地區的寬度只要三十里就夠了。

如果有幾個縱隊先後進入這個地區舍營，地方當局就必須採取特別措施，但增加一天或幾天的物資供應不成問題。即使几萬人進駐後又有同樣多的軍隊在第二天到達，軍隊的補給也不會有什麼困難，兩天的軍隊加起來，已經是一支有十五萬名戰鬥人員的龐大軍隊了。

馬匹的飼料問題更容易解決，因為飼料既不需要磨碎又不需要焙烤，農民為自己的馬匹儲存的飼料可以一直用到下一次收割期。即使軍隊舍營在馬廄很少的地方，也不會缺乏飼料。當然，飼料要由村鎮供應，而不是由地主供應。在規劃行軍時，應該考慮到地區的特點，避免讓騎兵進駐到工商業城市。

由上述粗淺的考察可以得出結論：在中等人口密度的地區，即每二十五平方里有二千至三千居民的地區，一支擁有十五萬名戰鬥人員的軍隊，在不妨礙共同戰鬥的條件下有限度地分散舍營時，透過屋主和村鎮就可以取得一兩天的糧食物資。這樣一支軍隊在連續行軍時，即使沒有倉庫及其他補給管道也是可以維持。法國軍隊在革命戰爭和在拿破崙時期，就是以此為原則。他們從阿迪傑河向多瑙河下游和從萊茵河向維斯杜拉河行軍時，雖然除了地主供應外，沒有採用其他任何方法，但在物資上並沒有什麼短缺問題。他們以物質和精神上的優勢為行動依據，以不斷取得確定無疑的勝利為前提，在任何情況下都沒有因猶豫不決和小心謹慎而遲滯不前，因此他們大多是不間斷的行軍，邁向勝利的道路。

　　如果環境不很有利，當地居民並不稠密或者工人比農民多，土地貧瘠或者已經數次有過軍隊進駐，那麼物資的條件會差一點。但如果若縱隊舍營地的邊長從十里增加到十五里，舍營地的面積就立刻可以增加到兩倍以上，也就是說，已不是一百平方里而是二百平方里，這樣依然可以確保部隊順利集結。在不間斷的行軍中，即使在不利的情況下，這種補給的方法仍然是可行的。

　　如果軍隊要停留幾天，又沒有採取其他方法做好準備，就一定會發生問題。一支龐大的軍隊如果不採取下列兩項準備措施，就不能停留數天。第一項措施是搭配有效率的運輸部隊，攜帶三、四天份最必要的物資——麵包或麵粉。再加上士兵自己攜帶的三、四天口糧，就可以確保八天份最必要的物資。第二項措施是設置有效率的後勤單位，在部隊休息的時刻從遠方運來糧食。這樣，地主供應不足時就隨時有替代管道。

　　地主供應這種方法有很多優點，它不需要任何運輸工具，在最短的時間內就能滿足需求。當然，前提是部隊固定在某鄉鎮舍營。

二、軍隊強徵

　　一個單獨的營要在村莊野營時，可以要求鄉民供應物資。從這一點來看，這種補給方法在實質上與前一種方法沒有什麼不同。但是，在一個地點野營的部隊人數往往很多，那麼，為了供給較大的單位（如一個旅或一個師）所需要的物資，唯一的辦法是在一些地區同時進行強徵，然後再來分配。但這種方法不可能為龐大的軍隊取得必要的物資。從一個地區強徵到的物資比在這個地區舍營所能得到的糧食要少得多。在舍營時，三、四十個士兵住進農莊，能夠徹徹底底地取用所有物資。但是，派遣一個軍官帶領幾個士兵去強徵，既花時間，也沒有辦法把一切存糧都搜出來，而且缺乏運輸工具，只能帶走很少一部分糧食。另一方面，如果大量軍隊密集在一個地點上野營，能夠很快徵用物資的那些地區就顯得太小了。一支三萬人的部隊，只在半徑為五里的範圍內，即在十五、二十平方里的範圍內能夠強徵到多少物資呢？他們很少能夠徵到所需要的東西，因為鄰近的村莊也駐紮其他部隊，

他們不會讓村民把東西交出來。強徵這種方法不符合經濟效益，有些單位得到的物資超過了他們的需要，徒然造成浪費。

　　所以，用這種強徵的方法解決補給問題，只有在部隊不太大時（八千至一萬人的師）才會有成效。而且即使在這種情況下，也只能當做一種迫不得已的辦法。

　　在敵前行動的部隊（例如前衛和前哨），在向前移動時，通常不可避免地要採用這種方法，因為他們所到達的地點不一定在計畫中，所以根本不可能事先準備好糧食，而且通常距離為軍隊主力太遠，無法取得補給。此外，獨立行動的機動部隊也只能採用這種方法。萬一沒有時間和無法採用其他方法的情況下，也不可避免地要用這種方法。

　　在時間與環境允許下，軍隊採取正規的徵收方法，才能取得需要的物資。但是，時間往往不允許採取正規徵收，只好用用強徵的方法。

三、正規徵收

　　這是籌備物資最簡單和最有效的方法，也是現代一切戰爭的基礎。這種方法與前一種方法的區別主要在於，正規徵收是在地方當局參與下進行的。在有存糧的地方，不用暴力強行徵取，而是經過合理的分配和有秩序的交納，只有地方當局才能做好這種工作。

　　這一切都取決於時間。時間越多，物資就分配越廣，負擔就越輕，戰事就越順利。甚至也可以把現金採購作為輔助手段，在這種情況下，正規徵收就和第四種方法接近。軍隊在本國國土集結軍隊時，就適合採用這種方法，在軍隊後撤時，通常也不會遇到什麼困難。相反，在進入我們尚未占領的地區時，可以進行正規徵收的時間就較少。通常情況下，前衛只不過比主力先到一天。前衛得向地方當局提出要求，要他們在某地準備好物資，這時只能在附近的地方，即周圍幾里的範圍內籌集和徵收。人數較多的軍隊如果自己不攜帶幾天的物資，只靠匆忙徵收是遠遠不夠用的。因此，後勤單位的任務就是掌管這些物資，只分發給那些毫無儲備物資的部隊。但是，隨著時間的推移，情況會好轉，因為能夠徵收物資的地區一天天擴展，成果會隨之

增大。如果可供徵收物資的地區在第一天只有一百平方里，在第二天就會有四百平方里，在第三天就會有九百平方里。第二天比第一天增加了三百平方里，第三天又比第二天增加了五百平方里。

這裡所談的只是大致的情況，要擴大徵收物資的地區還受許多其他情況的限制，其中最主要的是，駐軍過的地方不可能提供很多的物資。但從另一方面來看，徵收地區的半徑每天也可以擴大十里以上，或者十五、二十里，有些地方還可能擴大得更多。

為了確實徵收到大部分的物資，我們得授權給地方當局的徵糧小分隊，但更重要的是要使全體居民害怕受到懲處和虐待，使他們集體感到普遍的壓力。

一支軍隊，即使人數很多，只要帶有幾天的糧食，採用正規徵收的方法就可以解決補給的問題。軍隊到達某地以後就可以立即採用這種方法，最初只限於附近的地區，以後慢慢擴大徵收的範圍，由高層級的地方政府負責管理。這種方法可以不斷使用，除非當地的資源已經枯竭、非常貧困或者被嚴重破壞。軍隊駐紮的時間較長時，可以要求地方最高層級的行政組織去徵收，它就會竭盡全力使負擔盡可能地平均一些，還可以透過收購來減輕徵收糧食的壓力。外國軍隊如果長時期駐紮在我們的國土內，通常不會粗暴而無所顧忌地把全部的物資負擔加在當地民眾身上。正因為如此，這種徵收方法便逐漸地接近於倉庫供給，但不會因此就完全停止發揮作用，它對軍事活動的影響也不會有顯著的變化。這是因為，儘管可以從較遠的地方運來儲備的糧食，但是軍隊的物資主要還是得來自駐地。在十八世紀的戰爭中，通常由軍隊獨立管理物資，與地方毫不相干。軍隊利用當地的運輸工具和烘焙坊，因此不再需要龐大、經常妨礙作戰的運輸部隊。

現在的軍隊雖然不能完全沒有運輸部隊，但是已經少多了，多半只是用來運載當日剩餘、供第二天使用的糧食。還有一些特殊情況，例如一八一二年拿破崙在俄國時，就不得不使用龐大的運輸部隊，而且必須在野外搭建烘焙坊。但這只是一種例外，三十萬人在波蘭和俄國這樣的國家，在青黃不接的時候沿著一條大路前進六百五十里，這是很少見的。即使在這種情況下，

軍隊本身攜帶的物資也只是輔助性質，而就地徵收才是補給的基礎。

自法國大革命戰爭以來，就地徵收始終是法國軍隊解決補給的基本方法，甚至敵對的聯軍也不得不改用這種方法。不論從戰爭的流暢來看，還是從作戰的輕便性和自由度來看，任何其他方法都不如這種方法。這是因為，不管向哪個方向行軍，在最初三、四個星期內，補給通常不會有問題，而且到後來就可以依靠倉庫供給，採取這種方法可以獲得最充分的自由。

當軍隊從敵國撤退時，會有許多不利於補給的條件。其一，這時連續行軍，通常不會停留半刻，所以沒有時間徵糧。撤退的環境大多很不利，部隊必須始終保持集中，根本不能分散舍營，或分散為幾個縱隊撤退。其二，軍隊與當地居民的關係是敵對的，只想分配物資而沒有行政權力支持，是徵收不到糧食的。其三，在這種時刻也特別容易引起當地居民的反抗和惡意。因此，軍隊通常只能在規劃好的路線上撤退。

一八一二年，拿破崙想撤退時，只能沿著他進軍時的道路撤退，就是由於補給問題，因為他要沿著任何其他道路撤退，可能會失敗得更早。因此，法國一些著作家在這一點上對他提出的批評也都極不合理。

四、倉庫供給

要大略區分倉庫供給與上述其他方式的不同之處，我們就得先提到十七世紀最後三十年到十八世紀末所用的制度。它是否還適用呢？

在尼德蘭、萊茵河畔、上義大利、西里西亞以及在薩克森這些地方，大量的軍隊在同一地點進行了長達七年、十年、十二年之久的戰爭，這些地區瀕於枯竭，再也無法供應軍隊物資。

到底是戰爭決定補給制度，還是補給制度決定戰爭呢？我們的回答是：只要某些條件允許，就是補給制度決定戰爭；但當這些條件不允許時，戰爭就反過來決定補給制度。

以就地徵糧和地主供應這種制度為基礎的戰爭，比單純採用倉庫供給的戰爭更為理想，前後兩種戰爭全然不同。現在沒有哪一個國家敢採用後一種戰爭方式。若一個愚昧無知的國防部長，無視這種普遍現象，在戰爭開始時

仍用舊的補給方法維持軍隊，具體情況很快也會迫使統帥放棄這種方法，自然而然地採用徵收的方法。倉庫供給制度需要巨大的費用，而任何國家的財力都不會綽綽有餘，這就必然會縮小軍備的規模，減少軍隊的人數。除非交戰雙方透過外交途徑達成協議（但這只不過是一種幻想），否則雙方不可能進行用倉庫供給的戰爭。

因此，今後的戰爭多半都要採用徵收的方法。某些政府也可能一併採用複雜的補給制度，以減輕地方的負擔等等。但政府能做的事情不多，因為在戰爭時期，人們首先考慮的總是最迫切的需要，而複雜的補給制度並不在其中。

如果戰爭久拖不決，戰場比較狹小，那麼，徵收制度將使軍隊所在地區的資源枯竭，使交戰雙方被迫締結和約，或者採取措施減輕地方負擔，由軍隊獨立負擔自己的物資。拿破崙統率的法國軍隊在西班牙時就曾經採取後一種方式，由軍隊自身攜帶物資。但最常見的還是被迫締結和約。在大多數的戰爭中，國家的消耗急劇增加，不願再斥巨資進行戰爭而寧願媾和。因此，這也是現代戰爭時間縮短的一個原因。

雖然如此，舊式補給制度還是有可能應用於戰爭中。如果交戰雙方的情況適於採取舊式制度，也出現了相關有利的條件，那麼這種制度也許會再度出現。但這種補給方式是不合理的，它只是特例，絕不是從戰爭的本義中產生出來的。我們更不能由於這種辦法比較仁慈，就認為它能使戰爭趨向完善，戰爭本來就不是什麼仁慈的行為。

不論採用何種補給方法，在富庶和人口稠密的地區總比在貧瘠和人煙稀少的地區容易取得物資。人口疏密與當地存糧有兩方面的關係。第一，消費多的地方，儲備物資也必然多。第二，人口稠密的地方，通常生產也比較多。工業的地區是例外，特別是當它們位於周圍土地十分貧瘠的山谷中時。（這種情況並不少見）一般情況下，人口稠密的地區總比人煙稀少的地區容易滿足軍隊的需要。同樣是一萬平方里的地區，不管土地多肥沃，居民兩百萬人的地區總是比四十萬人的地區較能供應十萬人的軍隊。在人口稠密的地區，陸上交通和水上交通也比較發達和便利，運輸工具也比較多，商業交易也比較容易和可靠。總之，在法蘭德斯地區比在波蘭容易維持一支軍隊。

　　因此，戰爭這個多棲動物就最喜歡在交通要道、人口眾多的城市、富饒的河谷或者通航的海岸上落腳。

　　由此可以看出，軍隊的補給問題對作戰的方向和形式，對戰區和行軍路線的選擇具有普遍的影響。這種影響的範圍有多廣，以及籌備物資的難與易對作戰有多大影響，又取決於戰爭進行的方式。如果戰爭是按固有的精神進行，也就是無上限使用暴力手段，雙方渴望和需要進行戰鬥決出勝負，那麼，軍隊的補給雖然重要，也是其次的問題。但是，如果雙方形成均勢，多年來只在同一地區進進退退，那麼，補給就成為主要的問題了，統帥變成後勤官，指揮作戰就變成了管理運輸部隊。

　　在無數戰役中，往往什麼事情也沒有做，任何目的也沒有達到，白白地浪費力氣，還把一切都歸咎於物資缺乏。但是與此相反，拿破崙卻經常說：「不要跟我談物資問題！」

　　在俄國戰役中，這位統帥的做法清楚地表明，人們可能會過分忽視補給問題。雖然他的戰役並不完全是由於缺乏補給而失敗（這畢竟只是一種推測），但是，他的軍隊在進軍過程中損失成千上萬的士兵，撤退時幾乎徹底毀滅，無疑是他忽略了補給的緣故。

　　儘管拿破崙是一個狂熱的賭徒（他常常敢於走向瘋狂的極端），但他和法國大革命戰爭時期的一些統帥，都破除了頑固的偏見，指出補給問題應該只是戰爭其中一個要素，絕不是目的。

　　在戰爭中，缺乏物資與身體處於勞累和面臨危險一樣。統帥對軍隊的要求是沒有界限的。性格剛強的統帥比柔弱而重感情的統帥能提出更高的要求，而且不同的軍隊由於士兵的意志和實力不同（這取決於戰爭經驗、武德、對統帥的信賴和愛戴以及對祖國的熱忱），承受這些要求的程度也是不同的。但是，每個士兵必須深信，不論物資缺乏和困苦多麼嚴重，都只是暫時的現象，以後必然會充足起來，甚至有一天會綽綽有餘。如果我們想到，成千上萬的士兵，穿得破破爛爛，背著三、四十磅重的行李，不顧天氣和道路的好壞，成天拖著疲乏不堪的腳步行軍，把自己的健康和生命置之度外，而且得到的不過是填不飽肚子的一丁點麵包，難道還有比這更感人的事情

嗎？這在戰爭中是屢見不鮮的，事實上人們幾乎不能理解，為什麼這種情況往往不會引起意志消沉和力量衰竭，為什麼單憑人們心目中的一種信念就能夠長久地激發和支持這種不懈的努力。為了偉大的目標而要求士兵忍受物資上的極大缺乏，不論是出於感情或是出於理智，任何時候都不能忘記，有機會時要給他們相應的報酬。

現在我們還應該談一談補給在進攻和防禦時的差別。

在防禦過程中，防禦者可以不斷地利用事先所做的準備物資。因此，防禦者不會缺乏物資，在自己國土上尤其如此，在敵人國土上也是這樣。而進攻者卻遠離自己的補給基地，只要他繼續前進，甚至在停止行軍時的最初幾個星期內，他每天都必須籌備必要的物資，總是感到缺乏或困難。

這種困難如果是在下述兩種情況下發生的，就會變得特別嚴重。第一種情況是雙方還在勝負未分的前進途中。這時候，防禦者的物資都在自己身邊，而進攻者的物資卻在自己的後方。進攻者的軍隊必須大量集中，因而不能占領廣大地區，只要會戰一開始，甚至他的運輸部隊也無法跟上來。在這種情況下，如果事先沒有做好準備，在決定性會戰的前幾天，部隊就會因缺乏物資而陷入困境，無法充分發揮戰力。

第二種情況是，當補給線過長時，反而在邁向勝利的時刻很容易缺乏物資，尤其是在貧窮、人煙稀少、居民懷有敵意的國家中進行戰爭時更是如此。從維爾那到莫斯科這一條線上，要裝滿每一車糧食都必須使用暴力強奪，而在從科隆經列日、魯汶、布魯塞爾、芒斯、瓦朗謝訥、康布雷到巴黎這一條線上，只要一張商業合約或者一張支票，就可以得到幾百萬軍隊一天的口糧。這兩條交通線的差別有多麼大！

補給問題沒有解決，勝利的光芒也會跟著消失，物資耗盡了，就只能撤退，慢慢走向戰敗的道路。

至於飼料，正如我們說過的那樣，在開始時很少會感到缺乏，但在當地的資源瀕於枯竭時，首先感到缺乏就是飼料。因為飼料的需要量很大，很難從遠方調運，而且馬匹比人更容易因缺乏糧草而死亡。因此，騎兵和砲兵過多，會成為軍隊真正的負擔，削弱軍隊的戰力。

第十五章
作戰基地

　　一支軍隊從根據地出去執行任務，不論是進攻敵人的軍隊或戰區，還是到邊境去設防，都必須依賴這個地方，與這個地方保持聯繫，因為它是軍隊存在與維繫的基礎。隨著軍隊人數的增加，這種依賴性無論在程度上還是在範圍上都會增大。但是，軍隊既不可能，也沒有必要與整個國家保持直接的聯繫，它只要與它所防衛的那一部分地區（在它的正後方）保持聯繫就行了。在這一地區內，將建立專門的儲藏設施，並為軍隊的建立一些後勤單位。因此，這一地區是軍隊及其一切行動的基礎，它與軍隊是一個整體。為了確保安全，也可把裝備物資存放在築有防禦工事的基地，基地的功能因此更完備，但防禦工事不包含在基地的概念中，很多基地是沒有防禦工事的。

　　敵國的一部分領土也可以作為軍隊的基地，至少可以成為基地的一部分，因為，軍隊進入敵國以後，有很多必需品要從占領的地區取得。在這種情況下，我軍必須確實掌控這個地區，確保居民會服從軍隊的命令。通常我們要派出小部分衛戍部隊來回巡邏，才能震懾當地居民，他們才會服從。在敵人國土上能夠取得各種物資的地區很有限，多半不能滿足軍隊的需要，必須由本國提供。因此，軍隊背後的那部分本國地區是基地不可缺少的組成部分。

　　軍隊的必需品分為兩類，一類是任何耕種區都能供應，另一類只能來自於軍隊的根據地。第一類主要是物資，第二類主要是各種裝備。因此，第一類也可以在敵國取得，而第二類，如人員、武器，往往還有彈藥，則通常只能由本國解決。雖然也有例外，但這種例外的情況不多，不足以作為根據。從這兩類區別看來，軍隊與本國的通訊與運輸管道非常重要。

　　不論在敵國還是在本國，物資大多集中儲存在沒有防禦工事的地方，一

方面到處都需要物資，而且消耗得很快，沒有這麼多的要塞可以儲存所需的大量物資，另一方面，有了損失也比較容易補充。與此相反，各類補充的裝備，例如武器、彈藥和裝備要從較遠的後方運來，不能輕易儲存在戰區附近沒有防禦工事的地方，若在敵國境內，則只能存放我方的要塞裡。基地的重要性，主要是由於它能供應各類補充裝備，而不是一般物資。

這兩類必需品集中在大倉庫裡，如同支流匯合成大水庫，甚至可以代替整個國家，於是有人會把基地這個概念看成巨大的蓄水池。但是，僅僅儲備的功能不算作基地。

廣闊而富庶的地區，物資和裝備來源十分豐富。這些地區分布著幾個較大而安全的補給點，可以提供迅速的補給，並透過道路與臨近的軍隊連結。若這些地區與軍隊的後方連成一片，甚至一部分營區包含在其中，那麼軍隊可以守衛這些地區，它們也可以給軍隊帶來更大的生命力，在運動時有更大的自由。有人曾經企圖以作戰基地的觀念來概括軍隊的這些條件，用基地與作戰目標的關係，即基地兩端與這個目標（把目標想像為一個點）所形成的角度，來表示軍隊補給的來源地位置和狀況等有利條件和不利條件的總和。這不過是一種幾何學遊戲。基地由軍隊賴以生存的三個部分組成：當地的補給物資、各地的倉庫和供應物資的地區。這三個部分的位置是分開的，不能合而為一，更不能用一個要塞到另一個要塞、一個省城到另一個省城、或者沿著國境線等隨意想出來的代表基地寬度的一條線來表示。這三部分之間也沒有固定的關係，它們的角色有些重疊。有時，要從遙遠地方運來的一些物資在附近就有；有時，甚至連糧食都不得不從遠方運來；有時，要塞本身就是兵工廠、港口或商埠，可以容納整個國家的軍隊；有時，要塞不過是個小鄉鎮，連自我防衛都成問題。

因此，以幾何理論來探討基地與作戰的關係，在實際的戰爭中毫無意義，只會引起一些錯誤的觀念。這些作戰理論的出發點是正確的，但結論是錯誤的。

不管基地對戰事影響的程度，以及如何影響戰役，基地都是關鍵要素。我們不可能將這些關係化為簡單的規則，只能在具體情況下考量一併考量各

種要素。

　　如果某一地區已經為一支軍隊、為一次明確的行動準備了裝備和物資，這個地區就是這支軍隊的基地，即使在本國內也是如此。變更基地總是要花費時間和精力，所以，即使在本國內，也不可能天天變換基地，因此軍隊的作戰方向總是受到基地的限制。在敵國境內作戰時，如果已經有各種相關的設施，就可以在毗連敵國的邊境地帶建立基地。但邊境並不是每一處都有相關設施，因此並非任何地點都可以作為基地。在一八一二年戰役開始時，俄軍在法軍的進攻下先行撤退，整個俄國都是是它的基地，因為俄國幅員遼闊，軍隊可以自由地向任何方向撤退。這並不是幻想，後來證實俄國的確從各個方向反擊法國軍隊。但就戰役的每一時期來說，俄國的基地並不那麼遼闊，主要還是在運輸物資的大道上。由於這種限制，俄軍在斯摩棱斯克附近會戰三天之後不得不撤退時，只能朝向莫斯科而不能往任意方向撤退。有人建議可以突然轉向卡盧加地區，以便把敵人從莫斯科方向引開，不過受限於基地範圍，也無法這麼做。要想改變撤退方向，一定要事先經過長時期的準備才有可能。

　　軍隊對基地的依賴程度和範圍隨著軍隊人數的增多而增大。軍隊好比是一棵樹，它從土壤中取得生命力。如果是小樹或者是灌木，要移植它很容易，如果樹長大了，要移植它就很困難。小部隊有自己的生命源泉，它在任何地方都容易紮根，而人數眾多的大軍隊卻不是這樣。因此，在談到基地對作戰的影響時，必須考量軍隊的規模大小。

　　就軍隊當前的需要來說，物資比較重要。若要較長時間維持軍隊，裝備就比較重要，因為後者的來源是固定的，而前者卻可以透過各種管道獲得，這進一步說明了基地對作戰的影響。

　　雖然基地影響很大，但必須經過相當長的時間以後，它才能產生決定性的作用，而這段時間可能發生什麼事情還難以預料。因此，作戰基地的優劣很少能夠影響作戰行動的決策，除非是不得已的情況，它才會產生決定性影響。基地方面可能出現的問題，應該與其他各種戰爭手段一併考量；當決定性勝利產生力量的時候，這些困難往往就消失了。

第十六章
交通線

從軍隊部署地點到補給物資和裝備的供給地，這段路線一般也是撤退的路線。這些道路具有雙重意義：第一，它們是補給軍隊的交通線；第二，它們是撤退的路線。

按照目前的補給方式，軍隊主要在當地取得物資。軍隊和基地是一個整體，交通線是這個整體的組成部分，它們構成基地和軍隊之間的聯繫，是軍隊的生命線。沿著交通線布滿運輸車、彈藥車、小分隊、驛站和信差、醫院和倉庫、彈藥庫和行政機關，它們對軍隊具有決定性的意義。

這些生命線要全線暢通，不能長期中斷，也不能過長，因為路途過長會耗費士兵的力氣，就會削弱戰力。

交通線作為撤退道路，實際上成為軍隊的戰略後方。這些道路的價值取決於它們的長度、數量、位置（也就是它們的共同方向以及與軍隊的相關位置）、路況，地形難度、當地居民的情況和情緒、有無要塞或地形障礙作掩護。

不過，從物資補給地通往軍隊的道路並非都可視為交通線，必要時這些道路也可以作為整個戰區中的補充道路，然而，只有那些建有專門軍用設施的道路才構成真正的交通線。真正的交通線設有倉庫、醫院、軍營和郵局，駐有憲兵和守備部隊，也任命有戰區司令。在這方面，在本國或他國領土上活動的軍隊，會產生一個十分重要卻經常被人忽視的區別，軍隊在本國內固然也需要專門的交通線，但不完全受這些路線的限制，必要時可以選用其他現有的道路。因為軍隊在本國內到處都有自己的政府機關，很容易得到善意的協助。即使一般道路設施不良，不太適合軍隊移動，仍然可以使用它們。當我軍被敵人突襲，軍隊必須轉向時，也可以利用這些道路。與此相反，在

敵國境內，通常只有軍隊已經通過的道路才可以作為交通線，任何微小的關鍵因素都可能造成嚴重的後果。

因此，在敵國境內行進的軍隊，只能自己設置並保護重要的交通線。我們得利用居民害怕軍隊的心理，讓他們覺得這些設施非常必要，而且在一定程度上彌補戰爭造成的損失。沿路留下少數的守備部隊可以支援和維護整個交通線。但是，如果在軍隊尚未使用而較遠的道路上派駐後勤官、分區指揮官、憲兵、驛站以及其他行政人員，那麼，居民就會認為這些設施是不必要的負擔。在敵國還沒有徹底失敗，還沒有陷入驚慌失措的狀態前，這些派駐的官員會遭受敵視、被痛毆甚至被驅逐出去。因此，要想控制新的道路，首先必須要有守備部隊，其兵力必須比常態情況更多一些。即使如此，這些守備部隊仍然可能遭到當地居民反抗。總之，在敵國境內的軍隊必須憑藉武力優勢，先設立自己的行政機關使當地居民屈服。但是，並不是隨時隨地都能成功，一定會遇到阻礙，多少也會造成犧牲。由此可見，軍隊在敵國境內不能像在國內那樣用變換交通線的方法來更換基地（在國內必要時還是可能的）。結果是，軍隊在敵國境內移動時限制較大，會更害怕被敵人包圍。

選定交通線和建立相關設施，一開始就會受到很多條件限制。作為交通線的道路必須是主要幹線，道路越寬闊，沿線人口稠密、生活富裕的城市越多，可以作為防衛據點的要塞越多，就越適合作戰需要。作為水路的河流，作為渡河點的橋樑，也具有很大的作用。因此，交通線和進攻路線的選定受到地理條件的限制，我們只有一定程度的選擇自由。

上述一切條件決定軍隊與基地之間的聯繫是否緊密。如果進一步比較敵方軍隊與基地之間的聯繫，就可以看出，誰能先切斷對方的交通線甚至退路，就有機會包圍對方。除了精神上和物質上的優勢以外，只有交通線上占到優勢，才能有效地包圍對方。否則對方很快就可以反擊。

如同交通線有兩種功能，包圍也具有雙重目的。它可以破壞或切斷交通線，圍困敵人軍隊，迫使敵軍撤退。

在現行的補給制度下，交通線暫時中斷一般不會產生較大的影響。就算長時間切斷敵人的交通線，也要使敵人遭受人員損失才能增大影響。過去的

補給方式過於繁複，成千上萬輛運輸車往返奔忙，一次側翼攻擊就可以嚴重打擊敵方。但是現在，即使側翼攻擊成功了，也根本不會產生效果。至多也不過中斷一次運輸，削弱敵人的一點戰力，但無法迫使敵人撤退。

許多著作都喜歡談論側翼攻擊，但戰場上運用的實例並不多，現在還是如此。唯有交通線太長、不容易防衛、隨時隨地都會遭到民眾襲擊的時候，側翼攻擊才有威脅。

切斷敵人退路的功效被過分誇大，很多人以為這樣可以限制和嚴重威脅敵人。但從最近的作戰經驗來看，如果敵方的指揮官英明果敢，切斷他的退路比擊敗他的部隊還要困難。

交通線很長時，可以在部署地點附近以及撤退路線上占領一些要塞。如果沒有要塞，就在適當地點構築堡壘，善待當地居民，在軍用道路上建立嚴格的法紀，在這個地區內派駐優良的警察，不斷整修道路。用這些方法保障交通線的通暢，可以減少一些障礙，但當然不可能完全沒有風險。

此外，當我們談到適合軍隊移動的道路，若將其原則聯繫到補給問題，正可適用於交通線的擇定。最好是經過最富庶的城市和穿過最富饒耕種區的寬闊道路。即使利用這些道路時要走很多彎路，也值得優先採用。在大多數情況下，這些道路會對軍隊部署造成直接影響。

第十七章
地形和地貌

地形和地貌與軍事行動有著密切而無處不在的關係，對戰鬥過程和戰鬥的計畫和運用，都有決定性的影響。

地形的作用絕大部分表現在戰術範圍，但其結果則表現在戰略範圍。山地戰鬥與平原戰鬥的結果是完全不同的。

地形和地貌對軍事行動的影響主要有三個方面：阻礙通行、阻礙偵察和保護火砲，其他一切影響都可以歸結到這三個方面上來。這三種影響是軍事行動中新增加的三個因素，使軍事行動變得更加多樣、錯綜複雜與細緻。

在現實中，對規模很小的部隊，才有所謂純粹而完全的平原存在（這樣的地形對軍事行動不造成影響），而且也僅限於短期的戰鬥。當部隊的活動較大、持續時間較長時，地形就必然會對軍事行動發生影響。對整個軍隊來說，在任何會戰中，無論戰事時間長短，地形幾乎不可能不發生影響。

由此可見，地形的影響始終存在。隨著地區特點的不同，這種影響有大有小。

與完全沒有障礙的開闊平原地相比，一個地區可能會有以下三個方面的不同特徵：首先是地勢有起伏，如山丘、河谷；其次是有森林、沼澤和湖泊等天然物；最後是農耕地所形成的變化。這三個方面特徵越明顯，對軍事行動的影響就越大。地形可分為：山地、很少耕種的森林沼澤地和農耕地。在這三種地形上，作戰變得更加複雜，更加需要技巧。

耕種地也有很多差異，對作戰會造成不同的影響。影響最大的是法蘭德斯地區、霍爾斯坦因和其他地區常見的那種耕種地。許多溝渠、籬笆、柵欄和堤壩讓此區的土地零零散散，到處分布著一座座房屋和一簇簇小灌木叢。

雖然在平坦、耕種均勻的地區作戰最容易，不過軍隊可以利用地形作為

自然掩護，有助於防禦。

　　在阻礙通行、阻礙偵察和保護火砲這三方面，這三種地形各有影響。

　　森林地主要是阻礙偵察，山地主要是阻礙通行。在農耕頻繁的地區，偵察和通行都不容易。

　　在森林地，大部分地區都不便於移動（難以進入、視線不佳，也很難穿越）。這一方面使行動變得單純，但另一方面也造成了困難。在這種地形上進行戰鬥時很難充分地集中兵力，但也不必像在山地和極其複雜的地形上那樣分散兵力。雖然分散兵力是不可避免的，但分散的程度比較小。在山地，主要是通行時有許多阻礙。山地不是到處都能通行，即使在可以通行的地方，移動也比較緩慢、費力，任何調度都要花費更多的時間。但是，山地也具有一種其他地方沒有的特點，即某一地點會成為制高點而占有優勢，這在下一章會深入討論。目前先指出，山地的這種特點會導致兵力極度分散。制高點本身很重要，還能夠對其他地點產生影響。

　　當地形的這三種影響達到極點的時候，統帥作用就會降低，而下級軍官乃至普通士兵的作用就會相應地提高。部隊越分散，指揮官越難掌控，每個行動者就越要獨立行動。一般來說，在軍隊比較分散、行動方式錯綜複雜時，統帥要更加運用智力，展現他過人的才能。但是，在戰爭中各個成果的總和更有意義，遠超過這些成果相互的關係。假設一支軍隊分散成一條很長的火線，每一個士兵都各自進行小型的戰鬥，那麼整場戰役的勝敗就取決於各次戰鬥的總和，而不是它們相互聯繫的形式。就算有幾個小戰役看起來是巧妙地串連在一起，但它們的意義是來自最終的勝利，戰敗了就不是那麼重要。因此，在這種情況下，個人的勇氣、戰技和士氣能決定一切。只有在雙方軍隊的素質和特長不相上下時，統帥的天才和智謀才具有決定性作用。因此，即使民兵的膽量和技巧並不一定十分優越，但是，至少他們的士氣高昂，在極其複雜的地形上和兵力十分分散的情況下，可以發揮其優越性。但民兵只有在這種地形上才占優勢，因為他們通常都缺乏大部隊集中作戰時不可或缺的一切特性和武德。

　　各種軍隊的特性不一定是絕對的，比如在保衛祖國時，即使是常備軍，

也會發揮民兵的特質，也就比較適合於分散作戰。

　　軍隊越是缺乏上述這些特點和條件，敵方在這些方面越是優越，它就越害怕分散，越要避開複雜地形。但是，能否避開複雜地形，很少能夠由它自己決定，我們不能像挑選貨物那樣隨意選擇戰區。因此，有些適合集中作戰的軍隊，總是不管地形的特點，千方百計地完全按自己的方法作戰。這樣，它們在其他方面就會處於不利的地位，例如物資缺乏和補給困難，舍營條件惡劣，在戰鬥中往往會遭到多面攻擊等。但如果完全放棄自己的特長，恐怕會遭到更大的不利。

　　集中兵力和分散兵力是兩種相反的傾向，取決於軍隊的性質適於哪一方。但是，在最緊要的關頭，適於集中的軍隊不一定能夠始終集中在一起，而適於分散的軍隊也不一定能夠單靠分散行動取得成效。法國軍隊在西班牙作戰時，就曾經不得不分散兵力，而西班牙人透過民眾起義來保衛祖國時，也曾經派一部分兵力參加大戰區的大規模戰鬥。

　　地形與兵種比例的關係也是最重要的。

　　所有通行極為困難的地區，不論是山地、森林或農耕地，騎兵數量都不宜太多。密林區不適於砲兵，因為這裡往往缺乏充分發揮砲兵威力的空間，缺乏可以通行的道路與馬匹的飼料。農耕地區對砲兵構成的障礙較少，山地更是如此。儘管如此，這兩種地區卻又都有利於對火力的防護，而對主要靠火炮發揮作用的兵種不利。在這兩種地區，步兵可以暢通無阻，笨重的火砲卻常常陷於進退不得的境地。但是，在這兩種地區絕對有足夠的空間可以架設火炮，而且砲兵在山地還有一個很大的好處：敵軍移動較慢，這又增加了砲火的效力。

　　不可否認，在每一種艱困的地形上，步兵都比其他兵種優越得多，因此在這種地形上，步兵的數量可以大大超過一般的比例。

第十八章
制高

　　在戰爭藝術中，「取得優勢」是所有人都關注的焦點。這個要素也正能指出戰爭最基本也是影響最大的要素：地形，它影響了軍隊的調度方式。軍事學中的許多法寶，諸如制高點、關鍵點、戰略機動等等都是以此為基礎。我們將簡要說明實際上的情況，檢討有哪些常見誤解。

　　任何物質力量的發揮，自下而上總比自上而下困難。戰鬥也是如此，這裡有三個原因：第一，任何高地都會阻礙通行；第二，從上面向下射擊雖然不會讓射程更遠，但是從幾何關係來看，命中率較高；第三，便於偵察。這幾個戰術上的有利條件綜合成一個整體來看，說明制高點是戰略上第一個有利條件。

　　上述三個有利條件中的第一個和最後一個，在戰略上也必然成立，因為在戰略上也考量行軍和偵察，這與在戰術上沒有什麼兩樣。因此，一支防止了低處軍隊的接近，部署在高處的軍隊，戰略上便得到了第一個有利局面，便於偵察則是第三個有利局面。

　　這些因素構成了居高臨下的優勢，又可掌握敵人的一舉一動。因此，占據山頂的軍隊看到敵人在自己下面時會產生優越感和安全感，下面的軍隊會感到處於劣勢。這種整體印象比制高點的實際作用還要強烈。制高點的優勢給人許多錯誤的印象，也許超過了實際效果，也超過了實際效果。在這種情況下，必須把人的想像力造成的影響看作是制高點的另一優勢。

　　當然，就便於運動這一點來說，高處的軍隊並不是絕對有利，僅限於敵人主動想接近它時。如果一個大山谷把雙方隔開，那麼在高處的一方就沒有什麼利益了。如果雙方想在平原進行會戰（如霍亨弗里德堡會戰）那麼，在低處的軍隊反而有利。同樣，居高臨下的視野也可能受限，繁茂的森林以及

山脈本身會影響視線。有時人們按照地圖選定制高點，到了現地才發現沒什麼優勢，甚至會使人感到陷入了不利的境地，這種情況不勝枚舉。但是，這些侷限和狀況不至於推翻制高點在防禦和進攻中所具有的優越性。下面簡略地談談制高點在防禦和進攻中如何造成優勢。

制高點在戰略上有三種優勢：有利於戰術運用、阻礙敵人通行和便於我軍偵察。前兩個優勢實際上只有對防禦者才成立，只有駐守在那裡的軍隊需要那兩種優勢，運動中的進攻者就用不上了。至於第三種優勢則是對進攻者和防禦者都成立。

由此可見，制高點對防禦者是多麼重要。於是我們很容易以為，在山區部署軍隊有許多優點。實際情況如何，我們將在第六篇的〈山地部署〉（十五至十七章）中闡述。

某一地點在高度上的優勢，從戰略上來看，只是有助於贏得一次有利的戰鬥，也就只是戰術上的優勢。但是，我們所談的不只是某一地點或一個陣地的高度優勢。人們可以把一個廣大地區（如整個省）設想為一個傾斜的平面，如果占據分水嶺上的位置，軍隊就可以往各個方向運動，而且始終能夠瞰制周邊的地區，並以此增加戰略上的優勢。在這種情況下，制高不僅有利於個別的戰鬥，而且也有助於一系列的戰鬥。在防禦中的情況便是如此。

制高在防禦時的優勢，於進攻時也同樣成立。戰略進攻不像戰術進攻那樣只是單一的行動，它的進程不像齒輪運轉那樣連續不斷，而是透過幾次行軍完成。各次行軍之間都有或長或短的間歇，在每次間歇中，進攻者與他的敵人一樣，也處於防禦狀態。

不論對防禦者還是對進攻者來說，制高在偵察方面都是有利的。各個單獨的部隊在其中都能發揮戰力。全體從制高點獲得的優勢，也一樣有利於底下個別的單位。一支孤立的部隊（不論規模是大或小），在擁有制高優勢的情況下，更可以發揮戰力，並暴露在較少的危險之中。

如果我方在高度和地理條件方面都比敵人有利，而敵人的運動卻受到其他限制（例如在大河的近旁），敵人會盡快離開這個不利的位置。軍隊如果不占領大河谷兩側的高地，就不可能扼守住那個河谷。

　　由此可見，制高點的絕對優勢是不容否認的事實。但是，一個地區是否具宰制地位、具有防衛功能及是否為國家的鎖鑰，並不只是根據地勢高低確定。那種理論只是空話。有些人為了在平凡的軍事行動上加油添醋，就抓住這些理論上的顯著特點不放。這些理論成為那些博學多才的軍人們津津樂道的話題，成為軍師手中的錦囊妙計。這種空洞的概念遊戲與實際經驗處處矛盾，就連他們自己也被無法說服。這樣做無異於達那俄斯的女兒們往無底桶裡注水。[1]有人把事物成立的條件當成了事物本身，把工具當成了使用工具的手；以為占領這些地區就是展現軍力，以為使出關鍵一擊；把占領本身看作是真正的目的。其實，占領某地就像是為了砍和刺而抬起胳臂，而有利的陣地無非只是工具，只有具體的目標才能展現它們的作用。它們只是不帶數值的正號或負號，戰鬥的成果才是計算後的數值，才是我們要關心的重點。不論在書本上評論或是在戰場上行動時，人們都必須牢牢記住這一點。

　　只有勝利的次數和規模才具備決定性作用，雙方軍隊及其指揮官的素質是首要因素，地形的作用是次要的。

1　古希臘阿哥斯王達那俄斯有五十個女兒，在一個盛大的單身慶典中嫁給五十名求婚者。除了許珀爾涅斯特拉一人外，其餘皆聽從父命，在新婚之夜殺了她們的丈夫。最後，她們在地獄被判處無止盡的終身勞役，負責從冥河運水，但只能使用有漏洞的容器。

附錄

人名解釋

序

沙恩霍斯特（Gerhard Johann David von
  Scharnhorst，一七五五－一八一三）
  普魯士將軍、著名軍事家。曾任柏林戰爭
  學院院長，後任軍事改革委員會主席、布
  呂歇爾的參謀長等職，曾致力於普魯士軍
  事制度的改革，一八一三年五月在呂岑會
  戰中負傷，死於布拉格。

李希滕貝格（Georg Christoph Lichtenberg，
  一七四二－一七九九）
  德國十八世紀啟蒙時代的諷刺作家和物理
  學家。他在一七七七年發現電極連接並通
  過絕緣體時，會產生樹狀雕紋，若發生在
  人身上，則會燒出令人怵目驚心的「閃電
  刺青」。這種現象被稱為「李希滕貝格圖」。

格奈森瑙（August Neidhardt von Gneisenau，
  一七六〇－一八三一）
  伯爵、普魯士元帥。曾致力於普魯士軍事
  制度的改革。與沙恩霍斯特一起組建正在
  成形中的總參謀部，實行徵兵制，更新武
  器裝備，加強部隊訓練，對普魯士和德
  國的軍事制度產生巨大影響。一八一三－
  一八一五年任布呂歇爾的參謀長。

第一篇

牛頓（Isaac Newton，一六四二－一七二七）
  著名的英國物理學家和數學家。發表《自
  然哲學的數學原理》，闡述了萬有引力和
  三大運動定律，奠定力學及天文學的基礎。

皮塞居爾（Jacques François de Chastenet de
  Puységur，一六五六－一七四三）
  侯爵，法國元帥，軍事理論家。

亨利四世（Henry IV of France，一五五三－
  一六一〇）
  法國國王（在位期間一五七二－一六一
  〇）。在位時結束了歷時三十六年的內戰，
  一六一〇年遭刺殺身亡。

卡爾十二世（Karl XII of Sweden，一六八二－
  一七一八）
  瑞典國王（在位期間一六九七－
  一七一八）。在位時領導瑞典軍隊參與北
  方戰爭（一七〇〇－一七二一），對俄國、
  波蘭、丹麥三國聯盟作戰。戰勝丹麥，擊
  敗波蘭，但一七〇九年在波爾塔瓦敗於彼
  得一世指揮的俄軍。一七一八年進攻挪威
  時死於戰場。

約米尼（Antoine-Henri Jomini，一七七九－

一八六九）

男爵、將軍、十九世紀法國軍事理論家。曾為瑞士國民軍軍官，一八〇五年前往法國拿破崙麾下服役，一八一三年春天加入俄國軍隊服役並升為將軍。

拿破崙一世（Napoléon Bonaparte，一七六九－一八二一）

法國著名政治家和軍事家，法國皇帝（在位期間一八〇四－一八一五）。最初是法國大革命時期的將軍。一七九九年發動霧月政變，建立了執政府。一八〇四年稱帝。在位期間不斷對外發動侵略戰爭，幾乎統治整個西歐和中歐。一八一二年率軍進攻俄國，遭到失敗。一八一四年歐洲反法聯軍攻陷巴黎，拿破崙被放逐於厄爾巴島。一八一五年三月曾率軍返回巴黎，建立「百日王朝」。滑鐵盧戰敗後，再度被流放於聖赫勒納島。

腓特烈二世（Friedrich II of Prussia，一七一二－一七八六）

即腓特烈大帝、普魯士國王（在位期間一七四〇－一七八六）。十八世紀歐洲著名的統帥。在他的統治下，普魯士專制制度達到頂峰。先後進行過三次主要的戰爭：第一次西里西亞戰爭（一七四〇－一七四二），第二次西里西亞戰爭（一七四四－一七四五），七年戰爭（一七五六－一七六三）。

塞居爾（Philippe Paul, comte de Ségur，一七八〇－一八七三）——法國將軍、作家和歷史學家。曾任法蘭西學術院院士。

歐拉（Leonhard Euler，一七〇七－一七八三）

瑞士著名的數學家。歐拉在數學的多個領域，包括微積分和圖論都做出過重大發現。他引進的許多數學術語和書寫格式，例如函數的記法「f(x)」，一直沿用至今。此外，他還在力學、光學和天文學等學科有突出的貢獻。

第二篇

孔代（Louis, Grand Condé，一六二一－一六八六）

即孔代親王。法國路易十四時代的統帥。十七世紀著名的戰術家和統帥。孔代家族最著名的代表人物，因其傑出軍事才能，獲得「大孔代」的稱謂。

富基埃爾（Antoine de Pas de Feuquières，一六四八－一七一一）

法國將軍。曾參加路易十四對德意志諸國的戰爭。

沃東庫爾（Frédéric François Guillaume de Vaudoncourt，一七七二－一八四五）法國將軍、軍事著作家。

亞歷山大一世（Alexander I of Russia，一七七七－一八二五）

俄國沙皇（在位期間一八〇一－一八二五）。主張建立神聖同盟以維護維也納會議所決定的歐洲新秩序，並鎮壓反對保守體制的革命活動。在他治下，俄國成為歐洲實力最雄厚的陸權國家。

施瓦岑貝格（Karl Philipp, Prince of Schwarzenberg，一七七一－一八二〇）

侯爵、奧地利元帥。曾在一八一三－
一八一四年反對拿破崙的戰爭中擔任聯軍
總司令。

烏爾姆塞爾（Dagobert Sigmund von Wurmser，
一七二四－一七九七）
伯爵、奧地利元帥。一七九六年曾兩次率
領援軍企圖解芒托瓦之圍未遂；一七九六
年九月在法軍的逼迫下進入芒托瓦，
一七九七年二月二日在芒托瓦要塞向法軍
投降。

符騰堡王太子（Wilhelm I of Württemberg，
一七八一－一八六四）
即符騰堡國王威廉一世（一八一六－
一八六四）。曾加入奧地利軍隊。他屬行
改革，催生第一部符騰堡的憲法。主張聯
合巴伐利亞、薩克森、漢諾威和符騰堡，
成為德國第三大勢力。

莫羅（Jean Victor Marie Moreau，一七六三－
一八一三）
法國將軍。在政治上與拿破崙作對，一八
〇四年被拿破崙開除軍籍，並遭到流放。

陶恩青（Bogislav Friedrich Emanuel von
Tauentzien，一七六〇－一八二四）
伯爵，普魯士步兵上將。

奧舍（Lazare Hoche，一七六八－一七九七）
大革命時期法國的著名將軍。

路易‧斐迪南（Prince Louis Ferdinand of
Prussia，一七七二－一八〇六）
親王、將軍。一八〇六年耶拿會戰時任師

長，率領前衛部隊作戰時，死於薩爾費爾
德。

路易十四（Louis XIV of France，一六三八－
一七一五）
又稱「太陽王」，法國國王（在位期間
一六四三－一七一五）。在位時窮兵黷武，
連年征戰，先後進行過四次主要戰爭：尼
德蘭戰爭（一六六七－一六六八），荷蘭戰
爭（一六七二－一六七八），奧格斯堡聯盟
戰爭（一六八八－一六九七），西班牙王位
繼承戰爭（一七〇一－一七一四）。給法國
的經濟帶來沉重的負擔。

道恩（Leopold Joseph von Daun，一七〇五－
一七六六）
伯爵、奧地利元帥、著名的戰略家。曾先
後參加過第一次和第二次西里西亞戰爭和
七年戰爭。在七年戰爭中任奧軍司令，以
拖延戰術而聞名。

達武（Louis-Nicolas Davout，一七七〇－
一八二三）
法國元帥、拿破崙麾下著名將領。一八〇
六年十月十四日在奧爾斯塔特擊敗普魯士
軍隊。因戰功卓著於一八〇七年被封為奧
爾斯塔特公爵。

漢尼拔（Hannibal，公元前二四七－公元前
一八三）
迦太基著名統帥。第二次布匿戰爭中曾大
敗羅馬軍隊，公元前二〇三年回師救援迦
太基本土，公元前二〇二年在撒馬被羅馬
人擊敗。以後逃往敘利亞，最後自殺身亡。

瑪利亞・特蕾莎（Maria Theresa Walburga Amalia Christina，一七一七－一七八〇）
德意志神聖羅馬帝國女皇、兼匈牙利國王、波希米亞國王、奧地利大公。奧地利哈布斯堡王朝皇帝卡爾六世之女。

維根施坦（Peter Wittgenstein，一七六九－一八四三）
伯爵、俄國陸軍元帥。一八一三年春季戰役中任普俄聯軍總司令。

比羅（Friedrich Wilhelm Freiherr von Bülow，一七五五－一八一六）
登納維茨伯爵、普魯士將軍。普魯士軍事理論家比羅之兄。曾參加反對拿破崙的戰爭。

霍恩洛厄（Frederick Louis, Prince of Hohenlohe-Ingelfingen，一七四六－一八一八）
侯爵、普魯士將軍。參加過七年戰爭。一八〇六年耶拿會戰時指揮左翼普軍，戰敗後投降法軍，釋放回國後被革職。

第三篇

古斯塔夫・阿道夫（Gustavus Adolphus of Sweden，一五九四－一六三二）
即瑞典國王古斯塔夫二世（在位期間一六一一－一六三二）、著名統帥。為爭奪波羅的海霸權曾與丹麥、波蘭和俄國作戰，在三十年戰爭中屢敗天主教聯盟和德意志神聖羅馬帝國的軍隊。

布呂歇爾（Gebhard Leberecht von Blücher，一七四二－一八一九）
公爵、普魯士元帥。在一八一三、一八一四年對拿破崙的戰爭中任聯軍西里西亞兵團司令。一八一四年極力主張進攻巴黎。一八一五年任普魯士兵團司令。在滑鐵盧會戰中擔當重要角色。

亞歷山大大帝（Alexander the Great，公元前三五六－公元前三二三）
馬其頓國王（在位期間公元前三三六－公元前三二三）、著名統帥。曾透過戰爭建立了橫跨歐、非、亞三洲的亞歷山大帝國。

奈伊（Michel Ney，一七六九－一八一五）
公爵，法國元帥。參加過十八世紀末法國大革命以及拿破崙的各次戰爭。拿破崙復辟失敗後，他被波旁王朝逮捕，於一八一五年十二月以叛國罪處決。

法爾涅捷（Alexander Farnese, Duke of Parma，一五四五－一五九二）
帕爾馬公爵、西班牙統帥。在對尼德蘭的戰爭中以善戰著稱。

馬森巴赫（Christian Karl August Ludwig von Massenbach，一七五八－一八二七）男爵，普魯士陸軍上校，軍事著作家。參加過一七九二年普奧聯軍和一七九三年第一次反法聯盟對法戰爭。

馬爾波羅（John Churchill, 1st Duke of Marlborough，一六五〇－一七二二）
公爵，英國統帥和政治家，輝格黨人。在西班牙王位繼承戰爭中指揮英國軍隊多次擊敗法軍。

麥克唐納（Étienne Jacques Joseph Alexandre

MacDonald, 1st Duke of Taranto，一七六五－
一八四○）

塔蘭托公爵。他的父親是蘇格蘭人。
一七九六年晉升將軍，一八○九年晉升法
國元帥。巴黎城陷後，曾與奈伊元帥一起
去與反法聯軍談判。後被路易十八任命為
法國議員、第二十一軍區司令。拿破崙復
辟後，他護送路易十八到比利時；在拿破
崙一世失敗後，奉命解散他的軍隊。

凱撒（Gaius Julius Caesar，公元前一○○－公
元前四四）

古羅馬政治家。曾率軍征服高盧（法國），
渡海侵入不列顛，遠征埃及等地，是羅馬
帝國的創始人。於元老院遭刺身亡。

勞東（Ernst Gideon von Laudon，一七一七－
一七九○）

男爵，奧地利元帥。是腓特烈大帝難纏的
敵手。

腓特烈・威廉（Frederick William, Elector of
Brandenburg，一六二○－一六八八）

布蘭登堡的選帝侯（在位期間一六四○－
一六八八），即大選帝侯。建立了布蘭登
堡－普魯士中央軍權國家。

歐根（Prince Eugene of Savoy，一六六三－
一七三六）

即歐根親王。薩伏依貴族、奧地利元帥、
著名的統帥和政治家。在奧土戰爭和西班
牙王位繼承戰爭中屢立戰功。

歐根（Duke Eugen of Württemberg，一七五八
－一八二二）

即符騰堡歐根親王。公爵、親王、普魯士
騎兵將軍。

滕佩霍夫（Georg Friedrich von Tempelhoff，
一七三七－一八○七）

普魯士將軍、軍事著作家。一七九一年建
立柏林砲兵學院，後改為砲兵工程學院。
參加過七年戰爭，曾將英國人勞合著的
《七年戰爭史》用德文編譯出版。

第四篇

卡爾・亞歷山大（Prince Karl Alexander of
Lorraine，一七一二－一七八○）

即卡爾親王。奧地利元帥。洛林公爵利奧
波德・約瑟夫之子，奧地利皇帝法蘭茲一
世之弟。參加過奧地利王位繼承戰爭和七
年戰爭。

卡爾大公（Archduke Charles, Duke of Teschen，
一七七一－一八四七）

大公、奧地利元帥。十九世紀的軍事理論
家。一八○六－一八○九年任陸軍大臣。
參加過一七九六、一七九七、一八○五、
一八○九年對法戰爭。一八○九年戰役結
束後，為反革命宮廷派排擠並遭驅逐。

卡爾克洛伊特（Friedrich Adolf, Count von
Kalckreuth，一七三七－一八一八）

伯爵、普魯士元帥。一八○六年奧爾斯塔
特會戰中預備隊的司令官，後曾激烈反對
普魯士的軍事改革。

卡爾・威廉・斐迪南（Karl Wilhelm Ferdinand
von Braunschweig-Wolfenbüttel，一七三五－
一八○六）

布倫瑞克公爵、普魯士元帥。他的軍事名聲在七年戰爭中崛起。一七八七年率普魯士軍隊至荷蘭鎮壓騷亂。一七九二年發表布倫瑞克宣言，嚴厲警告法國人民不得傷害法國王室成員。一八〇六年在耶拿戰役負傷身亡。

法蘭茲二世（Francis II of Holy Roman Empire，一七六八－一八三五）

德意志神聖羅馬帝國末任皇帝（在位期間一七九二－一八〇六），奧地利帝國首任皇帝（在位期間一八〇四－一八三五）。曾多次參加反法聯盟對拿破崙的戰爭。

伯納陀特（Jean-Baptiste Jules Bernadotte，一七六三－一八四四）

原為拿破崙的元帥，一八一〇－一八一八年為瑞典王儲和攝政大臣。一八一三年率瑞典軍加入反法聯盟，任北方兵團司令。後為瑞典國王卡爾十四（Karl XIV of Sweden，在位期間一八一八－一八四四）。

尚布雷（Georges de Chambray，一七八三－一八四八）

侯爵、法國砲兵將軍和軍事著作家。

芬克（Friedrich August von Finck，一七一八－一七六六）

普魯士將軍。

費邊（Quintus Fabius Maximus Verrucosus，約公元前二七五－公元前二〇三）古羅馬統帥。與迦太基將軍漢尼拔作戰以拖延戰術而得「拖延者」之稱。

威靈頓（Arthur Wellesley, 1st Duke of Wellington，一七六九－一八五二）

公爵、英國統帥和政治家。在一八一五年滑鐵盧會戰中為英國漢諾威和布朗施魏克部隊的總司令，曾與普魯士的布呂歇爾一起擊敗拿破崙。

約克（Ludwig Yorck von Wartenburg，一七五九－一八三〇）

伯爵、普魯士元帥。一八一二年十二月三十日與俄國簽訂陶羅根協定。

烏迪諾（Nicolas Charles Oudinot，一七六七－一八四八）

公爵、法國元帥。參加過拿破崙的各次戰爭。

馬爾蒙（Auguste de Marmont，一七七四－一八五二）

公爵、法國元帥。曾參加馬倫哥、烏爾姆、瓦格拉木、大格爾申、包岑、德勒斯登等會戰。

勞合（Henry Humphrey Evans Lloyd，一七一八－一七八三）

英國軍事理論家和政治家。一七七三年起成為俄國的將軍。

比羅（Dietrich Heinrich von Bülow，一七五七－一八〇七）——普魯士著名的軍事理論家。著有《新軍事體系的精神》等書。

第五篇

巴格拉季昂（Peter Ivanovich Bagration，一七六五－一八一二）

喬治亞親王、著名俄國陸軍上將。在博羅
迪諾會戰中負傷陣亡。

法蘭茲・莫里茨・馮・拉西（Franz Moritz
von Lacy，一七二五－一八○一）

伯爵、奧地利元帥。在七年戰爭中曾參加
羅布西茨、布拉格、布雷斯勞、勒登、霍
克齊等會戰。

施威林（Kurt Christoph Graf von Schwerin，
一六八四－一七五七）

伯爵、普魯士元帥。先在荷蘭軍隊服務，
一七二○年到普魯士軍隊服務，參加過第
一次、第二次西里西亞戰爭，一七五七年
五月六日在布拉格會戰中戰死。

莫拉（Joachim Murat，一七六七－一八一五）

法國元帥、貝爾克大公、那不勒斯國王
（一八○六－一八○八）。曾多次參加拿破
崙的戰爭。後升為拿破崙的騎兵將軍，
一八○四年為法國元帥，一八一五年十月

十三日在內阿坡爾遭軍法處決。

提爾曼（Johann von Thielmann，一七六五－
一八二四）

男爵、普魯士騎兵將軍。先在薩克森軍隊
服役，一八一三年五月到俄國軍隊服役，
一八一五年四月轉入普魯士軍隊。

奧斯特爾曼－托爾斯泰（Alexander Ivanovich
Ostermann-Tolstoy，一七七○－一八五七）

伯爵、俄國將軍。參加過俄土戰爭，在
一八一二年博羅迪諾會戰中任第四軍軍
長。在一八一三年的包岑會戰中率領近衛
軍對陣法軍凡達姆率領的部隊，遭彈片切
斷左手。一八一七年晉升步兵上將。

齊騰（Hans Ernst Karl, Graf von Zieten，一七七
○－一八四八）

伯爵、普魯士元帥。曾參與林尼會戰、滑
鐵盧會戰。他率領的部隊在第七次反法聯
軍中是第一支進入巴黎的部隊。

地名解釋

序

布雷斯勞（Breslau）

　　十八、十九世紀西里西亞的首府，當時的軍事重鎮。七年戰爭期間（一七五六－一七六三），奧軍於一七五七年十一月二十二日在此大敗普軍。

第一篇

納爾瓦（Narva）

　　聖彼得堡西南部的城市。在北方戰爭（一七〇〇－一七二一）中，瑞典國王卡爾十二世於一七〇〇年十一月三十日在此擊敗彼得一世的俄軍。

第二篇

卡佩倫多夫（Kapellendorf）

　　德國村莊，位於耶拿附近。一八〇六年耶拿會戰時，普軍和法軍於十月十四日在此進行戰鬥。

弗里德蘭（Friedland）

　　東普魯士的城市，位於今加里寧格勒東南。在第四次反法聯盟戰爭（一八〇六－一八〇七）中，法軍於一八〇七年六月十四日在此戰勝普俄聯軍。

瓦格拉木（Wagram）

　　下奧地利的村莊，位於維也納東北。在一八〇九年的奧地利解放戰爭中，拿破崙於一八〇九年七月五日至六日在此戰勝奧軍。

利佛里（Rivoli）

　　上義大利的城市，位於加爾達湖東側，阿迪杰河畔。在第一次反法聯盟戰爭（一七九二－一七九七）中，法軍於一七九七年一月十四－十五日在此戰勝奧軍。

坎波福米奧（Campo Formio）

　　義大利東北部的村莊，位於烏迪內的西南。一七九七年十月十七日，奧地利和法國曾在此簽訂和約，結束第一次反法聯盟戰爭（一七九二－一七九七）。

芒托瓦（Mantua）

　　上義大利的要塞，位於明喬河畔。在第一次反法聯盟對法戰爭（一七九二－一七九七）中於一七九六年六月四日至一七九七年二月二日被法軍圍困並被攻陷。

尚波貝爾（Champaubert）

　　法國東部的城市，位於埃托日以西。在

一八一四年戰役中，拿破崙於二月十日在此擊敗布呂歇爾指揮的聯軍。

明喬河（Mincio）
　　義大利北部波河下游的一條支流，流經芒托瓦城。一八一四年二月八日，奧軍曾在此與法軍發生遭遇戰。

阿斯波恩（Aspern）
　　奧地利村莊，現為維也納東北城郊。在一八○九年奧地利解放戰爭中，奧地利卡爾大公於五月二十一日至二十二日，在此戰勝拿破崙。

阿爾西（Arcis-sur-Aube）
　　法國東部的城市，位於奧布河畔。一八一四年三月二十日至二十一日，反法聯盟的軍隊在此與法軍會戰，未能決出勝負。

耶拿（Jena）
　　德國城市，位於薩勒河的左岸。在第四次反法聯盟戰爭（一八○六－一八○七）中，拿破崙於一八○六年十月十四日在此大敗普魯士的軍隊。

迦太基（Carthage）
　　古代腓尼基商貿城市，位於非洲北部（今突尼西亞）。公元前七世紀到公元前四世紀發展成為西地中海的奴隸制強國。布匿戰爭（公元前二六四－公元前一四六）後，為羅馬人所滅，淪為羅馬一行省。

郎城（Laon）
　　法國東部的城市，位於巴黎東北。

一八一四年三月九日至十日，布呂歇爾指揮的聯軍在此擊敗拿破崙。

埃托日（Étoges）
　　法國東部的地名，位於夏龍西南。一八一四年二月十三日至十四日，法軍曾在此戰勝普俄聯軍。

烏爾姆（Ulm）
　　德國西南部的城市，位於多瑙河左岸。在一八○五年的第三次反法聯盟戰爭中，兩萬五千餘奧軍在此被法軍圍困並於十月十七日被迫投降。

邦策爾維茨（Bunzelwitz）
　　西里西亞的村莊，位於施威德尼茨附近。七年戰爭期間（一七五六－一七六三），普軍於一七六一年八月二十日至九月二十五日曾在此構築營壘。

莫爾芒（Mormant）
　　法國東部的地名。在一八一四年戰役中，法軍於二月十七日在此戰勝施瓦岑貝格指揮的聯軍。

博羅迪諾（Borodino）
　　莫斯科以西的一個村莊。在一八一二年的戰役中，俄軍於九月七日在此與法軍展開會戰。

斯摩棱斯克（Smolensk）
　　莫斯科西南的城市。在一八一二年的祖國保衛戰中，俄軍於八月十六日至十九日在此和法軍進行會戰。

奧斯特里茨（Austerlitz）

摩拉維亞地名。在一八〇五年的第三次反法聯盟戰爭中，法軍於十二月十二日在此戰勝俄奧聯軍。

雷根斯堡（Regensburg）

德國東南部城市，位於多瑙河畔。在一八〇九年奧地利解放戰爭中，拿破崙於四月二十二日在此戰勝奧地利的卡爾大公。

雷歐本（Leoben）

奧地利施蒂利亞州城市，位於木爾河畔。一七九七年四月十八日，法國和奧地利在此簽訂停戰協定。

蒙米賴（Montmirail）

法國東部的城市，位於尚波貝爾西面。在一八一四年戰役中，拿破崙於二月十一日在此戰勝布呂歇爾指揮的普俄聯軍。

蒙特羅（Montereau）

法國東部的城市，位於隆河畔。一八一四年二月十八日，拿破崙在此戰勝施瓦岑貝格指揮的聯軍。

薩爾費爾德（Saalfeld）

德國城市，位於薩勒河的左岸。在第四次反法聯盟戰爭（一八〇六－一八〇七）中，普軍和法軍的前衛部隊於一八〇六年十月十日在此進行戰鬥，結果普軍失敗，路易·斐迪南戰死。

第三篇

布拉格（Prag）

今捷克共和國首都。七年戰爭期間

（一七五六－一七六三），普軍於一七五七年五月六日在此戰勝奧軍。普軍從次日至七月二十日圍困此城，未能攻克。

弗萊貝格（Freiberg）

德國城市，位於德勒斯登西南。在七年戰爭期間（一七五六－一七六三），普魯士亨利親王於一七六二年十月二十九日在此擊敗奧軍。

瓦爾密（Valmy）

法國馬恩省的地名。在第一次反法聯盟戰爭（一七九二－一七九七）中，普奧聯軍於一七九二年九月二十日在此與法軍進行砲戰，法軍取得勝利。

托爾高（Torgau）

德國城市，位於萊比錫東北易北河左岸。在七年戰爭（一七五六－一七六三）期間，普軍於一七六〇年十一月三日在此與奧軍展開血戰並獲勝。

里格尼茨（Liegnitz）

西里西亞城市，位於卡茨巴赫河左岸。在七年戰爭期間（一七五六－一七六三），普魯士的腓特烈大帝於一七六〇年八月十五日在此擊敗奧軍。

科林（Kolín）

波希米亞的城市，位於易北河左岸。在七年戰爭期間（一七五六－一七六三），腓特烈大帝率領的普軍於一七五七年六月十八日在此被奧地利的道恩擊敗。

庫涅斯多夫（Kunersdorf）

德國地名，位於奧德河畔法蘭克福東北。在七年戰爭期間（一七五六－一七六三），腓特烈大帝於一七五九年八月十二日在此被俄奧聯軍擊敗。

庫爾姆（Kulm）

波希米亞地名，位於德勒斯登南面的埃爾茨山南側。在一八一三年的秋季戰役中，法國凡達姆將軍於八月三十日追擊聯軍到達該地，被聯軍殲滅。

馬拉松（Marathon）

古希臘戰場，位於雅典東北。公元前四九○年希臘統帥米太雅德曾在此大敗波斯入侵者。

馬倫哥（Marengo）

義大利北部的一個村莊，今為亞歷山大里亞郊區。在第二次反法聯盟戰爭（一七九九－一八○二）中，拿破崙於一八○○年六月十四日在此擊敗梅拉斯統率的奧軍。

勒登（Leuthen）

西里西亞的村莊，位於布雷斯勞西郊。在七年戰爭期間（一七五六－一七六三），腓特烈大帝率領的普軍於一七五七年十二月五日在此以少數兵力擊敗奧軍。

萊比錫（Leipzig）

德國城市。一八一三年十月十六至十九日，拿破崙在此被反法聯盟的軍隊擊垮。

奧爾斯塔特（Auerstedt）

德國村莊，位於瑙姆堡西南。在第四次反法聯盟戰爭（一八○六－一八○七）中，拿破崙的第三軍達武於一八○六年十月十四日在此擊敗普魯士軍隊的主力。

旺代（Vendée）

法國西部羅亞爾河畔的一個郡。法國大革命時期尤其是在一七九三年至一七九六年間，是反革命叛亂的中心。

德勒斯登（Dresden）

薩克森的首都。在七年戰爭期間（一七五六－一七六三），於一七六○年七月十三日至二十八日遭到普軍的圍攻。一八一三年八月二十六日至二十七日，拿破崙在此擊敗施瓦岑貝格指揮的聯軍。

霍克齊（Hochkirch）

德國的村莊，位於勞西次地區包岑東南。在七年戰爭期間（一七五六－一七六三），腓特烈大帝率領的普軍於一七五八年十月十四日在此遭到奧地利道恩的奇襲。

羅斯巴赫（Rossbach）

德國村莊，位於萊比錫以西麥塞堡附近。在七年戰爭期間（一七五六－一七六三），普軍於一七五七年十一月五日，普軍在此擊敗法國和神聖羅馬帝國的軍隊。

第四篇

大格爾申（Großgörschen）

德國村莊，位於萊比錫西南部的呂岑附近。在一八一三年春季戰役中，拿破崙五月二日在此戰勝普俄聯軍，歷史上亦稱呂岑會戰。

內雷斯海姆（Neresheim）

　　德國符騰堡的一個城市，位於勞埃阿布山附近。在第一次反法聯盟戰爭（一七九二－一七九七）中，法軍和奧軍於一七九六年八月十一日在此進行會戰。

包岑（Bautzen）

　　薩克森的城市，位於德勒斯登東。在一八一三年春季戰役中，拿破崙於五月二十日至二十一日在此戰勝普俄聯軍。

卡托利希－亨內斯多夫（Katholisch-Hennersdorf）

　　西里西亞的村莊，位於德勒斯登以東尼斯河與博伯爾河之間。在第二次西里西亞戰爭（一七四四－一七四五）中，普軍於一七四五年十一月二十三日在此擊敗奧軍。

布里昂（Brienne）

　　法國城市，位於特魯瓦東北。一八一四年一月二十九日，拿破崙在此擊敗反法聯盟的軍隊。

克塞爾斯多夫（Kesselsdorf）

　　薩克森的村莊，位於德勒斯登以西。在第二次西里西亞戰爭（一七四四－一七四五）中，普魯士軍隊於一七四五年十二月十五日在此擊敗薩克森軍隊。

哈瑙（Hanau）

　　德國城市，位於美茵河畔的法蘭克福附近。一八一三年十月三十－三十一日，拿破崙從萊比錫會戰撤退途中，在此擊敗巴伐利亞軍。

格羅斯貝倫（Großbeeren）

　　德國布蘭登堡地名，位於柏林南部。在一八一三年秋季戰役中，法軍於八月二十三日在此被普軍擊敗。

索爾（Soor）

　　波希米亞巨人山區的村莊，位於布拉格東北。在第二次西里西亞戰爭期間（一七四四－一七四五），腓特烈大帝於一七四五年九月三十日率普軍在此擊敗卡爾親王率領的奧軍。

馬克森（Maxen）

　　德國薩克森州地名，位於皮爾納附近。在七年戰爭期間（一七五六－一七六三），芬克將軍指揮的普軍於一七五九年十一月二十一日在此投降奧軍。

登納維茨（Dennewitz）

　　德國布蘭登堡地名，位於特博格附近。在一八一三年秋季戰役中，普軍於九月六日在此戰勝法軍。

滑鐵盧（Waterloo）

　　比利時村莊，位於布魯塞爾附近。在一八一五年戰役中，拿破崙於六月十八日在此被反法聯盟的軍隊擊敗。

第五篇

內爾文登（Neerwinden）

　　比利時村莊。在英王路德維希十四發動的第三次侵略戰爭（一六八八－一六九七）中，他所指揮的英荷德聯軍於一六九三年七月二十九日在此被盧森堡統率的法軍打敗。

卡茨巴赫河（Katzbach）

奧德河的支流。在一八一三年的秋季戰役中，布呂歇爾指揮的普俄聯軍於八月二十六日在此擊敗法軍。

弗勒律斯（Fleurus）

比利時城市，在沙勒爾瓦東北。路德維希十四發動的第三次侵略戰爭（一六八八－一六九七）中，盧森堡統率的法軍於一六九〇年七月一日在此戰勝荷蘭、西班牙和德國聯軍。

瓦爾騰堡（Wartenburg）

德國村莊，位於維滕堡東南約十公里。在一八一三年的秋季戰役中，普魯士的約克軍於十月三日在此戰勝法軍。

呂文貝克（Löwenberg）

西里西亞的城市，位於博伯爾河畔。在一八一三年的秋季戰役中，布呂歇爾率領的普俄聯軍於八月二十一日在此與拿破崙的軍隊發生戰鬥。

林尼（Ligny）

比利時村莊，位於納繆爾附近。一八一五年六月十六日，拿破崙曾在此擊敗普軍。

戈爾特貝克（Goldberg）

西里西亞的城市，位於卡茨巴赫河畔。一八一三年五月二十七日，法軍與普俄聯軍發生戰鬥。

希維德尼察（Schweidnitz）

西里西亞的要塞。七年戰爭期間（一七五六－一七六三），多次為奧地利軍隊佔領；一七六二年八月七－十月九日，此要塞被普軍包圍並佔領。

莫爾維茨（Mollwitz）

西里西亞的村莊。在第一次西里西亞戰爭期間（一七四四－一七四五），腓特烈大帝的軍隊於一七四一年四月十日在此戰勝奈伯格統率的奧軍。

塔魯提諾（Tarutino）

莫斯科以南的一個村莊。在一八一二年的祖國保衛戰中，俄軍於十月十八日在此擊敗向南推進的法軍。

奧爾米茨（Olmütz）

摩拉維亞城市，現屬捷克共和國。七年戰爭期間（一七五六－一七六三），腓特烈大帝於一七五八年五月五日至七月二日圍困該城兩個月之久，終未攻克。

維捷布斯克（Vitebsk]）

白俄羅斯境內西德維納河畔的城市。在一八一二年的祖國保衛戰中，俄軍於七月二十五日至二十七日在此與法軍浴血奮戰。

霍亨弗里德堡（Hohenfriedberg）

西里西亞地名，位於里格尼茨以南。在第二次西里西亞戰爭（一七四四－一七四五）中，腓特烈大帝率領的普軍於一七四五年六月四日在此戰勝奧軍。

默克恩（Möckern）

德國萊比錫西北郊的一個村莊。一八一三年十月十六日，普魯士布呂歇爾的軍隊曾在此戰勝法軍。

克勞塞維茨與拿破崙戰爭年表

克勞塞維茨生平	拿破崙戰爭始末
1780 ◎誕生於普魯士馬德堡附近的布爾格鎮，為排行第四的幼子，他的父親曾在腓特烈大帝時代任陸軍中尉	
	1789.7 ◎法國大革命爆發，路易十六與家族遭到囚禁
1792 ◎加入普魯士陸軍步兵團，擔任軍校生	1792.5 ◎第一次反法同盟成立
1793 ◎晉升為見習軍官，參加對法戰爭，目睹美因茲城被焚	1793.1 ◎法國革命政府處決路易十六，震動歐洲
	1793.8 ◎法國大規模徵召所有十八至二十五歲的男子參軍
1795 ◎擔任少尉軍官，常至駐地諾伊魯平的「亨利親王圖書館」閱覽書籍	1795.4 ◎普法簽訂《巴塞爾和約》議和，普魯士退出第一次反法同盟，直到1806年才再度加入第四次反法同盟
	1796.3 ◎拿破崙遠征義大利，多次擊敗奧地利和薩丁尼亞聯軍
	1797.7 ◎法國與奧地利簽訂《坎波福爾米奧條約》議和，結束第一次反法同盟
	1798.6 ◎拿破崙率艦隊遠征埃及，抵達亞歷山大港
	1799.1 ◎第二次反法同盟成立
	1799.11 ◎霧月政變爆發，拿破崙任第一執政

克勞塞維茨生平	拿破崙戰爭始末
1801 ◎進入柏林軍官學校（戰爭學院前身）就讀，接受校長沙恩霍斯特將軍指導	1801.2 ◎法奧簽訂《呂內維爾條約》議和
	1802.3 ◎法英簽訂《亞眠和約》議和，結束第二次反法同盟
1803 ◎在宮中結識未來的妻子瑪麗·馮·布呂爾女伯爵	
1804 ◎以最高成績畢業於軍官學校，奉派為奧古斯特親王的中尉侍從官	1804.5 ◎拿破崙登基，成為「法蘭西人的皇帝」，法蘭西第一帝國成立
1805 ◎首次發表軍事著作，因批評著名的軍事學者比羅而聲名大噪	1805.7 ◎第三次反法同盟成立
	1805.10 ◎特拉法加海戰，英國海軍擊敗法西聯合艦隊
	1805.11 ◎拿破崙攻占維也納
	1805.12 ◎奧斯特里茨會戰，法軍大敗奧俄聯軍
	1805.12 ◎法奧簽訂《普雷斯堡和約》議和，結束第三次反法同盟
1806 ◎晉升上尉軍官，參與耶拿─奧爾斯塔特會戰，兵敗後與奧古斯特親王一齊被法國俘虜	1806.7 ◎十六個神聖羅馬帝國的成員邦簽訂了《萊茵邦聯條約》，脫離神聖羅馬帝國
	1806.8 ◎奧地利皇帝放棄神聖羅馬皇帝的帝號
	1806.10 ◎普魯士加入反法聯軍，第四次反法同盟成立
	1806.10 ◎耶拿─奧爾斯塔特會戰，法軍大敗普軍
1807 ◎被法國釋放回國	1807.7 ◎法國與普俄簽訂《提爾西特和約》議和，結束第四次反法同盟
1808 ◎成為沙恩霍斯特將軍助手，參與普魯士軍事改革工作	1808.5 ◎西班牙馬德里發生暴動，民眾起義對抗法軍，半島戰爭開始
1809 ◎奉派至普魯士參謀本部工作	1809.4 ◎第五次反法同盟成立
	1809.10 ◎法奧簽訂《申布倫和約》議和，結束第五次反法同盟

克勞塞維茨生平

1810　◎擔任戰爭學院少校教官，並負責
　　　　普魯士王儲的軍事教育
　　　◎與瑪麗‧馮‧布呂爾結婚

1812　◎完成對王儲授課用的軍事講義
　　　　《戰爭原則》
　　　◎因普法結盟攻打俄國，憤而與其
　　　　他三十幾位軍官轉效俄軍，任俄
　　　　國總參謀部中校參謀，成為俄國
　　　　軍事顧問，並參與博羅迪諾會戰
　　　◎說服輔助法軍作戰的普軍約克軍
　　　　長倒戈

1813　◎晉升俄軍上校
　　　◎返國加入普軍攻法的萊比錫會戰
　　　◎恩師沙恩霍斯特在呂岑會戰陣亡

1814　◎恢復普魯士軍籍，仍受歧視，派
　　　　駐與法國主戰場隔離的德境北部

1815　◎晉升第三軍團上校參謀長，參與
　　　　滑鐵盧戰役中的林尼會戰、瓦夫
　　　　爾會戰

1816　◎擔任格奈森瑙將軍參謀

1818　◎晉升少將，被任命為戰爭學院院
　　　　長，此後十二年主要從事研究工
　　　　作

1819　◎開始《戰爭論》的寫作

拿破崙戰爭始末

1812.2　◎普魯士與法國締結同盟，願意派
　　　　　兵兩萬支援法國征俄；沙恩霍斯
　　　　　特將軍主張徵召國民軍聯俄抗
　　　　　法，不為當局所用

1812.6　◎拿破崙大軍越過尼曼河入侵俄羅斯

1812.9　◎博羅迪諾會戰，法軍慘勝俄軍，
　　　　　進占莫斯科

1812.10 ◎法軍開始撤離俄國，一路遭俄軍
　　　　　追擊

1812.11 ◎法軍度過別烈津納河，遭俄軍砲
　　　　　擊，死傷慘重，付出慘烈代價才
　　　　　完成全線撤退

1813.3　◎第六次反法同盟成立

1813.10 ◎萊比錫會戰，法軍被普、奧、俄
　　　　　聯軍擊潰

1814.4　◎拿破崙退位，流放厄爾巴島；波旁
　　　　　王朝復辟；結束第六次反法同盟

1814.9　◎維也納會議召開，在奧地利首相
　　　　　梅特涅主持下，歐洲各國商討如
　　　　　何重整歐洲秩序

1815.3　◎拿破崙重返巴黎，展開「百日王
　　　　　朝」；第七次反法同盟成立

1815.6　◎滑鐵盧會戰，法軍潰敗，拿破崙
　　　　　再次退位，流放聖赫勒拿島；結
　　　　　束第七次反法同盟

克勞塞維茨生平

1827　◎大致完成《戰爭論》前六篇，最
　　　　後兩篇為草稿
1830　◎調任格奈森瑙將軍總參謀長，部
　　　　隊駐於德波邊境，監視波蘭爆發
　　　　的革命
1831　◎因在駐地感染霍亂，於布雷斯勞
　　　　辭世
1832　◎妻子瑪麗‧馮‧克勞塞維茨整理
　　　　遺稿出版

拿破崙戰爭始末

1821.5　◎拿破崙於聖赫勒拿島去世

左岸歷史　292

戰爭論（上）：原理之書【2019年全新修訂版】
Vom Kriege

作　　　　者	克勞塞維茨（Carl von Clausewitz）
譯　　　　者	楊南芳等譯校
總　編　輯	黃秀如
責　任　編　輯	蔡竣宇
封　面　設　計	黃暐鵬
電　腦　排　版	宸遠彩藝
社　　　　長	郭重興
發 行 人 暨 出 版 總 監	曾大福
出　　　　版	左岸文化
發　　　　行	遠足文化事業股份有限公司
	231 新北市新店區民權路108-2號9樓
電　　　　話	(02) 2218-1417
傳　　　　真	(02) 2218-8057
客　服　專　線	0800-221-029
E－M a i l	rivegauche2002@gmail.com
網　　　　站	facebook.com/RiveGauchePublishingHouse
法　律　顧　問	華洋法律事務所　蘇文生律師
印　　　　刷	呈靖彩藝有限公司
三 版 一 刷	2019年8月
三 版 四 刷	2022年9月
定　　　　價	450元
I　S　B　N	978-986-5727-97-0

戰爭論（上）：原理之書【2019年全新修訂版】
克勞塞維茨 (Carl von Clausewitz) 著 ; 楊南芳等譯
校. --三版. --新北市：左岸文化出版：
遠足文化發行, 2019.08
面；　公分 . (左岸歷史 ; 292)
譯自：Vom Kriege
ISBN 978-986-5727-97-0（平裝）
1.戰爭理論　2.軍事
590.1　　　　　　　　　　　　108010473